Photoshop CC 从入门到精通

天明教育 IT 教育研究组　编

电子科技大学出版社
University of Electronic Science and Technology of China Press
· 成都 ·

图书在版编目（CIP）数据

Photoshop CC 从入门到精通 / 天明教育 IT 教育研究组编. -- 成都 : 成都电子科大出版社, 2024. 12.

ISBN 978-7-5770-1275-9

Ⅰ. TP391.413

中国国家版本馆 CIP 数据核字第 20242MM950 号

Photoshop CC 从入门到精通

Photoshop CC CONG RUMEN DAO JINGTONG

天明教育 IT 教育研究组　编

策划编辑　魏　彬

责任编辑　陈姝芳

责任校对　魏祥林

责任印制　梁　硕

出版发行　电子科技大学出版社

成都市一环路东一段 159 号电子信息产业大厦九楼　邮编 610051

主　　页　www.uestcp.com.cn

服务电话　028-83203399

邮购电话　028-83201495

印　　刷　河南普庆印刷科技有限公司

成品尺寸　185 mm × 260 mm

印　　张　15

字　　数　450 千字

版　　次　2024 年 12 月第 1 版

印　　次　2024 年 12 月第 1 次印刷

书　　号　ISBN 978-7-5770-1275-9

定　　价　80.00 元

在日常生活和办公中，制作海报、名片和企业标志等时，可以利用具有强大图像处理能力的软件——Photoshop（简称Ps）来完成这些工作。

Photoshop是Adobe公司推出的一款专业图像处理软件，其应用领域十分广泛，在照片处理、创意合成、广告设计、新媒体美工、产品包装与设计等方面都发挥着不可替代的重要作用。

为了全面介绍Photoshop CC的基本使用方法与技巧，笔者编写了这本结合当下热门领域案例的实战工具书，以满足初学者的需求，帮助初学者逐步掌握并能灵活使用Photoshop CC软件。

一、本书内容安排

本书共分为12章，分别介绍了Photoshop CC软件各个部分的基本功能。通过对前11章内容的学习，读者可以认识Photoshop，了解其中的主界面、术语和概念；会使用基本工具，包括图层、选区、填充、蒙版、图层样式、混合模式、抠图、滤镜等。在第12章，基于读者前期的学习和认识，本书又设置了7个生活中常用的案例项目，通过讲解案例项目使读者能够将所学知识融会贯通、熟练使用。

二、本书特点

◆ 由易到难，循序渐进

读者无论水平如何，都能从本书中循序渐进地学到关于Photoshop的常用工具、功能、操作技能，从而提升处理图像的能力。实战案例从基本内容到行业应用均有涉及，可以满足读者基本的设计需求。

◆ 讲练结合，注重实用

本书内容均以Photoshop软件的实际操作为案例，注重实用性，可以使读者在对实际案例的操作过程中结合知识点讲解，学以致用。通过对本书基本理论和案例实战的学习，读者可以灵活掌握软件用法，轻轻松松从新手晋级为熟手。

◆ 图文并茂，步步为营

在本书的操作部分中，每个步骤都配有具体的操作插图。一方面，读者在学习的过程中，能够更直观、更清晰、更精准地掌握具体的操作步骤和方法。另一方面，这种一步一图的图解式讲解方式，信息量更大，能使枯燥的知识具有趣味性，既增强了内容的易读性，也更容易为广大读者所接受。

◆ 注重细节，讲练结合

在编写本书的过程中，涉及操作的部分，讲解细致。对于一些操作难度较大的部分，本书为读者提供了对应的源文件，读者可以根据书上的步骤进行练习。另外，本书赠送了练习素材，读者可以在学完本书的内容后，进行自主练习。

三、配套资源下载

读者可以扫描本书封底的二维码下载配套素材。

本书的知识讲解方式灵活，图文并茂，内容丰富，语言流畅，可操作性强。本书将知识系统化并进行综合应用讲解，使读者能够直观、高效地完成软件基础知识和常用操作的学习。由于编者水平有限，书中难免存在不妥和疏漏之处，恳请广大读者批评指正。

【特别提示】在编写本书时，是基于当前使用软件所截取的实际操作图片，但本书从编辑到出版需要一定的时间，在这段时间里，软件界面与功能可能会有所调整与变化。如有的内容/功能已暂停、部分内容/功能增加了，这是软件开发商进行的软件功能升级。请各位读者在阅读本书时，根据书中的思路举一反三地进行学习。

目 录

第1章 初识 Photoshop CC

1.1 Photoshop CC的概述

Adobe Photoshop CC是奥多比（Adobe）公司推出的一款极具影响力的数字图像处理软件，也是其产品系列Creative Cloud的旗舰软件，图1-1为Creative Cloud部分软件图标。Photoshop CC强大的编辑和设计功能使其成为专业人士和创意工作者的首选工具。Photoshop CC不仅是一个图像编辑工具，还是一个创造和表达想象力的创意平台。

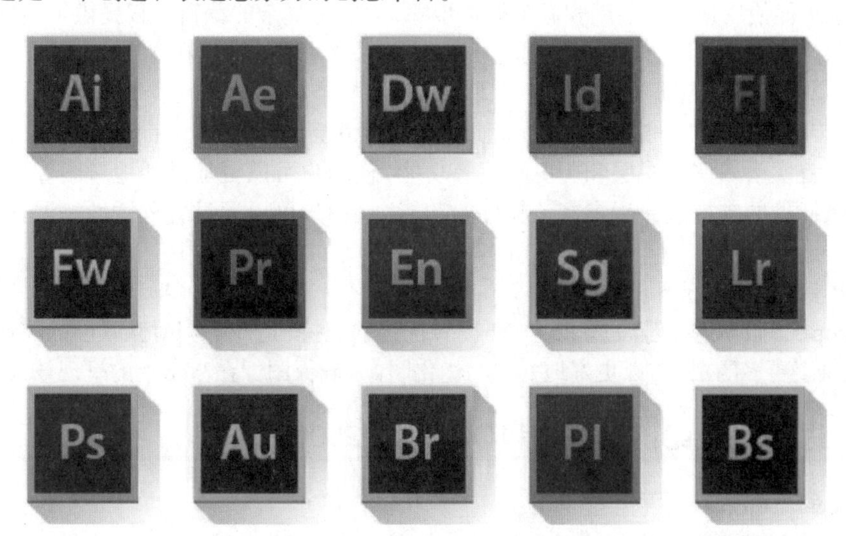

图1-1 Creative Cloud部分软件图标

1.2 Photoshop CC的诞生和发展

Photoshop CC的历史可追溯到1987年，由Thomas Knoll和John Knoll两兄弟共同创建。自那时以来，它经历了多个版本的演变和改进，成为数字图像处理领域的权威软件之一。让我们深入探讨Photoshop CC的诞生和发展历程。图1-2为Photoshop CC的版本发展过程。

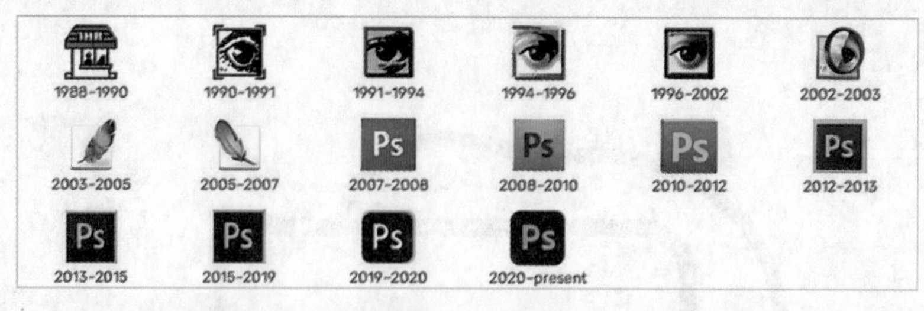

图 1-2 Photoshop CC 的版本发展过程

1.2.1 早期版本功能(1990—1999)

1. 1990 年:Photoshop 1.0 版本发布

Photoshop 1.0版本的推出标志着数字图像处理的新纪元。该版本引入了基本的编辑工具,如选择、画笔和滤镜,为用户提供了处理图像的基础工具。选择工具使用户能够精确地选择和调整图像的特定部分,而画笔工具则赋予用户创造性地添加和修改图像的能力。此外,首次引入的滤镜功能为用户提供了一系列效果,从而可以为图像赋予独特的外观。

2. 1991 年:Photoshop 2.0 版本发布

1991年,Photoshop 2.0版本发布,引入了路径工具,使得用户可以更灵活地创建和编辑路径,从而实现更为复杂和精细的图像处理。路径工具的加入拓展了用户对图像处理的控制,为创作提供了更多可能性。

3. 1994 年:Photoshop 3.0 版本发布

Photoshop 3.0版本的推出标志着一个重要的里程碑。该版本引入了历史记录功能和多通道支持。历史记录功能使用户可以追溯和撤销编辑步骤,为非常复杂的编辑过程提供了更好的控制。多通道支持使用户能够处理更丰富的颜色信息,提高了图像编辑的精度和深度。

4. 1996 年:Photoshop 4.0 至 5.5 版本发布

在1996年至1999年期间,Photoshop相继推出了4.0至5.5的版本,带来了一系列的关键功能和改进。软件首次引入调整图层和历史画笔等功能,使用户可以更加灵活地对图像进行编辑和修饰。对第一版插件的支持进一步丰富了软件的功能,让用户可以通过各种插件拓展其创意和编辑的可能性。

5. 1999 年:Photoshop 5.5 版本发布

Photoshop 5.5版本进一步改进了对Web图像优化的支持,适应了当时互联网的快速发展。该版本为用户提供了更多的工具,以更好地处理和优化图像,确保图像在Web上的呈现效果更为出色。

1.2.2 进入21世纪:CS版本和CC版本(2000—2013)

1. 2003 年:Photoshop CS 版本发布

Photoshop CS版本的推出标志着新时代的开始。这一版本引入了Camera Raw插件,为用户提供了更灵活地处理相机原始文件的功能。这一时期的改变不仅是技术层面的升级,同时预示着Adobe逐步转向更加全面的创意服务。

2. 2013 年:Photoshop CC 版本发布

2013年,Adobe决定转向基于订阅的模式,Photoshop CC成为首个只提供创意云端服务订阅的版本。这一转变不仅改变了软件获取的方式,还为用户提供了更加持续的更新和紧密的云端协作体验。同时,智能对象、内容感知填充等功能的引入,使用户在编辑过程中更加灵活,为数字创作者提供了更便捷和更高效的工作方式。

1.2.3　Adobe Photoshop的持续创新（2013年至今）

1. 2014年至2015年的版本演进

这段时期内，Photoshop CC引入了一些关键的功能和改进，主要有以下几方面。

（1）界面更新：2014年的版本引入了深灰色主题，并对用户界面进行了一些调整，以提升用户体验和可视性。

（2）智能对象增强：2014年的版本提供了更多对智能对象进行控制和编辑的选项，使其更加灵活。

（3）性能优化：2015年的版本对软件的性能进行了优化，使其更加稳定和高效，特别是在处理大型文件时的表现更为出色。

2. 2016年至2017年的版本演进

在这段时期内，Photoshop CC进一步加强了与其他Adobe产品和服务的整合，并对一些核心功能进行了改进，主要有以下三个方面。

（1）Adobe Stock集成：Photoshop CC与Adobe Stock紧密集成，使用户能够直接在软件中搜索、许可和使用Adobe Stock中的图像。

（2）文本样式改进：对文本样式进行了改进，提供了更多的文本样式选项和控制，使用户能够创建更加多样化的文本。

（3）功能优化：对选区、蒙版工具、内容感知填充等功能进行了优化和改进，提升了用户的工作效率和创作体验。

3. 2018年至2020年的版本演进

在这段时期内，Photoshop CC引入了许多新功能和创新技术，主要有以下三个方面。

（1）新的选区和蒙版工具：引入了一些新的选区和蒙版工具，如选择改进、遮罩改进等，提升了用户对图像的精确控制能力。

（2）更强大的画笔工具：添加了更多的画笔工具选项和控制，使用户能够创造更加多样化和富有创意的绘画效果。

（3）虚拟现实支持增强：对虚拟现实（VR）相关功能进行了增强和改进，使用户能够更好地编辑和处理VR图像。

4. 2021年至2022年的版本演进

在这段时期内，Photoshop CC进一步加强了云同步和跨设备工作的功能，并持续改进推出新功能，主要有以下五个方面。

（1）智能画笔增强：新增了智能画笔工具的增强功能，通过深度学习技术，能够更精准地模仿各种绘画风格和笔触，帮助用户轻松创作出独特的艺术作品。

（2）即时图像修复：引入了即时图像修复功能，通过AI技术实时识别并修复图像中的瑕疵和缺陷，无须等待修复完成，提高了图像修复效率和速度。

（3）增强的视频编辑工具：对视频编辑工具进行了增强，新增了更多视频特效和过渡效果，以及更流畅的视频剪辑和调色功能，使用户能够更轻松地编辑和处理视频素材。

（4）实时共享和协作功能：引入了实时共享和协作功能，使用户能够即时分享和协作编辑他们的作品，并且无论身处何处，都能够实现实时的团队合作和反馈。

（5）增强的移动端集成：进一步增强了与移动端应用的集成，新增了更多的移动端工具和功能，使用户能够更方便地在移动设备上进行图像处理和设计工作。

5. 2023年至2024年的版本演进

在数字创意领域不断演进的背景下，Adobe Photoshop CC在2023年至2024年期间，迎来了一系列令人振奋的功能更新。这些新功能的引入不仅拓展了用户创作的可能性，还提高了工作效率和质量。

（1）全新的AI增强选择工具：引入了基于人工智能的选择工具，能够智能识别图像中的对象并进行精准选择，大幅提升了选择效率和准确性。

（2）增强的实时视频特效：进一步增强了实时视频特效功能，新增了更多的视频特效和滤镜选项，使用户能够轻松创建出色的视频效果和动态图像。

（3）智能文本排版工具：新增了智能文本排版工具，能够智能识别文本内容，并自动进行排版和样式设置，提高了文本设计效率和质量。

（4）增强的虚拟现实支持：对虚拟现实（VR）支持进行了增强，新增了更多的VR编辑和处理功能，以及更流畅的VR预览和渲染体验。

（5）实时文件同步和备份：引入了实时文件同步和备份功能，使用户能够即时备份和同步他们的工作文件，确保数据安全和文件完整性。

1.2.4 Photoshop CC的版本选择

本书以Photoshop 2022为基础，力求全面地介绍该软件几乎所有的功能。建议读者选择Photoshop 2022或者近几年发布的版本进行学习，因为这些版本的界面和大部分功能都是通用的，所以不用担心版本不匹配造成的学习上的困扰，只要熟练掌握了其中一个版本，就能够应对其他版本。此外，Adobe公司的官方网站会提供Photoshop各个版本的更新日志，读者可以访问https://www.adobe.com了解Photoshop的更新情况。

1.3 Photoshop CC的应用领域

Photoshop CC作为一款功能强大的图像编辑软件，在各个领域都有广泛的应用，其丰富的工具和功能使得用户可以在不同行业中对图像实现创意、编辑和设计的目标。以下将介绍Photoshop CC主要的应用领域。

1.3.1 广告和营销

在广告和营销领域，Photoshop CC为设计师和营销人员提供了可以创造引人注目的广告素材的工具。通过高级的图像编辑和合成技术，用户可以制作生动、吸引人的广告图，从而提高产品或服务的曝光度和销售量。在创意海报设计与广告合成方面，Photoshop CC的强大合成工具允许设计师将不同元素融合为引人注目的广告图，创造出具有独特创意的广告宣传物。设计师可以巧妙地组合图像、文字和图形，打造出引起观众兴趣的视觉效果。通过对图层、蒙版和滤镜的灵活运用，设计师能够实现各种创意构图和视觉效果，使广告图更具吸引力和影响力。在色彩校正和调整方面，广告设计中对颜色的准确控制至关重要。Photoshop CC提供了丰富的色彩校正和调整功能，包括对比度、亮度、饱和度等参数的微调，确保广告图像在表达品牌形象时的外观保持一致。设计师可以通过调整色彩，使广告更好地传达品牌的情感和理念。利用软件的功能，设计师能够快速而精确地调整每一处色彩，确保广告在不同平台和媒体上都能呈现出一致的外观。图1-3是一则公益广告的设计样例。

图 1–3 公益广告的设计样例

1.3.2 摄影后期处理

摄影师经常使用Photoshop CC进行照片的后期处理，以提升图像的质量和吸引力。从基本的颜色校正到高级的图像合成，软件提供了丰富的功能，帮助摄影师实现他们的创意愿景。Photoshop CC提供了肖像修饰工具，摄影师可以通过对人物肖像进行精细的修饰，改善肤色、去除瑕疵，使肖像更加完美。针对高对比度场景，摄影师可以使用软件进行HDR合成，保留更多细节，创造出更具艺术感的照片效果。对于风景摄影，Photoshop CC的图层和滤镜功能能够让摄影师调整景色的色彩、对比度和细节，打造出引人入胜的风景作品。摄影后期处理样例如图 1–4 所示。

图 1–4 摄影后期处理样例

1.3.3 平面设计

平面设计师依赖于Photoshop CC来打造各种平面设计作品，如海报、名片、宣传册等。该软件提供了强大的文本和排版工具，使得设计师能够精确控制文字和图形的布局，从而打造出独特而专业的设计。Photoshop CC的文本工具支持各种字体和效果，设计师可以通过排版设计创造出令人印象深刻的平面作品。在图形创意设计平面，设计师可以利用软件的各种绘画和填充工具，创造出富有创意的图形元素，为设计作品增色。平面设计样例如图1–5所示。

图1–5 平面设计样例

1.3.4 数字艺术和插画

数字艺术家和插画师使用Photoshop CC来创作数字艺术品和插画作品。通过绘画工具、图层样式和各种滤镜，艺术家可以表达独特的创意，创作出充满想象力的作品。Photoshop CC提供了多种绘画工具，支持压感笔。艺术家可以使用数字画笔进行细致的描绘和涂抹，合理运用图层样式和混合模式，创造出独特的效果，使插画作品更具层次感和立体感。Photoshop CC还内置了丰富的滤镜和艺术效果，艺术家可以利用这些滤镜和艺术效果为作品增添独特的风格和表现力。插画设计样例如图1–6所示。

图1–6 插画设计样例

1.3.5 网页设计

Photoshop CC不仅支持平面设计，还提供了强大的三维设计和动画功能。设计师可以使用软件创建复杂的三维模型，编辑材质和光照效果，甚至制作简单的动画效果，为数字创作添加更多维度。Photoshop CC支持导入、编辑和渲染三维模型，设计师可以通过软件进行更直观的三维设计。通过调整材质和光照效果，设计师可以创造出更真实、细腻的三维效果，使设计作品更具立体感。网页设计样例如图1-7所示。

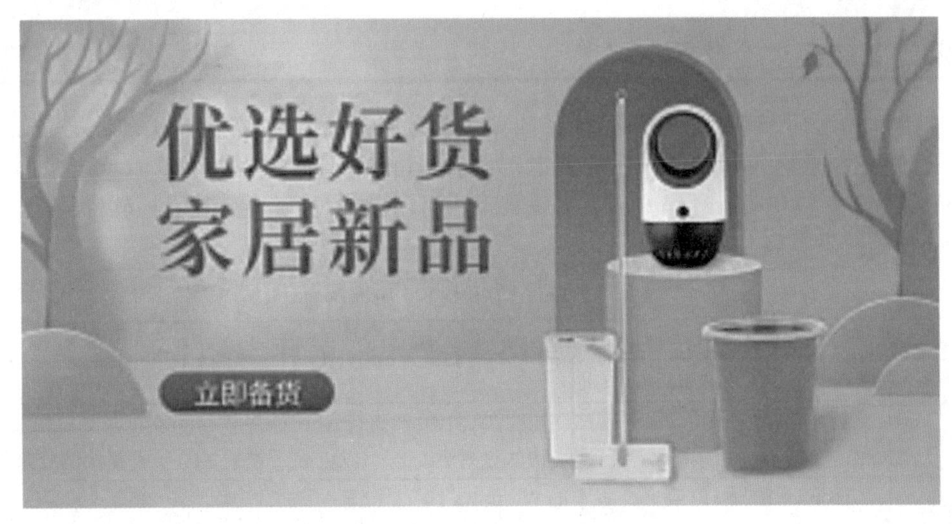

图 1-7 网页设计样例

1.3.6 三维设计

Photoshop CC是许多网页设计师的首选工具。设计师可以使用软件创建网页的原型、界面元素和图标，预览设计效果，并导出用于网页开发的图像资源。例如，电商平台的图片就需要使用Photoshop进行图像的处理与合成，很多网店也通过美化主页、优化产品效果图等手段吸引顾客的注意力。三维设计样例如图1-8所示。

图 1-8 三维设计样例

1.4 Photoshop CC的下载与安装

Photoshop CC作为Adobe旗下的顶尖图像处理软件，为用户提供了广泛的创意工具和功能，使其成为设计、摄影、艺术等领域的首选图像处理软件。在掌握这一强大的工具之前，首先需要了解如何正确地下载并顺利安装Photoshop CC。以下将详细介绍每个安装步骤，以确保读者能够轻松地开始创作。

1.4.1 系统要求检查

在开始下载之前，读者应当仔细查看计算机的硬件和软件系统是否符合Photoshop CC的系统要求。这些要求通常包括操作系统版本、处理器性能、内存容量等。符合这些要求即可确保Photoshop CC在安装和运行过程中不会出现兼容性问题，同时能够更好地发挥软件的性能。运行Photoshop所需配置见表1–1所列。

表1–1 运行Photoshop所需配置

	配置	
系统	Windows系统	macOS
处理器	支持64位的多核Intel®或AMD处理器（具有SSE4.2或更高版本的2 GHz或更快的处理器）	支持64位的多核Intel®处理器（具有SSE4.2或更高版本的2 GHz或更快的处理器）
操作系统	Windows 10，64位或更高版本的Windows 10 ARM设备	macOS Big Sur（版本 11.0）或更高版本
内存	8 GB（推荐16 GB或更大）	8 GB（推荐16 GB或更大）
显卡	支持DirectX 12的GPU 1.5 GB的GPU内存（推荐4 GB的GPU内存）	支持Metal的GPU 1.5 GB的GPU内存（推荐4 GB的GPU内存）
硬盘空间	20 GB的可用硬盘空间 （推荐50 GB的可用硬盘空间）	20 GB的可用硬盘空间 （推荐50 GB的可用硬盘空间）

注：Photoshop CC虽然对电脑的配置要求不是特别高，但对显示器的要求却很高。做设计和处理图片都需要高度的色彩还原，如果显示器色彩不正，图片导入其他设备或印刷时就会产生色差。因此，配备一台专业的显示器是十分有必要的。

1.4.2 Adobe账户的注册与登录

在下载Photoshop CC之前，用户需要访问Adobe官方网站www.adobe.com/cn，并点击页面右上角的【登录】按钮，如图1–9所示。

图1–9 Adobe官方网站首页

如果用户已经拥有Adobe账户，可以直接进行登录；否则，需要选择注册一个新的Adobe账户，单击【创建账户】按钮，如图1–10所示。

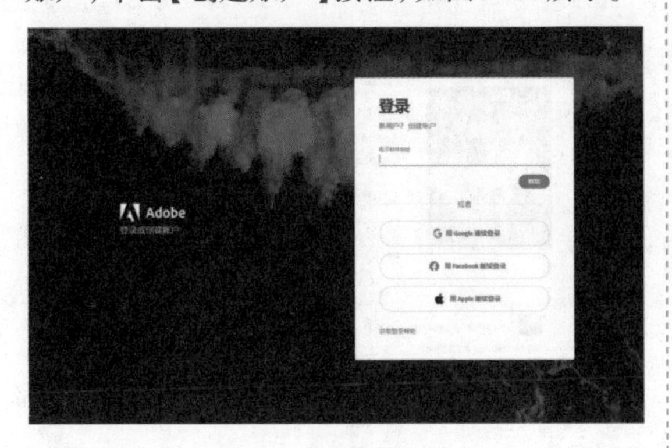

图 1–10　登录页面

进入下一个页面，如图1–11所示，输入姓名、邮箱、密码等信息，单击【创建账户】按钮。完成注册后，用账号及密码登录Adobe。

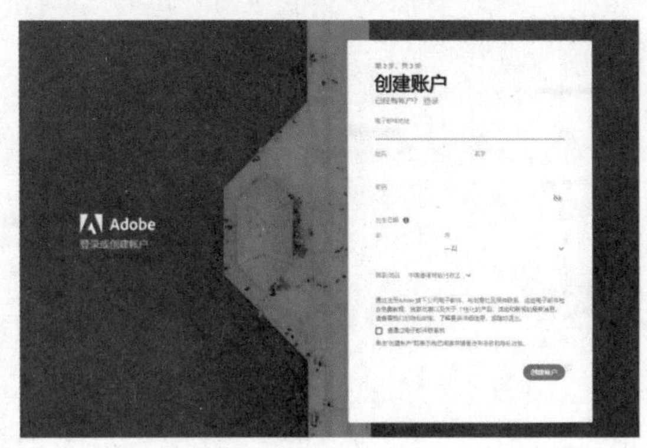

图 1–11　创建用户页面

一旦成功注册并登录Adobe账户，用户将能够访问Adobe Creative Cloud。在Creative Cloud中，用户可以查看和管理所有Adobe产品，包括Photoshop CC。

1.4.3　下载Photoshop CC

登录Adobe ID后，下滑到页面底部，找到【支持】下的【下载并安装】选项并单击，如图1–12所示。

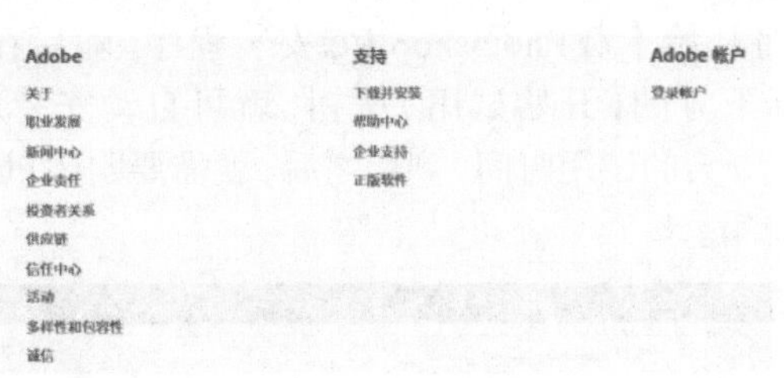

图 1–12　支持菜单

切换至下一个页面，单击【Creative Cloud应用程序】下的【开始使用】按钮，进入Adobe Creative Cloud中，如图1–13所示。

图 1–13　下载和安装帮助页面

在Adobe Creative Cloud中找到Photoshop并点击【下载】按钮，即可下载Creative Cloud桌面应用程序，如图1-14所示。

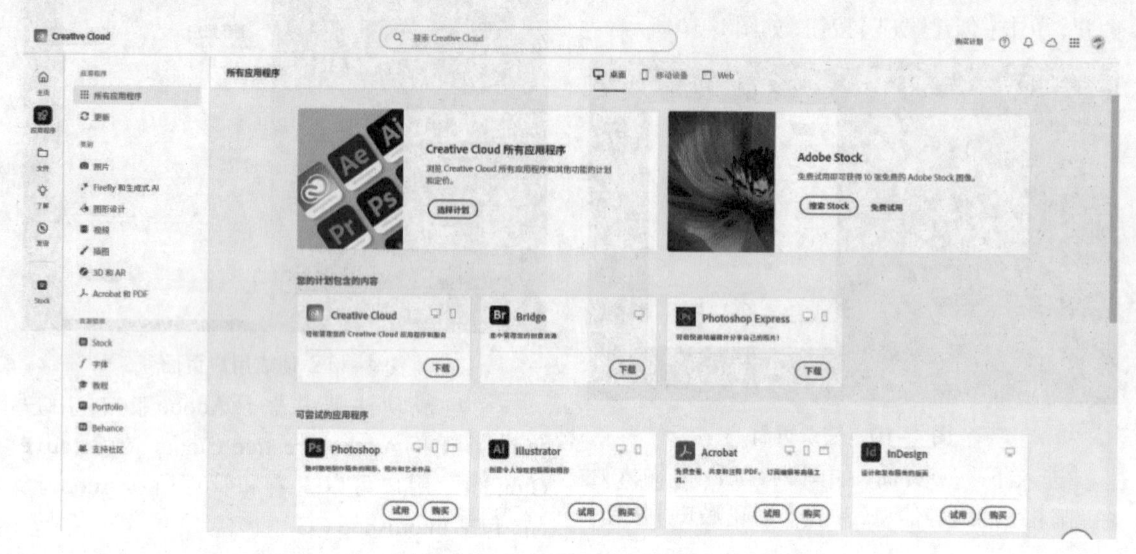

图 1-14　Adobe Creative Cloud

1.4.4　安装Photoshop CC

打开Creative Cloud桌面应用程序，在线安装Photoshop，选择适用于用户操作系统的版本。确认下载后，Creative Cloud将开始下载Photoshop CC安装程序。随后在【Creative Cloud Desktop】窗口中单击Photoshop图标下方的【开始试用】按钮，就可自动安装Photoshop，如图1-15所示。Photoshop从安装之日起，有7天的试用时间，到期之后，就需要购买Photoshop正式版（单击【立即购买】按钮），才可以继续使用。

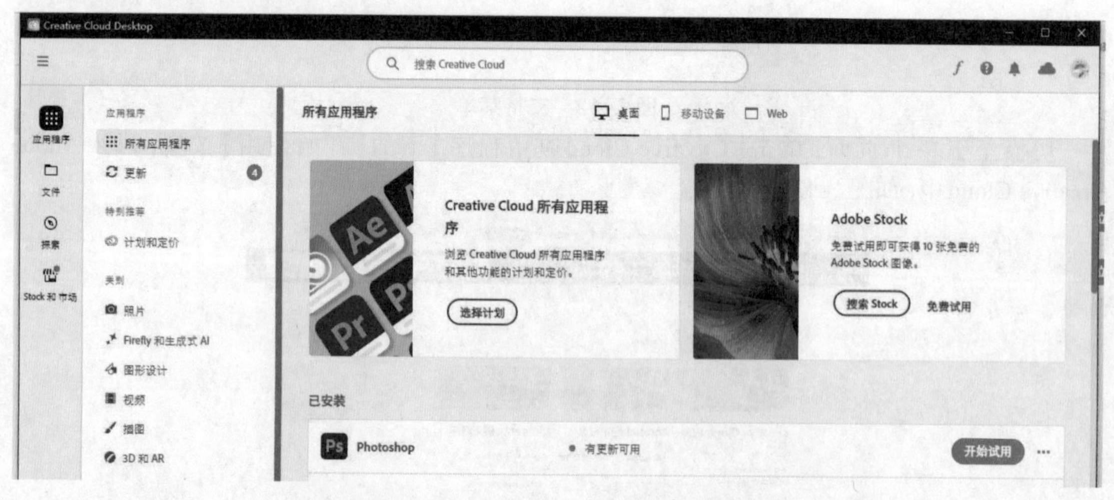

图 1-15　Creative Cloud 桌面应用程序

等待下载完成后，双击下载完成的安装程序，启动安装向导，如图1-16所示。

图 1–16　Adobe Photoshop 2022 的安装界面

点击【继续】按钮，开始进入安装过程。等待Photoshop CC的成功安装，安装过程如图1–17所示。

注：此处建议更改默认安装位置为除C盘以外的其他位置。

图 1–17　Adobe Photoshop 2022 的安装过程

按照以上步骤，用户可以成功地创建Adobe账户，以及下载、安装和激活Photoshop CC。

1.5　Photoshop CC的启动与关闭

成功安装Adobe Photoshop CC后，了解正确的启动和关闭流程对于充分发挥这一强大图像处理软件的功能来说至关重要。以下是详细的指南，可确保顺利地启动和关闭Photoshop CC。

1.5.1　启动Photoshop CC

在成功安装Photoshop CC后，可根据个人喜好选择适合自己的方法来启动Photoshop CC。

1. 双击桌面Photoshop CC图标启动

如果用户在安装过程中选择了在桌面创建的快捷方式，可以通过双击桌面上的图标来启动Photoshop CC，如图1–18所示。

图 1–18　Adobe Photoshop 2022 的软件图标

2. 使用开始菜单启动

在Windows操作系统中，可以点击左下角的【开始】菜单（图1–19），然后在程序列表中找到并点击Adobe Photoshop 2022，启动软件。

图 1–19　【开始】菜单

在启动过程中，Photoshop CC会加载所需的资源和插件，确保软件可以顺利运行。启动页面如图1–20所示，启动时间将取决于计算机性能和资源的使用情况。启动完成后，软件进入首页【主屏幕】工作区，如图1–21所示。

图1–20　Adobe Photoshop 的启动页面

图1–21　Adobe Photoshop 的【主屏幕】工作区

1.5.2　关闭Photoshop CC

关闭Photoshop CC是确保工作流程完整、节省资源的重要步骤。以下是正确关闭Photoshop CC的详细步骤。

1. 保存工作

在关闭Photoshop CC之前，请确保保存正在编辑的项目。点击文件菜单，并选择【存储】或【存储为】，以确保保存的是当前的项目，如图1–22所示。

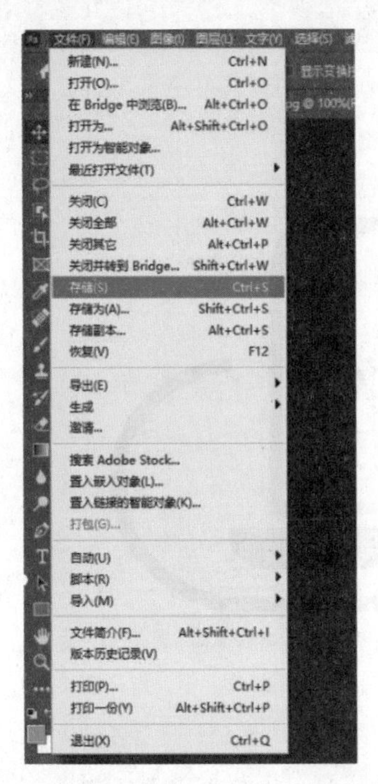

图 1–22　文件存储

2. 关闭打开的文档

如果有打开的文档，请逐个关闭它们。单击鼠标右键，点击文档标签并选择“关闭”，或使用快捷键【Ctrl+W】关闭当前文档。

3. 退出软件

在Windows系统中，点击右上角的关闭按钮或使用【Alt+F4】快捷键退出软件。

4. 保存未保存的更改

如果有未保存的更改，系统将提示用户保存或放弃这些更改，用户可根据需要选择相应的操作，如图1–23所示。

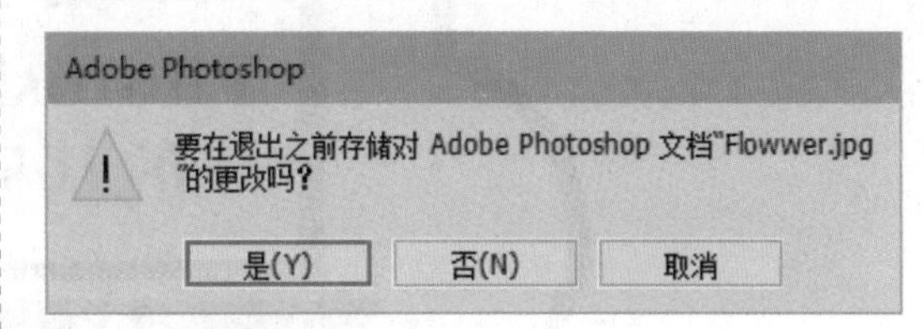

图 1–23　保存未保存的更改

5. 等待软件关闭

在关闭窗口后，请耐心等待Photoshop完全退出。确保软件已经完全关闭，以释放所有资源。

通过以上步骤，即可正确地启动和关闭Photoshop，确保良好的工作流程和计算机性能。这样，就可以更好地利用这一强大的工具进行图像的处理、设计和创作。

第2章 Photoshop CC的基础操作

2.1 Photoshop CC的工作界面

Adobe Photoshop CC是图像处理和编辑领域的巨头，其强大的功能和灵活性为用户提供了丰富的创意空间。在深入学习具体操作之前，本章将详细介绍每个核心区域，让读者了解Photoshop的构成和功能，为更深入的学习和创造性的图像处理奠定基础。

启动Photoshop，一般会默认显示【主屏幕】工作区，如图2–1所示。可以新建或者打开最近使用项，对于一些官方的学习链接也可点击了解一下。另外，点击【编辑】菜单，在【首选项】的级联菜单中执行【常规】命令，在弹出的【首选项】对话框中，取消选中“自动显示主屏幕”复选框，关闭【主屏幕】的显示。

随后，选择【新文件】选项，弹出界面，点击【创建】按钮，这样就进入了Photoshop的工作主界面，主界面如图2–2所示。

图2–1　默认显示的【主屏幕】工作区

图 2–2　Photoshop　2022 的工作主界面

> 注：可能有的Photoshop的工作界面和图2-2不太一样，这很正常。一方面，也许是软件的版本稍有不同，近几年的Photoshop软件的界面和大部分功能都是通用的，各版本软件的用法基本相同，如果有少许不同，可以先忽略，随着学习的逐渐深入，即可了解不同版本软件的差异所在。另一方面，用户可能不是第一次打开Photoshop，主界面在之前就被调整过，可以通过点击【窗口】菜单，在【工作区】的级联菜单中执行【复位基本功能】命令，使主界面回到初始状态。

2.1.1　菜单栏

菜单栏是Photoshop CC的掌控中心，位于软件顶部。Photoshop 2022的菜单栏中包含12组菜单，每个菜单下又有丰富的功能选项，它们有不同的显示状态，只要了解了每一个菜单的特点，就能掌握这些菜单命令的使用方法。图2–3为Photoshop 2022的菜单栏。

文件(F)　编辑(E)　图像(I)　图层(L)　文字(Y)　选择(S)　滤镜(T)　3D(D)　视图(V)　增效工具　窗口(W)　帮助(H)

图 2–3　Photoshop 2022 的菜单栏

1. 打开菜单

单击某一个菜单即可打开该菜单。在菜单中，不同功能的命令之间会用分割线分开。将光标移动至【调整】命令上方，打开其级联菜单，如图2–4所示。

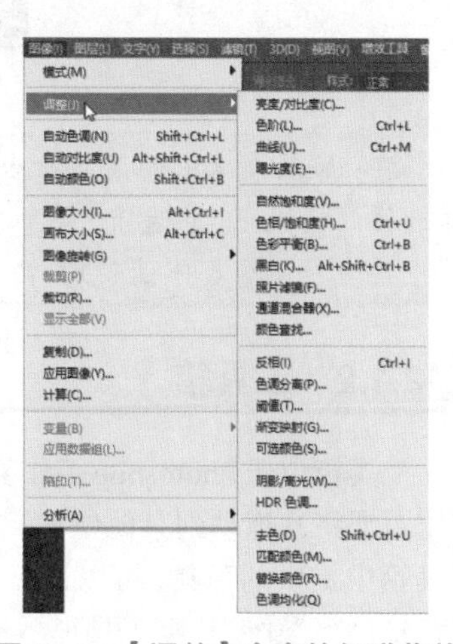

图 2–4　【调整】命令的级联菜单

2. 执行菜单中的命令

选择菜单中的命令即可执行此命令。如果命令后面有快捷键，也可以使用快捷键执行命令。例如，按快捷键【Ctrl+O】可以打开【打开】对话框，如图2–5所示。级联菜单后面带有黑色三角形标记的命令表示还包含级联菜单。如果有些命令只提供了字母，可以按Alt键+主菜单的字母+命令后面的字母，执行该命令。例如，按快捷键【Alt+Ctrl+I】可以快速执行【图像】下的【图像大小】命令，如图2–6所示。

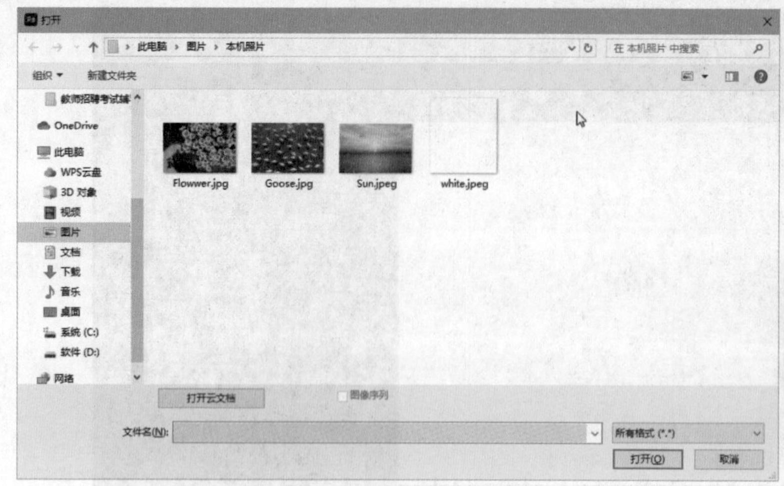

图 2-5 【打开】对话框

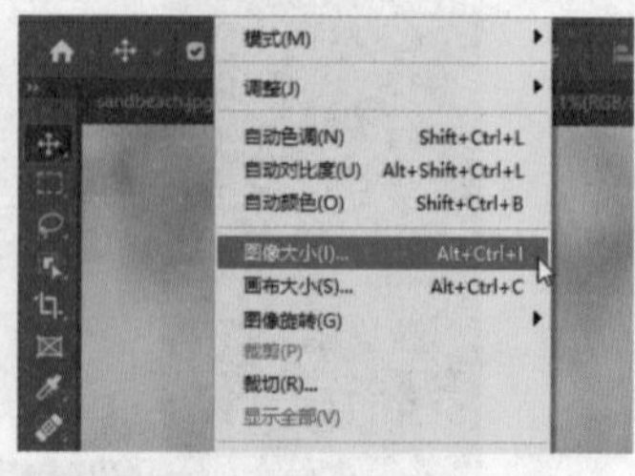

图 2-6 【图像大小】命令

3. 打开快捷菜单

在文档窗口空白处或任一个对象上单击鼠标右键，可以显示快捷菜单；在面板上单击鼠标右键，也可以显示快捷菜单，如图2-7所示。

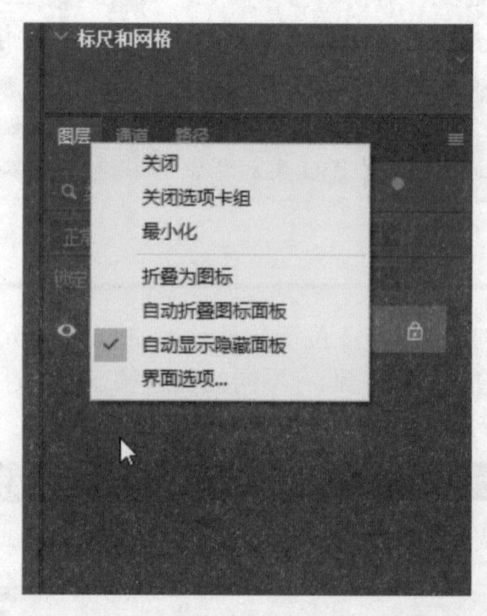

图 2-7 在面板上打开快捷菜单

注：如果菜单中的某些命令显示为灰色，表示它们在当前状态下不能使用。例如，在没有创建选区的情况下，【选择】菜单中的多数命令都不能使用；在没有创建文字的情况下，【文字】菜单中的多数命令也不能使用。

2.1.2 工具箱

工具箱位于Photoshop工作界面的左侧，是用户与软件互动的主要区域，用户可以根据自己的使用习惯将其拖动到其他位置。这里包含了多个图标，每个图标代表着一个具体的编辑工具。利用工具箱中提供的工具，可以进行选择、绘画、取样、编辑、移动、注释、查看图像，以及更改前景色和背景色等操作。移动工具提示框如图2-8所示。

图 2–8　移动工具提示框

注：工具箱有单列和双列两种显示模式，单击工具箱顶部的【▶▶】按钮，可以将工具箱切换为单排（或双排）显示。使用单列显示模式，可以有效节省屏幕空间，使图像的显示区域更大，方便用户的操作。

1. 移动工具箱

默认情况下，工具箱停放在窗口左侧。将光标放在工具箱顶部右侧，单击并向右侧拖动鼠标，可以使工具箱呈浮动状态，并停放在窗口的任意位置，如图2–9所示。

图 2–9　移动工具箱

2. 选择工具

单击工具箱中的工具按钮，可以选择对应的工具，如图2–10所示。如果工具右下角带有三角形图标，表示这是一个工具组，在这样的工具上长按鼠标左键（或单击鼠标右键）可以显示隐藏的工具，如图2–11所示；将光标移动到隐藏的工具上然后释放鼠标，即可选择该工具，如图2–12所示。

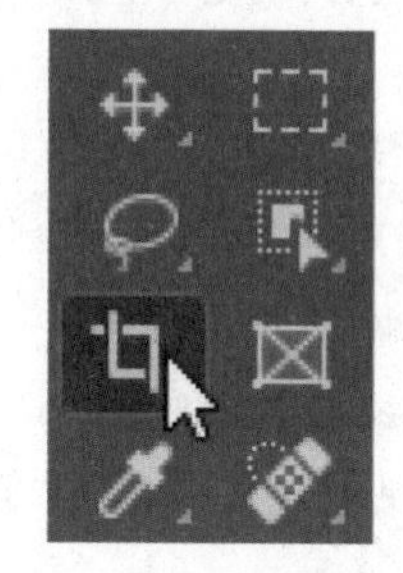
图 2–10　选择工具

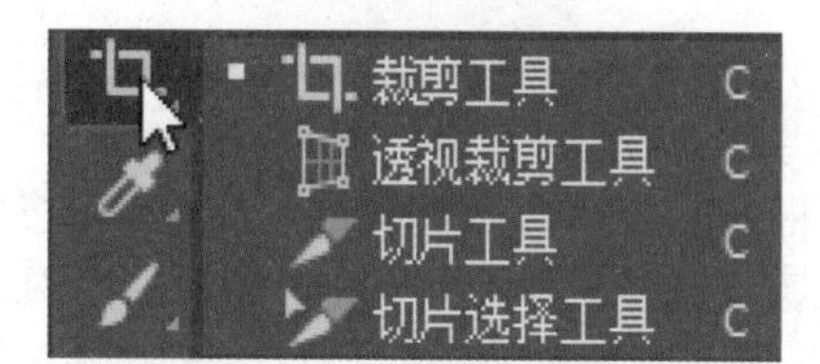

图 2–11　打开工具组

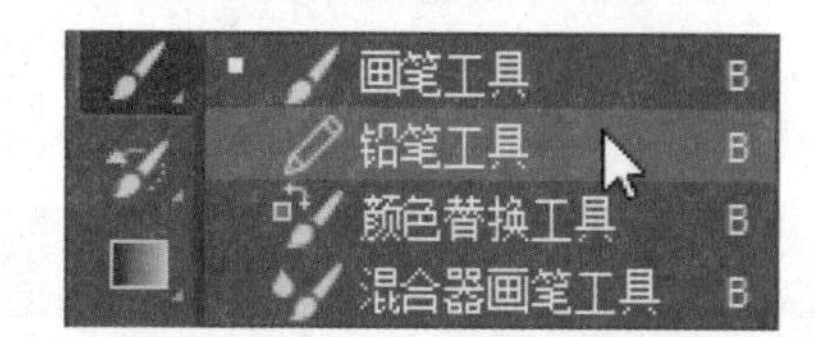

图 2–12　选择工具组中的工具

注：一般情况下，常用的工具都可以通过相应的快捷键来快速选择。例如，按L键可以快速选择【套索工具】。将光标悬停在工具按钮上，即可显示工具名称、快捷键信息及工具使用方法。此外，按【Shift+工具快捷键】，可在工具组中循环选择各个工具。

2.1.3　工具选项栏

工具选项栏可以用来设置工具的参数选项。通过设置合适的参数，不仅可以有效增强工具的灵活性，还能够提高工作效率。对于不同的工具，其工具选项栏有很大的差异。图2–13为【画笔工具】的工具选项栏，一些选项（如“绘画模式”和“不透明度”）是许多工具通用的，而有些选项（如铅笔工具的“自动抹除”）则专用于某个工具，如图2–14所示。

图 2-13 【画笔工具】的工具选项栏

图 2-14 【铅笔工具】的工具选项栏

1. 隐藏/显示工具选项栏

可以通过选中或取消选中【窗口】菜单中的【选项】复选框，从而隐藏或显示工具选项栏，如图 2-15 所示。

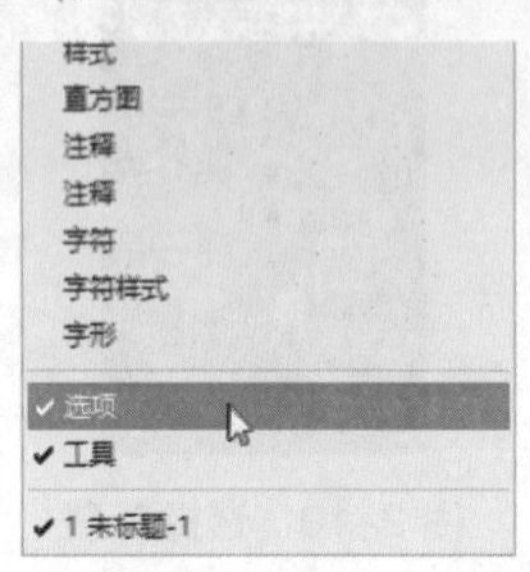

图 2-15 隐藏/显示工具选项栏

2. 移动工具选项栏

将光标放在选项栏的最左侧，然后按住鼠标左键将其拖出，可使其成为浮动的工具选项栏。若想将工具选项栏放回原处，将光标放置在工具选项栏左侧的黑色区域，则可按住鼠标左键，将其拖回菜单栏下，当出现蓝色条时释放鼠标，可重新将其停放到原位置，如图 2-16 所示。

图 2-16 移动工具选项栏位置

3. 使用工具预设

单击工具图标右侧的按钮，将【工具预设】面板打开，其中包含了各种工具预设，如图 2-17 所示。

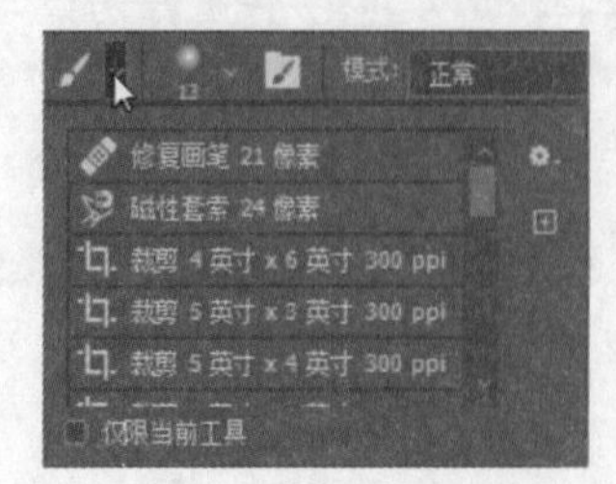

图 2-17 各种工具预设

4. 新建工具预设

选择工具，然后在工具选项栏中设置选项，单击【新建工具预设】按钮，就可基于当前设置的工具创建一个工具预设，如图 2-18 所示。

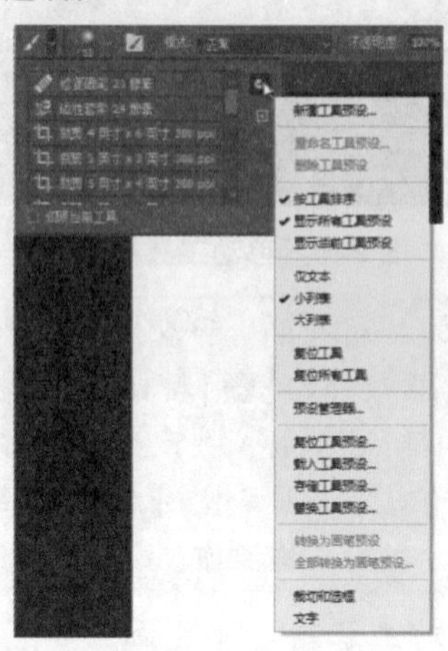

图 2-18 新建工具预设

注：工具操作说明如下。

（1）下拉按钮。

单击该按钮，可以打开一个下拉列表，如图 2-19 所示。

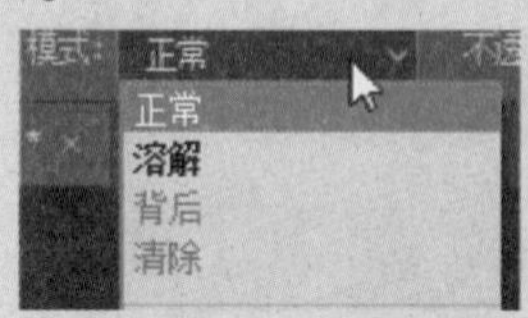

图 2-19 下拉列表

（2）文本框。

在文本框中单击，然后输入新数值并按【Enter】键即可调整数值。如果文本框旁边有【 】按钮，单击该按钮，可以显示一个弹出滑块，拖曳滑块也可以调整数值，如图 2-20 所示。

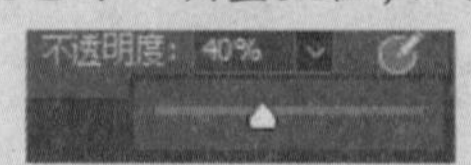

图 2-20 滑块调整数值

（3）小滑块。

在包含文本框的选项中，将光标悬停在选项名称上，光标会变为如图 2-21 所示的状态，单击并向左右两侧拖曳，可以调整数值。

图 2-21 快速调整数值

2.1.4　面板

Adobe Photoshop CC的面板是位于软件右侧的功能性区域，由多个面板组成，每个面板都提供了特定方面的控制和调整工具，为用户提供了深度和精确的图像编辑能力。Photoshop中包含20多个面板，在【窗口】菜单中可以选择需要的面板并将其打开，如图2-22所示。默认情况下，面板以选项卡的形式成组出现，并停靠在窗口右侧，用户可以根据需要打开、关闭或是自由组合面板。

图 2-22　【窗口】菜单

1. 选择面板

为了节省操作空间，多个面板可以组合在一起，叫作面板组。在面板组中单击任意一个面板的名称，就可将该面板设置为当前面板，图2-23为【渐变】的面板。

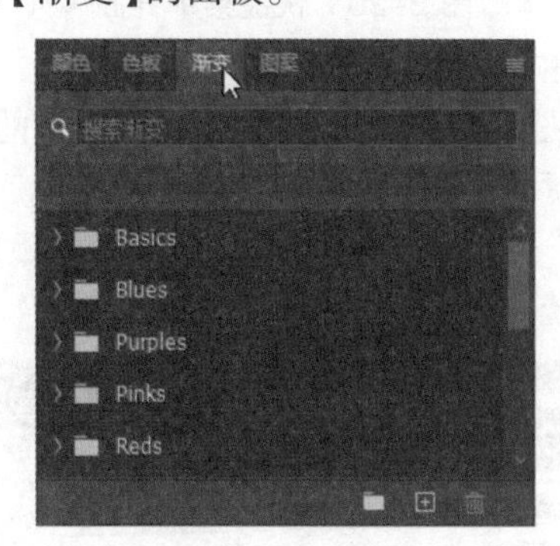

图 2-23　渐变面板

2. 折叠/展开面板

单击面板组右上角的【»】按钮，可把面板折叠为图标形状，如图2-24所示。拖动面板边界可以调整面板组的宽度，从而显示面板的名称。单击一个图标名称即可显示相应的面板，如图2-25所示。

图 2-24　折叠面板组

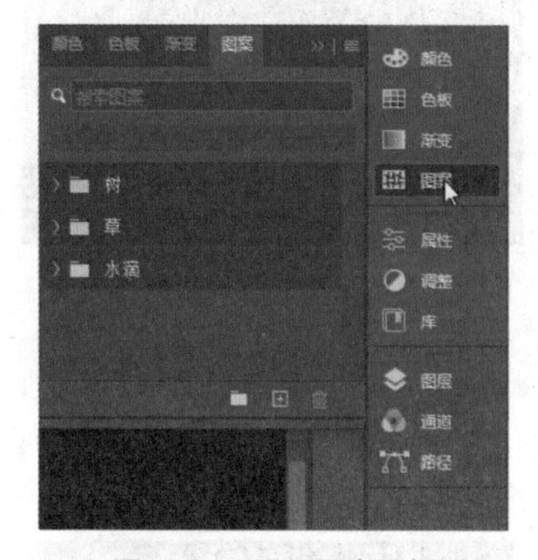

图 2-25　展开图案面板

3. 组合面板

将鼠标放在一个面板名称上，并按住鼠标左键将其拖至另一个面板名称上，出现蓝色框时释放鼠标，即可将其与目标面板组合，如图2-26所示。

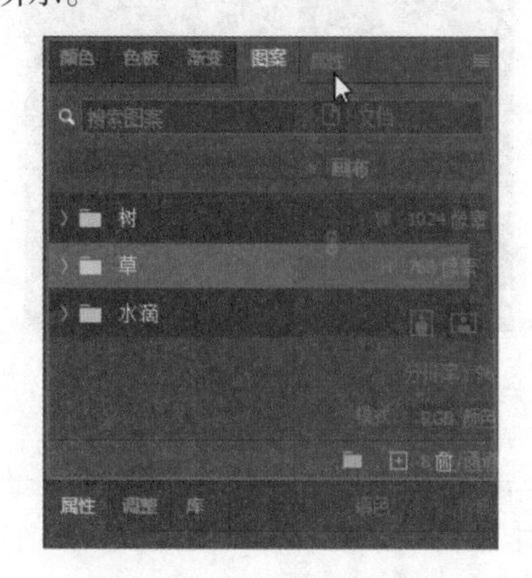

图 2-26　自由组合面板

注：将多个面板合并为一个面板组，或将一个浮动面板合并到面板组中，可以让文档窗口有更多操作空间，使用户在使用中更加方便。

4. 移动面板

将鼠标放置在面板的标题栏上，单击并将其向外拖曳到窗口空白处，即可将其从面板组或链接的面板组中分离出来，使之成为浮动面板，如图2-27所示。拖曳浮动面板的标题栏，可以将它放在窗口中的任意位置。

图2-27　浮动面板

5. 调整面板大小

将光标放置在面板的右下角，待光标变为箭头形状时，拖动面板的右下角，可以自由调整面板的高度与宽度，如图2-28所示。

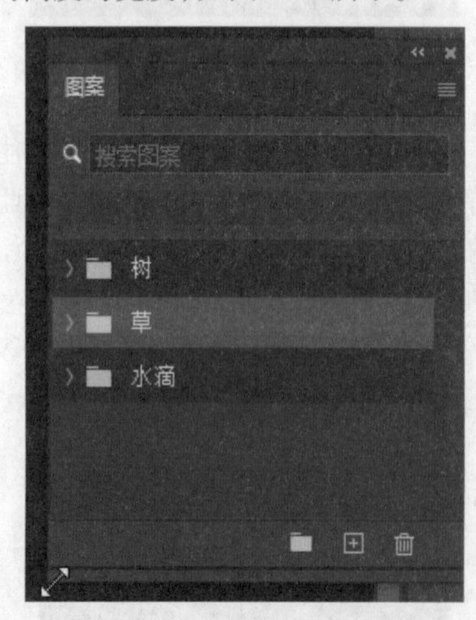

图2-28　调整面板大小

6. 打开面板菜单

单击面板右上角的按钮，可以打开面板菜单，如图2-29所示。菜单中包含了与当前面板相关的各种命令。

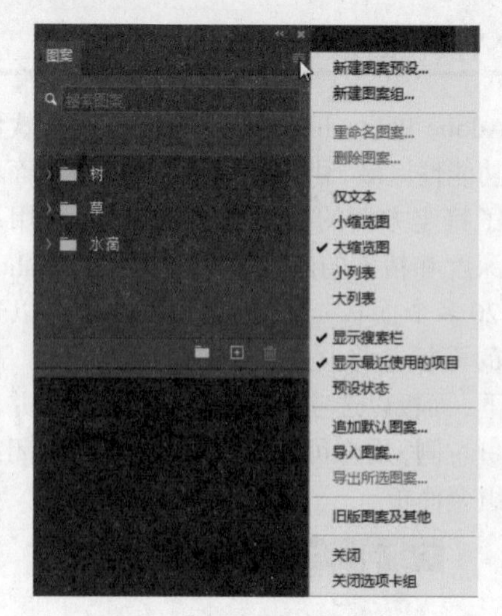

图2-29　图案面板菜单

7. 关闭面板

在面板的标题栏上单击鼠标右键，弹出的快捷菜单如图2-30所示。执行【关闭】命令可以关闭该面板；执行【关闭选项卡组】命令，可以关闭该面板组。对于浮动面板，可单击右上角的【关闭】按钮【 】将其关闭。

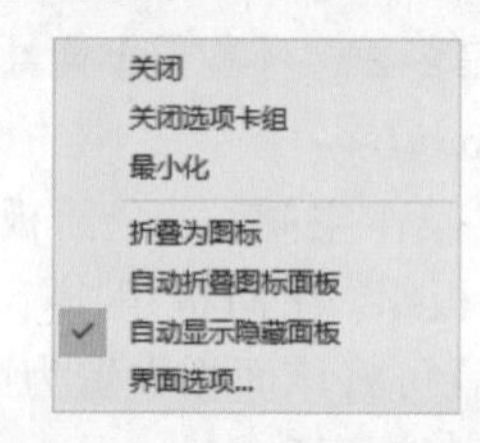

图2-30　快捷菜单界面

8. 恢复默认面板

如图2-31所示，单击窗口菜单中的【工作区】，然后在工作区的级联菜单中选择“复位基本功能”选项，这样就可以将所有面板恢复到默认状态下的位置。

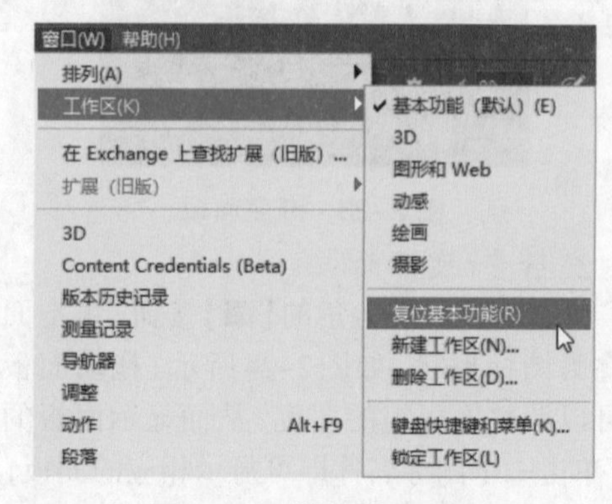

图2-31　恢复默认面板

2.1.5　文档标签栏

文档标签栏位于Adobe Photoshop CC界面的顶部，是打开多个文档的重要工具。通过文档标签栏，用户可以轻松地切换、管理和组织多个同时打开的文档，提高编辑效率和工作流畅性。

1. 选择文档

使用鼠标单击选项卡上任一文档的标签栏，即可将该文档窗口设置为当前操作窗口，如图2–32所示。

图 2–32　选择文档

2. 调整文档顺序

按住鼠标左键，拖动文档的标签栏，就可调整它在选项卡中的顺序。

3. 移动文档窗口

选择一个文档的标签栏，按住鼠标左键将其拖出选项卡，该文档便成为可任意移动位置的浮动窗口，如图2–33所示。如果想使文档恢复至原状态，则将鼠标放置在浮动窗口的标签栏上，按住鼠标左键，拖动至工具选项栏下，当出现蓝框时松开鼠标，该窗口就会回到选项卡中了。

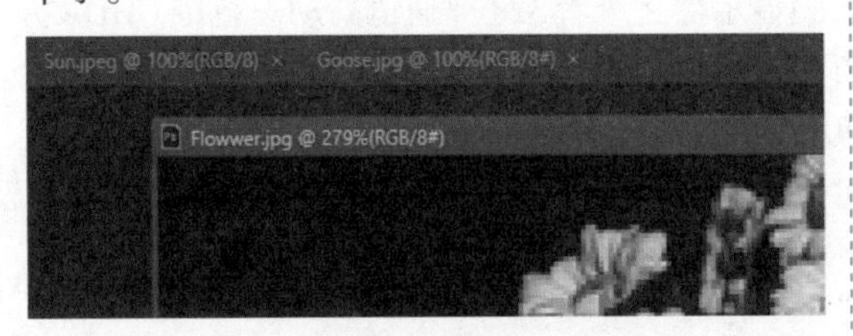

图 2–33　文档的浮动窗口

4. 调整浮动窗口大小

将光标放在浮动窗口的一角或边框上，待出现双向箭头时进行拖动，就可调整该窗口的大小。

5. 合并多个浮动窗口

如图2–34所示，在标签栏处单击鼠标右键，在弹出的快捷菜单中选择【全部合并到此处】命令，就能将所有浮动窗口合并到标签栏。

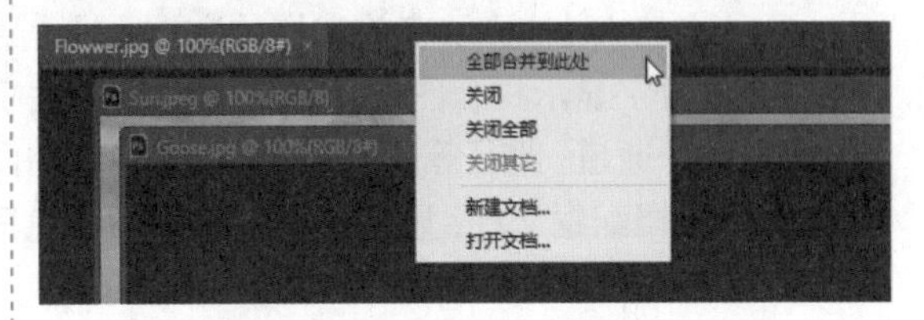

图 2–34　合并多个浮动窗口

6. 关闭文档

单击标签栏右侧的关闭按钮【☒】，就可将该文档关闭。如果想将所有文档关闭，在标签栏任意位置上单击鼠标右键，在弹出的快捷菜单中选择【关闭全部】命令即可，如图2–35所示。

图 2–35　关闭全部文档

注：若需要在多个文档之间迅速切换，除单击选择文档之外，也可通过快捷键迅速切换文档。按快捷键【Ctrl+Tab】可按顺序切换窗口，按快捷键【Ctrl+Shift+Tab】则可按相反的顺序切换窗口。

2.1.6　状态栏

状态栏位于Adobe Photoshop CC界面的底部，提供了有关当前文档和工具状态的重要信息，这个区域为用户提供了实时的反馈和指导，可以帮助用户更好地了解当前编辑环境，并进行相应的操作。它共由两部分组成，如图2–36所示。

状态栏最左边的是一个文本框，它用于控制图像窗口的显示比例。用户可以直接在文本框中输入一个数值，然后按回车键就可以改变图像窗口的显示比例。中间部分是显示图像文件信息的区域。在文档信息区上按住鼠标左键，就可以显示图像的宽度、高度、通道等信息，如图2–37所示。单击文档信息区右边的箭头【▶】，可以打开如图2–38所示的子菜单，从中可以选择显示文档的不同信息。

图 2–36　状态栏

图 2–37　文档信息

图 2–38　状态栏子菜单

（1）文档大小：显示有关文档的数据大小信息。选择该选项后，状态栏中会出现两组数字，其中，左边的数字显示拼合图层并存储文件后的大小；右边的数字显示当前文档全部内容的大小，其中包含图层、通道、路径等所有Photoshop特有的图像数据。

（2）文档配置文件：显示文档所使用的颜色配置文件的名称。

（3）文档尺寸：显示当前文档的尺寸。

（4）测量比例：显示当前文档的比例。

（5）暂存盘大小：显示当前文档虚拟内存的大小。选择该选项之后，状态栏就会出现两个数字，左边的数字为当前文档文件所占用的内存空间；右边的数字为当前电脑中可供Photoshop使用的内存大小，如图2–39所示。

图 2–39　暂存盘

（6）效率：显示一个百分数，该百分数代表了Photoshop执行工作的效率。如果这个百分数经常低于60%，说明硬件系统可能已经无法满足需要。

（7）计时：显示一个时间数值。该数值代表执行上一次操作所经历的时间。

（8）当前工具：显示当前选中的工具的名称。

（9）32位曝光：用于调整预览图像，以便在电脑显示器上查看32位/通道高动态范围（HDR）图像的选项。仅当文档窗口显示HDR图像时，该滑块才可用。

（10）存储进度：图2–40为每次保存图像时的进度情况，以便用户在遇到较大图片时，清楚了解Photoshop执行工作的状态，避免以为是电脑死机。

图 2–40　存储进度

（11）智能对象：显示智能对象的情况。

（12）图层计数：显示该文档图层的数量。

2.1.7　画布

如图2–41所示的白色区域，画布是指Adobe Photoshop中用于显示和编辑图像的主要区域。了解画布的特点和功能，对于有效地进行图像处理和设计至关重要。在创建新文档或打开现有文档时，用户可以指定所需的画布尺寸。画布的尺寸决定了用户可以在其中工作的空间的大小。

图 2-41　画布

1. 修改画布大小

用户可以通过执行菜单栏【图像】下的【画布大小】命令，根据需要选择不同尺寸的画布，包括像素、英寸、厘米等单位，如图2-42所示。【画布大小】对话框中的各项说明如下。

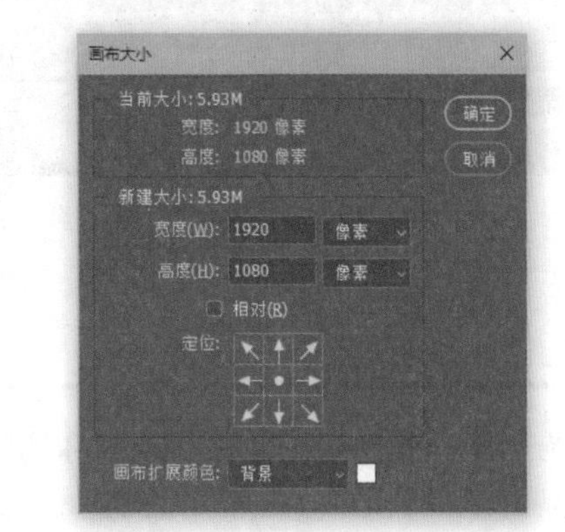

图 2-42　画布大小菜单

（1）当前大小：显示了图像宽度和高度的实际尺寸、文档的实际大小。

（2）新建大小：可以在【宽度】和【高度】文本框中输入画布的尺寸。当输入的数值大于原来尺寸时会增大画布，反之则缩小画布。缩小画布会裁剪图像。输入尺寸后，【新建大小】显示为修改画布后的文档大小。

（3）相对：勾选该复选框，【宽度】和【高度】文本框中的数值将代表实际增加或缩小的区域大小，而不再代表整个文档的大小。此时，输入正值表示增大画布，输入负值则表示缩小画布。

（4）定位：单击不同的方格，可以指示当前图像在新画布上的位置，图2-43至图2-45分别为设置不同定位方向再增加画布后的图像效果（画布的扩展颜色为红色）。

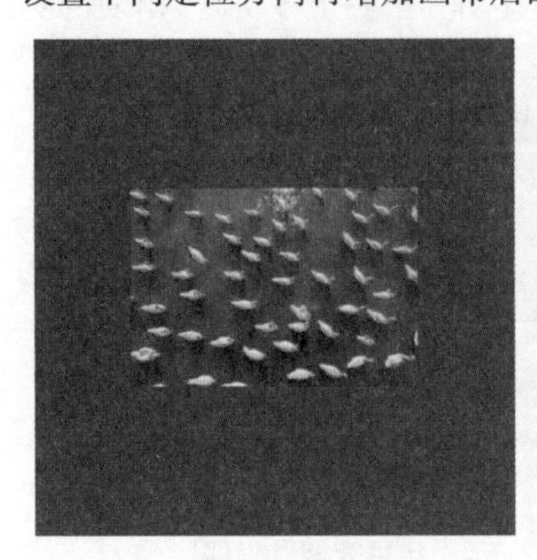

图 2-43　中间效果

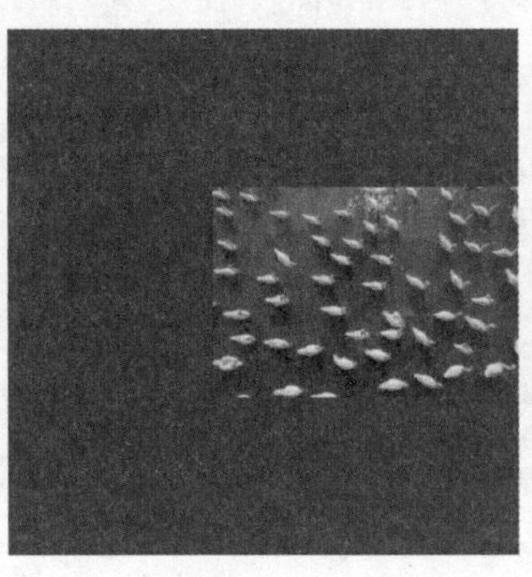

图 2-44　右移效果

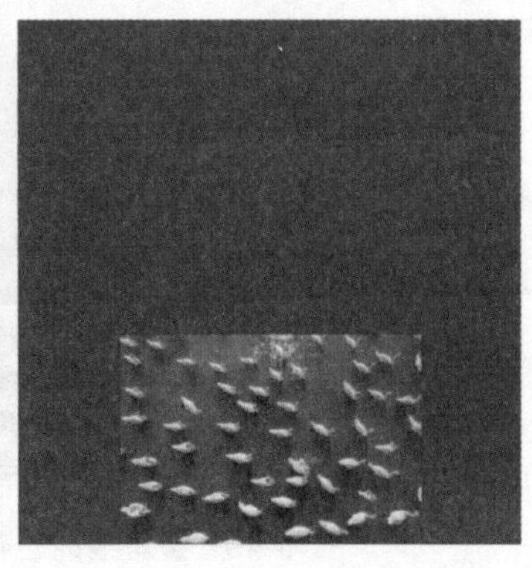

图 2-45　下移效果

（5）画布扩展颜色：在该下拉列表中，可以选择填充新画布的颜色。如果图像的背景是透明的，则【画布扩展颜色】选项将不可用，添加的画布也是透明的。

2. 旋转画布

执行菜单栏【图像】下的【图像旋转】命令，在级联菜单中包含了用于旋转画布的命令，执行这些命令可以旋转或翻转整个图像。图2-46为原始图像，图2-47为执行【水平翻转画布】命令后的状态。

图 2-46　旋转画布前的原始图像

图 2-47　水平翻转画布后的图像

注：点击【图像】菜单，在【图像旋转】的级联菜单中执行【任意角度】命令，打开【旋转画布】对话框，输入画布的旋转角度，即可按照设定的角度和方向精确地旋转画布，如图2-48所示。

图2-48　精确地旋转画布

2.1.8　辅助工具

为了更准确地对图像进行编辑和调整，需要了解并掌握辅助工具。常用的辅助工具包括参考线、网格、标尺等工具，借助这些工具可以进行参考、对齐、对位等操作。

1. 参考线

在工作区的标尺上按住鼠标左键，可拖曳出水平或者垂直的参考线，也可在【视图】菜单下执行一系列有关参考线的操作命令，如图2-49所示。

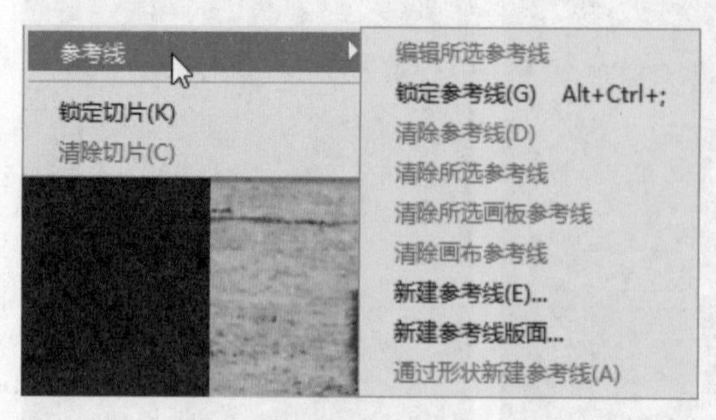

图 2-49　参考线的子菜单

除参考线之外，还有智能参考线。智能参考线可以帮助对齐形状、切片和选区。启用智能参考线后，当绘制形状、创建选区或切片时，智能参考线会自动出现在画布中。如图2-50所示，单击【视图】菜单，在【显示】的级联菜单中执行【智能参考线】命令，可以启用智能参考线。如图2-51所示，在图中画了两个红色的方块，使用移动工具移动其中一个方块时，出现的对齐的洋红色参考线就是智能参考线。

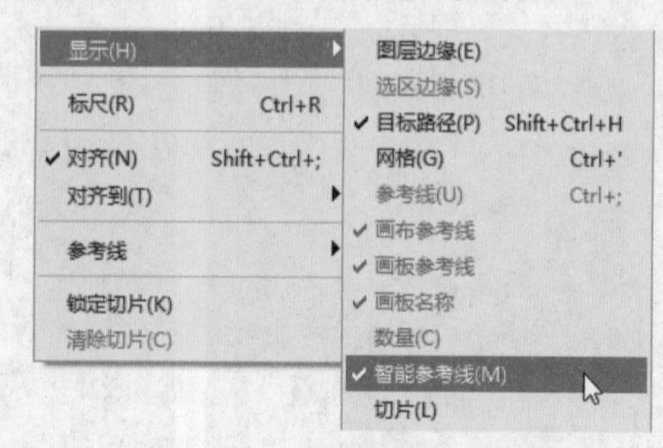

图 2-50　启用智能参考线

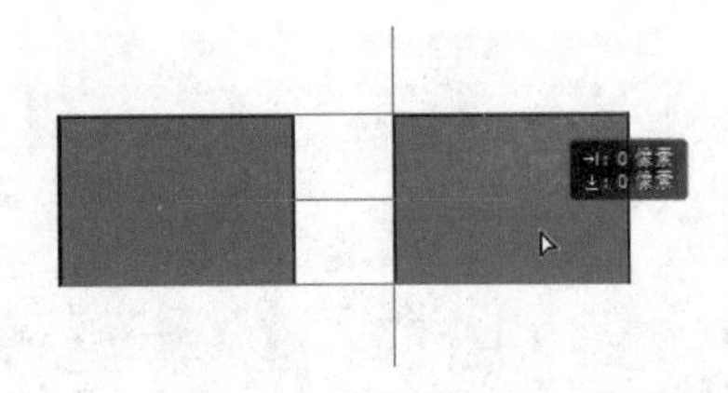

图 2-51 智能参考线

2. 网格

网格用于物体的对齐和光标的精确定位，对于对称的布置对象来说非常有用。打开一个图像素材，单击【视图】菜单，在【显示】的级联菜单中执行【网格】命令，可以显示网格，如图 2-52 所示。显示网格后，执行菜单栏【视图】下的【对齐】命令启用对齐功能，此后在创建选区和移动图像时，对象会自动对齐到网格上。

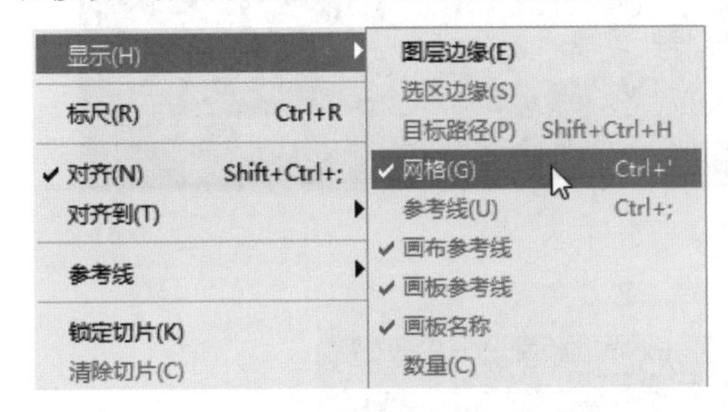

图 2-52 启用网格

3. 标尺

如图 2-53 所示，单击【视图】菜单，在下拉菜单中选择【标尺】选项，即可显示标尺。按快捷键【Ctrl+R】也可以显示或隐藏标尺。

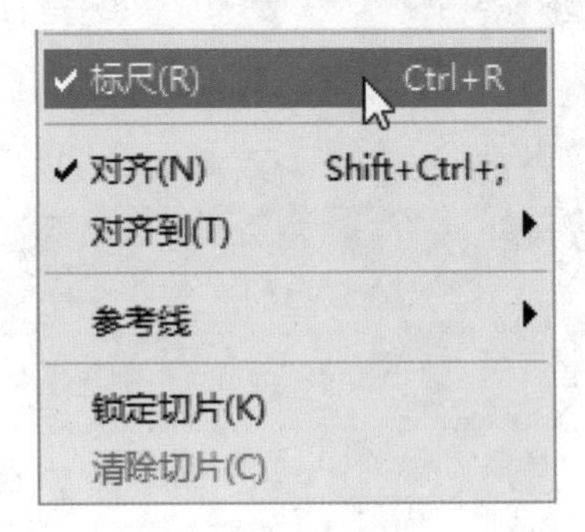

图 2-53 启用标尺

2.2 新建和打开图像

在 Adobe Photoshop 中，新建和打开图像既是基本的操作之一，也是图像编辑和处理过程中基础性的工作。这些功能使用户能够开始编辑现有图像或创建新的图像项目。下面分别介绍文件的新建和打开的具体操作方法。

1. 新建文件

依次点击【文件】菜单，然后选择【新建】命令，或按快捷键【Ctrl+N】，打开【新建】对话框，如图 2-54 所示。在右侧的【预设详细信息】栏可以设置文件名，并对文件尺寸、分辨率、颜色模式和背景内容等选项进行设置，单击【确定】按钮，即可创建一个空白文件。如果用户想使用旧版本的【新建】对话框，单击菜单栏【编辑】中的【首选项】，选择【常规】命令，在打开的设置界面里勾选【使用旧版“新建文档界面”】复选框，即可使用旧版本的【新建】对话框，如图 2-55 所示。旧版【新建】对话框中的各选项说明如下。

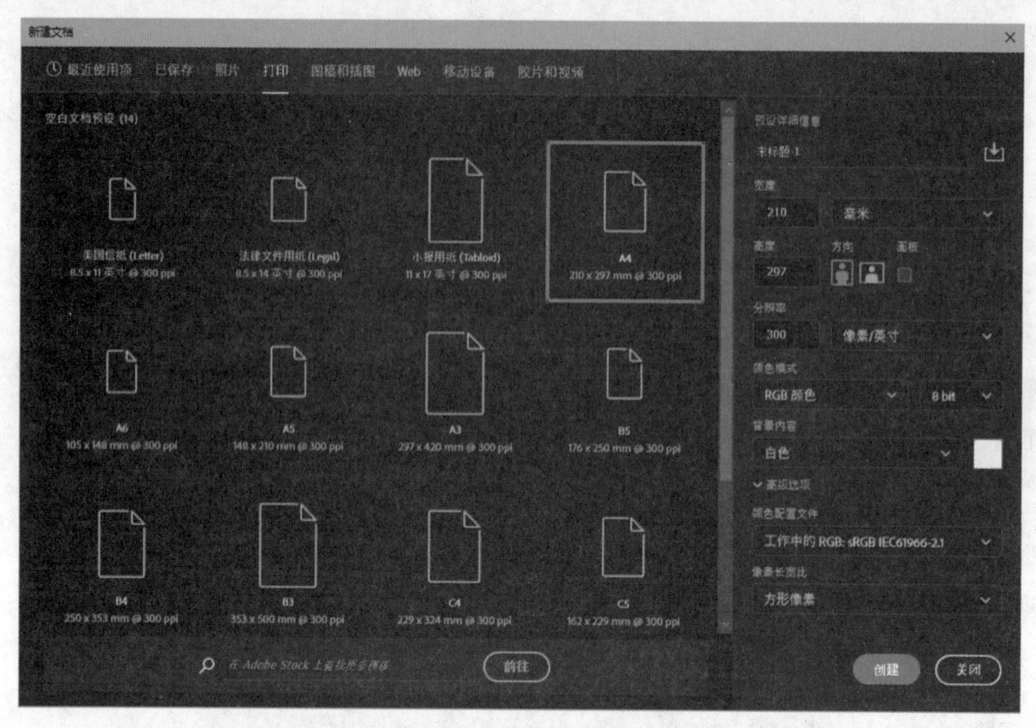

图 2-54　新建文档窗口

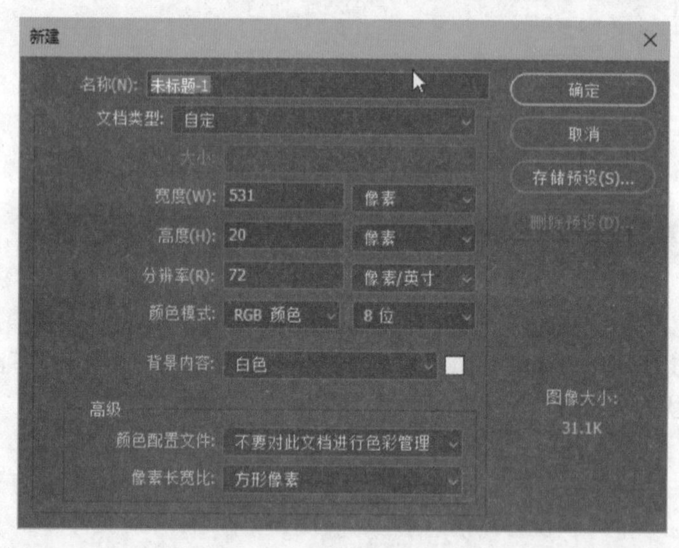

图 2-55　旧版新建窗口

（1）名称：既可以给文件命名，也可以使用系统默认的名称“未标题-1”。一旦文件被创建，它的名称将显示在文档窗口的标签栏中。在保存文件时，系统会自动显示该名称以便用户确认。

（2）文档类型：在该下拉列表中提供了各种常用文档的预设选项，如照片、Web、胶片和视频等。

（3）宽度/高度：可输入文件的宽度和高度，在右侧的选项中可以选择一种单位，包括像素、英寸、厘米、毫米、点、派卡和列。

（4）分辨率：可输入文件的分辨率，在右侧选项中可以选择分辨率的单位，包括像素/英寸和像素/厘米。

（5）颜色模式：可以选择文件的颜色模式，包括位图、灰度、RGB颜色、CMYK颜色和Lab颜色。

（6）背景内容：可以选择文件背景的内容，包括白色、黑色、背景色和透明等。

（7）高级：包括【颜色配置文件】和【像素长宽比】。在【颜色配置文件】下拉菜单中，可以选择像素的长宽比。显示器上的图像通常由方形像素组成。除了用于视频的图像外，通常应选择“方形像素”。

（8）存储预设：点击按钮，即可打开【新建文档预设】对话框，在其中输入预设名称并选择相关选项，即可将当前设置的文件大小、分辨率、颜色模式等保存为一个预设。之后，只需在【新建】对话框的【预设】下拉菜单中选择该预设，即可省去重复设置选项的麻烦。

（9）删除预设：选择自定义的预设文件后，单击该按钮，可将其删除。但需要注意的是，系统提供的预设不能被删除。

（10）图像大小：以当前设置的尺寸和分辨率新建文件时，显示文件的实际大小。

2. 打开文件

Photoshop可以通过执行打开文件命令将外部的多种格式的图像文件打开，用来编辑处理，也可以将未完成的Photoshop文件打开，继续进行各种操作处理。

（1）使用【打开】命令打开文件。

一是通过单击菜单栏中的【文件】下的【打开】命令，如图2–56所示。二是通过使用快捷键【Ctrl+O】，在弹出的选项框中单击选中想要打开的图片，单击【打开】按钮或按【Enter】键，或双击图片，如图2–57所示。在Photoshop中，用户可以同时打开多个文件，以方便比较、合并或同时编辑多个图像。可以通过重复上述步骤来打开多个文件，或者在文件浏览器中同时选择多个文件，然后点击【打开】按钮。

图 2–56　【打开】命令

图 2–57　选择图片打开

（2）使用【打开为】命令打开文件。

如果使用与文件的实际格式不匹配的扩展名存储文件（如用扩展名.gif存储PSD文件），或者文件没有扩展名，则Photoshop可能无法确定文件的正确格式，导致文件不能打开。遇到这种情况，可以执行【文件】下的【打开为】命令，在弹出的对话框中选择文件，并在列表中为它指定正确的格式，如图2–58所示，单击【打开】按钮将其打开。如果使用这种方法不能打开文件的话，则选取的格式可能与文件的实际格式不匹配，或者文件已经损坏。

图 2–58　指定文件格式

（3）打开最近使用过的文件。

执行菜单栏【文件】下的【最近打开文件】命令，在级联菜单中会显示最近在Photoshop中打开过的20个文件，单击任意一个文件即可将其打开。执行该级联菜单中的【清除最近的文件列表】命令，可以将该目录清除。

（4）作为智能对象打开。

执行菜单栏【文件】下的【打开为智能对象】命令，弹出【打开】对话框。将所需文件打开后，文件会自动转换为智能对象，智能对象是一个嵌入到当前文档中的文件，它可以保留文件的原始数据。智能对象在图层缩略图的右下角有一个特殊的标志。

2.3 导入与导出

在使用Photoshop的过程中，有时需要将其他类型的文件导入，或者将做好的文件导出到其他程序或设备中。导入和导出功能允许用户与其他应用程序或文件格式进行交互，以便更好地进行图像处理和编辑。所以，对导入与导出的功能也需要了解和学习。

1. 导入文件

执行菜单栏【文件】下的【导入】级联菜单中的命令，可以将变量数据组、视频帧、注释以及WIA支持等不同格式的文件导入Photoshop，如图2-59所示。

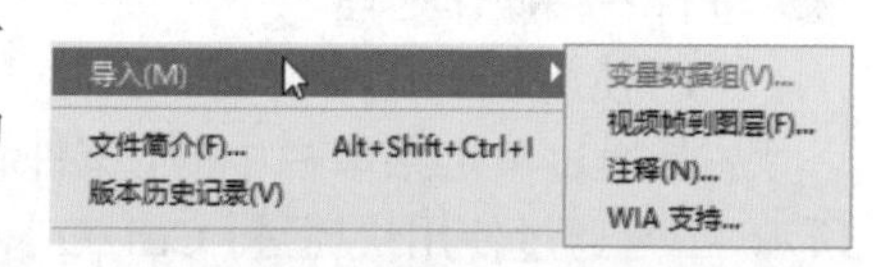

图 2-59 【导入】级联菜单

为了能够及时查看照片的细节，在拍摄时可以直接将数码相机连接到电脑上，这个时候就可以执行【WIA支持】命令，把拍摄的照片快速导入Photoshop中。

如果计算机配置有扫描仪并安装了相关的软件，则可在【导入】级联菜单中选择扫描仪的名称，使用扫描仪扫描图像，并将其存储为文件，然后在Photoshop中打开。

2. 导出文件

在Photoshop中创建和编辑的图像可以导出到Illustrator或视频设备中，以满足不同的使用需求。在菜单栏【文件】下的【导出】级联菜单中包含了可以导出文件的命令，如图2-60所示。

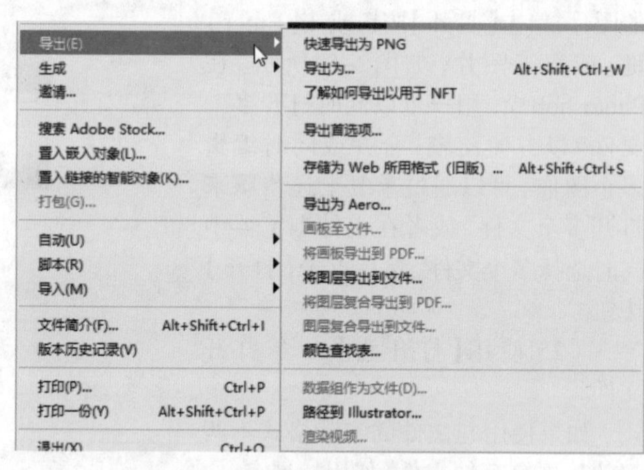

图 2-60 【导出】级联菜单

2.4 保存和关闭图像

在Adobe Photoshop中，保存和关闭图像是编辑和处理图像时至关重要的操作。这些功能允许用户将编辑后的图像保存为文件，或关闭当前的图像文档。

1. 保存图像

新建文件或对打开的文件进行编辑后，应及时保存处理结果，以免因电脑断电或死机丢失文件。Photoshop提供了多个用于保存文件的命令，用户在存储文件时可以选择不同的格式，以便其他程序使用。

在Photoshop中对图像文件进行编辑后，执行菜单栏【文件】下的【存储】命令，或按快捷键【Ctrl+S】，即可保存对当前图像的修改，图像会按原有的格式存储。如果是新建的文件，在存储时则会打开【存储为】对话框，如图2–61所示。在对话框中的【格式】下拉列表中，可选择保存的文件格式。

图 2–61　【存储为】对话框

在该对话框中，文件名是用户指定的被保存文件的名称，可以输入相应的文字。保存类型指明了文件以何种格式保存，常见格式包括JPEG、PSD、PDF、PNG、GIF等。勾选ICC配置文件，表示可以保存嵌入在文档中的ICC配置文件。

2. 关闭图像

在Adobe Photoshop中，关闭图像文档是指结束对当前打开的图像的编辑，并关闭该图像的文档窗口。

（1）关闭单个图像文档。

在Photoshop工作区中选择要关闭的图像文档。通过菜单栏执行【文件】下面的【关闭】命令，或者直接点击图像文档窗口右上角的关闭按钮，又或者执行快捷键【Ctrl+W】命令，就可关闭文档。

（2）关闭多个图像文档。

如果同时打开了多个图像文档，在菜单栏中执行【文件】下的【关闭全部】命令，或者执行快捷键【Alt+Ctrl+W】命令，即可一次关闭所有打开的图像文档。

注：如果在关闭图像文档之前进行了修改，Photoshop会提示用户是否保存修改。用户可以选择“是”保存修改并关闭图像文档，选择“否”则放弃修改并关闭图像文档，或选择“取消”取消关闭图像的操作。关闭图像文档后，该图像将从Photoshop的工作区中移除，但并不会被删除。用户可以随时重新打开已关闭的图像文档，继续对其进行编辑和处理。

2.5 恢复与还原

在Adobe Photoshop中编辑图像时，如果出现错误或对创建的效果不满意，用户可以使用撤销操作将图像恢复到最近保存的状态。借助Photoshop提供的这些功能，用户可以更放心地进行创作。

1. 还原与重做

执行菜单栏【编辑】下的【还原移动选区】命令，或执行快捷键【Ctrl+Z】命令，如图2-62所示，可以撤销对图像所做的修改，将其还原到上一步编辑状态中。若连续按快捷键【Ctrl+Z】，可逐步撤销操作。

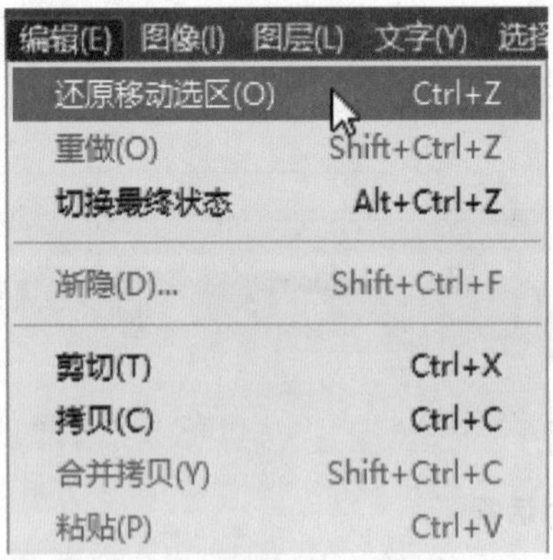

图2-62 【还原（操作）】命令

如果想要恢复被撤销的操作，可以连续执行【编辑】下的【重做（操作）】命令，如图2-63所示，或连续执行快捷键【Shift+Ctrl+Z】命令。

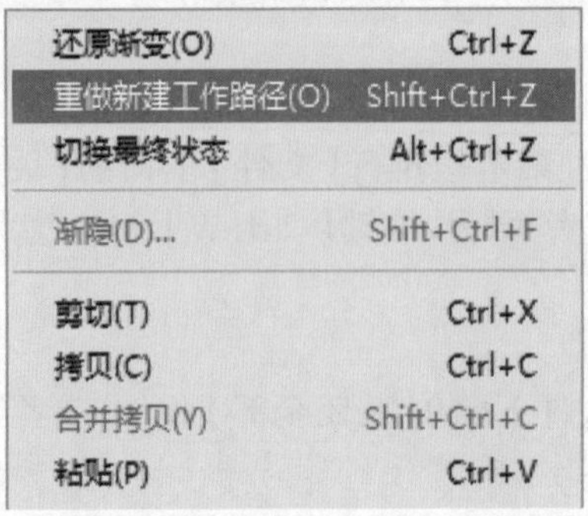

图2-63 【重做（操作）】命令

2. 恢复文件

执行菜单栏【文件】下的【恢复】命令，可以直接将文件恢复到最后一次保存时的状态。

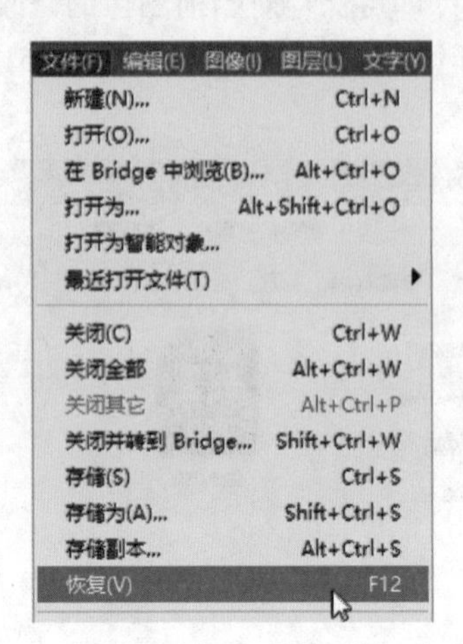

图2-64 【恢复】命令

3. 用历史记录面板还原

在编辑图像时，每进行一步操作，Photoshop就会将其记录在【历史记录】面板中。通过该面板可以将图像恢复到操作过程中的某一步，也可以再次回到当前的操作状态，还可以将处理结果创建为快照或是新的文件。

执行菜单栏【窗口】下的【历史记录】命令，如图2-65所示，打开【历史记录】面板，如图2-66所示。单击【历史记录】面板右上角的【▤】按钮，打开面板菜单，如图2-67所示。

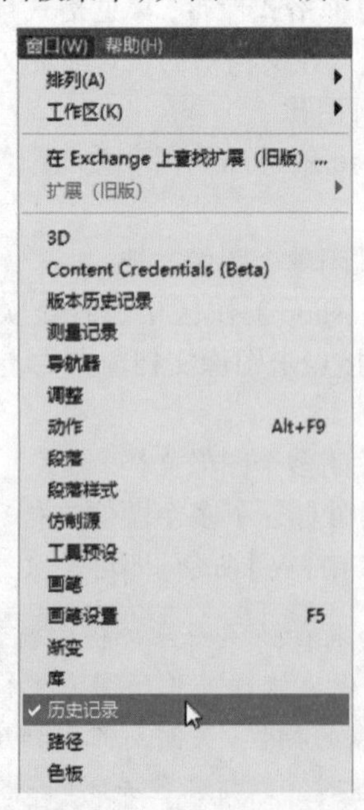

图2-65 【历史记录】命令

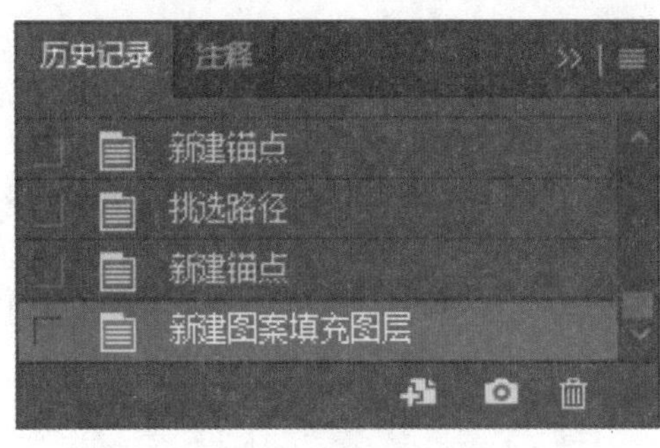

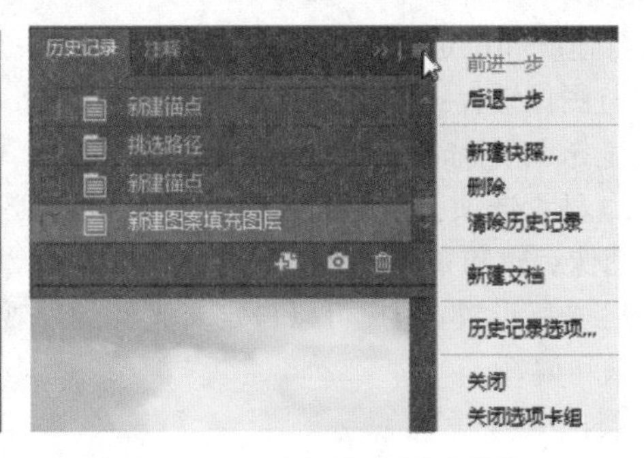

图 2–66　【历史记录】面板　　　　图 2–67　【历史记录】菜单

2.6　首选项设置

在 Adobe Photoshop 中，用户可以通过【首选项】定制软件的各种功能和选项，将软件调试得更加得心应手，从而使接下来的学习和操作更加顺畅。

在 Adobe Photoshop 的【编辑】菜单中可以找到【首选项】，快捷键是【Ctrl+K】，如图 2–68 所示，打开后的【首选项】界面如图 2–69 所示。

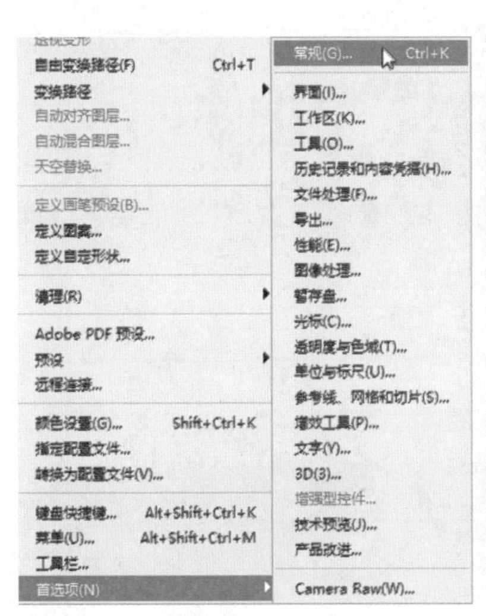

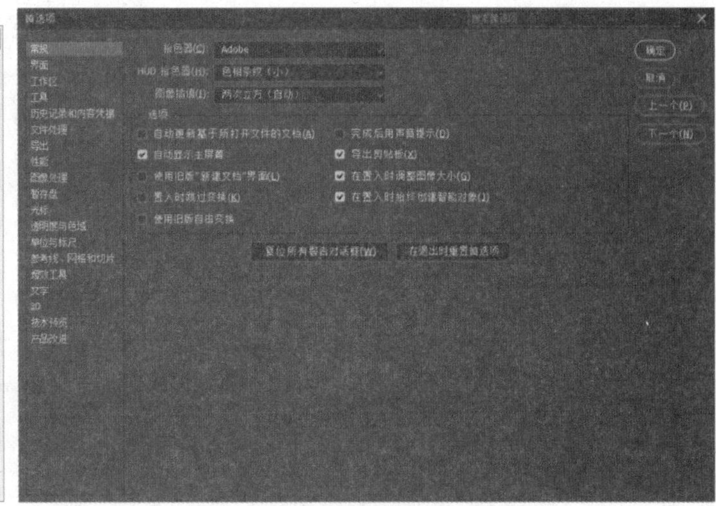

图 2–68　【首选项】命令　　　　图 2–69　【首选项】界面

1. 通用设置

（1）界面语言：用户可以选择界面语言，以适应自己的使用习惯和语言偏好。

（2）工作区：用户可以选择预设的工作区布局，或者自定义工作区来适应自己的编辑习惯和工作流程。

2. 文件处理设置

（1）文件保存格式：用户可以设置默认的文件保存格式，如 PSD、JPEG、PNG 等，并选择保存时的选项，如压缩质量、图层样式等。

（2）自动保存和恢复：用户可以设置自动保存文档的频率和恢复选项，以防止意外软件关闭或崩溃时丢失编辑内容。

3. 性能设置

（1）性能优化：用户可以调整 Photoshop 的性能设置，如缓存大小、历史状态数等，以提高软件的运行速度和稳定性。

（2）图像缓存：用户可以设置图像缓存大小和保存路径，以优化图像的加载和处理效率。

4. 显示与光标设置

（1）显示选项：用户可以调整显示选项，如网格线、参考线、标尺等的显示和隐藏，以便更好地进行图像编辑和布局设计。

（2）光标设置：用户可以自定义光标的外观和行为，如光标样式、笔刷预览等，以满足自己的编辑需求和偏好。

5. 颜色管理设置

用户可以设置颜色管理选项，如RGB、CMYK、Lab等颜色空间的配置，以及进行色彩配置文件的加载和管理。

通过调整【首选项】设置，可以个性化定制Photoshop的各种功能和选项，使其更符合个人的编辑需求和工作流程。

3.1 认识图层

3.1.1 图层的特性

图层是用于创建具有工作流程效果的构建块，它通过叠放多个图像来实现。就像是将透明的纸张叠加在一起，用户可以通过图层的透明区域看到下面的图像层。多个图层共同组成了一幅完整的图像，方便用户进行各种操作和处理。

在Photoshop中，图层具有以下几个显著特性，这些特性使得图像编辑更加灵活和强大。

1. 独立性

每个图层都是独立的，可以在不影响其他图层的情况下对其进行编辑。例如，可以单独更改一个图层的颜色、透明度、大小等属性，而不会影响其他图层。

2. 叠加性

图层可以像堆叠的透明纸张一样叠放在一起，形成最终的图像效果。每个图层的内容都会根据其在堆栈中的位置来影响最终的合成效果。

3. 可见性控制

图层具有可见性控制功能，用户可以方便地隐藏或显示特定的图层，以便在编辑过程中对比或参考。

3.1.2 图层的类型

1. 普通图层

这是最基本的图层类型，用于存放和操作图像内容，用户可以在上面进行绘制、编辑、应用滤镜等操作。普通图层是最常见的图层类型，适用于大多数的图像编辑任务。

2. 背景图层

当新建一个Photoshop文档时，默认的图层就是背景图层。它通常是一个锁定状态的图层，意味着不能直接在其上进行编辑操作，除非将其转换为普通图层。背景图层主要用于存放整个图像的背景内容。

3. 形状图层

形状图层允许绘制矢量形状，如矩形、椭圆、多边形等。这些形状是矢量性质的，因此可以无限缩放而不失真。形状图层不仅可以用于创建图形设计元素，还可以用作蒙版或与其他图层进行交互。

4. 文字图层

文字图层用于添加和编辑文本内容。当在Photoshop中输入文字时，它会自动创建一个文字图层。文字图层具有与普通图层相似的编辑功能，但还提供了额外的文字格式化和排版选项。

5. 调整图层

调整图层是一种特殊的图层类型，用于对整个图像或选定的图像区域应用色彩和色调调整。它们允许在不改变原始图像的情况下进行各种调整，如调整亮度/对比度、色阶、色彩平衡等。调整图层的效果是非破坏性的，可以随时修改或删除。

6. 填充图层

填充图层用于添加纯色、渐变或图案填充。它们通常用于创建背景效果或作为其他图层的基底。填充图层可以很容易地更改填充内容、不透明度和混合模式。

7. 蒙版图层

蒙版图层允许通过应用不同的蒙版效果来控制图层的可见区域。常见的蒙版类型包括图层蒙版（用于隐藏或显示图层的特定部分）和矢量蒙版（使用矢量形状作为蒙版）。蒙版图层为图像合成和创意编辑提供了强大的工具。

8. 智能对象图层

智能对象图层是一种包含原始图像数据和分辨率的图层类型。它们允许用户在不损失质量的情况下对图像进行非破坏性编辑。用户可以对智能对象应用滤镜、变换和调整等操作，而原始图像数据会保持不变。智能对象图层特别适用于需要进行重复修改或复杂处理的图像。

3.1.3 认识图层面板

【图层】面板用于创建、编辑和管理图层，以及为图层添加样式。面板中列出了文档中包含的所有图层、图层组和图层效果，如图3-1所示。

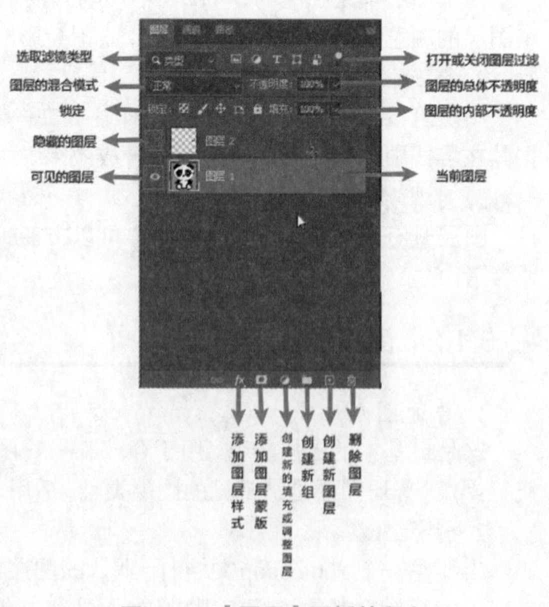

图3-1 【图层】面板的释义

（1）选取滤镜类型：当滤镜数量较多时，可在该下拉列表中选择一种图层类型（包括名称、效果、模式、属性、颜色），让面板只显示此类图层，隐藏其他类型的图层。

（2）设置图层混合模式：从下拉列表中可以选择图层的混合模式，如溶解、变暗、颜色减淡、叠加等。

（3）图层锁定：锁定当前图层的属性，包括锁定透明像素【】、锁定图像像素【】、锁定位置【】、防止在画板和画框内外自动嵌套【】以及锁定全部【】。

（4）隐藏/可见的图层：图层前面的“眼睛”用于控制图层的显示或隐藏。当图标不显示的时候，表示该图层不可见，处于不可见状态的图层不能被编辑。当图标显示为“眼睛”时，则表示该图层可见。

（5）打开或关闭图层过滤：开启或停用图层过滤功能。

（6）图层的总体不透明度：设置当前图层的不透明度。

（7）图层的内部不透明度：设置当前图层的填充不透明度，它与图层的不透明度类似，但不会影响图层效果。

（8）添加图层样式：要在当前图层上添加样式，可以单击该按钮，在展开的菜单中选择所需的图层样式选项。

（9）添加图层蒙版：为当前图层添加图层蒙版。

（10）创建新的填充或调整图层：单击该按钮，在弹出的菜单中选择填充或调整图层选项，添加填充图层或调整图层。

（11）创建新组：创建新的图层组。

（12）创建新图层：创建新的图层。

（13）删除图层：可以删除图层或图层组。

3.2　图层的基本操作

3.2.1　图层的创建

1. 在【图层】面板创建图层

如果想在图像中添加一些元素，就需要创建一个新的图层。打开【图层】面板，单击面板底部的【创建新图层】按钮，即可在当前图层上面新建一个图层，新建的图层会自动成为当前图层，如图 3–2 所示。按住【Ctrl】键的同时，单击【创建新图层】按钮，可在当前图层的下方新建图层。

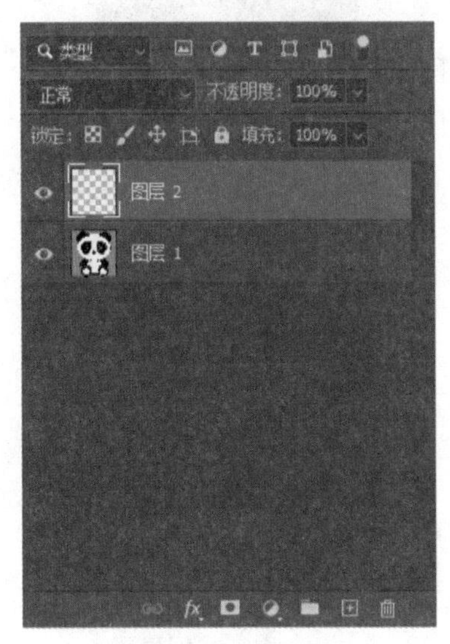

图 3–2　新建的图层

2. 使用命令创建图层

（1）使用【新建】命令。

单击菜单栏的【图层】下的【新建】选项，打开【新建】级联菜单，选择【图层】命令，或者按快捷键【Ctrl+Shift+N】，弹出【新建图层】对话框，如图 3–3 所示。在对话框中可以设置新图层的名称、颜色和模式，然后点击【确定】按钮，即可创建图层。

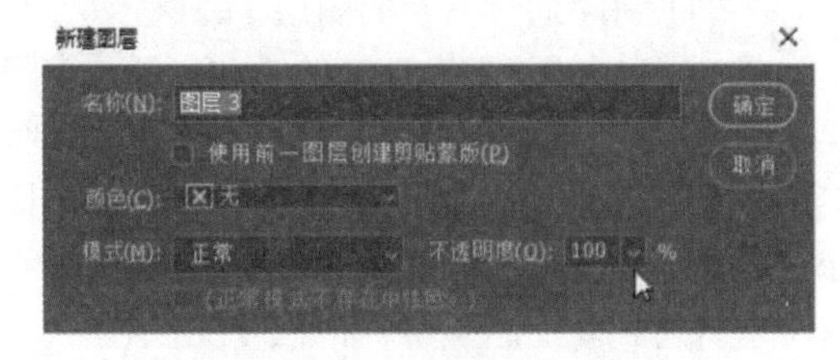

图 3–3　【新建图层】对话框

（2）使用【通过拷贝的图层】命令。

如果在图像中创建了选区，如图 3–4 所示，则单击【图层】菜单下的【新建】选项，打开【新建】级联菜单，选择【通过拷贝的图层】命令，或者按快捷键【Ctrl+J】，可以将选中的图像复制到一个新的图层中，原图层内容保持不变，如图 3–5 所示。

图 3-4　在图层中创建选区

图 3-5　【通过拷贝的图层】命令创建的图层

（3）使用【通过剪切的图层】命令。

图3-6为在图像中创建的选区。单击【图层】菜单下的【新建】选项，打开【新建】级联菜单，选择【通过剪切的图层】命令，或者按快捷键【Ctrl+Shift+J】，可以将选区内的图像从原图层中剪切到新的图层中，如图3-7所示。

图 3-6　创建选区

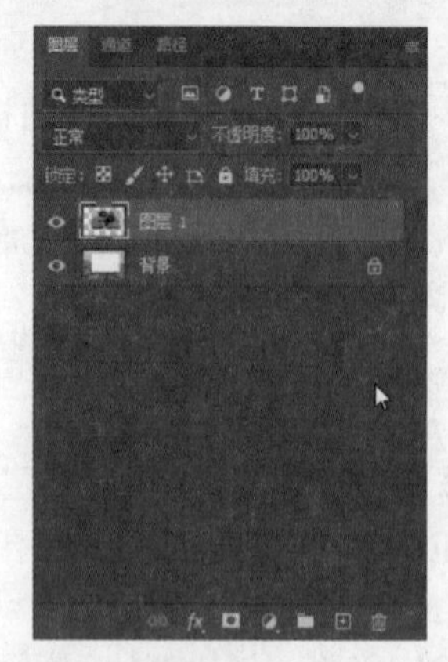

图 3-7　【通过剪切的图层】命令创建的图层

3. 创建背景图层

新建文档时，使用白色或背景色作为背景内容，【图层】面板最下面的图层便是【背景】图层，如图3-8所示。

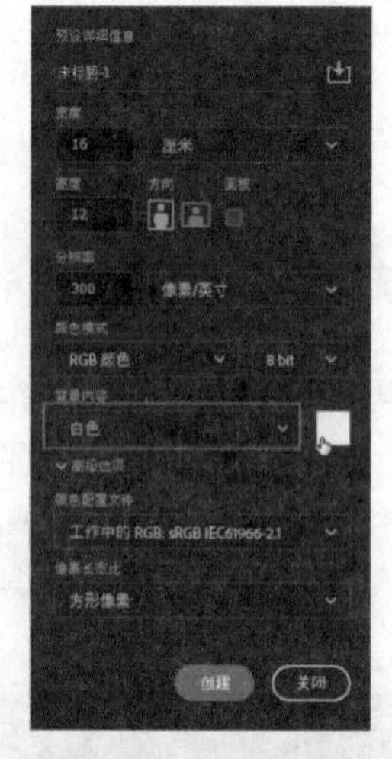

（a）使用白色作为背景内容

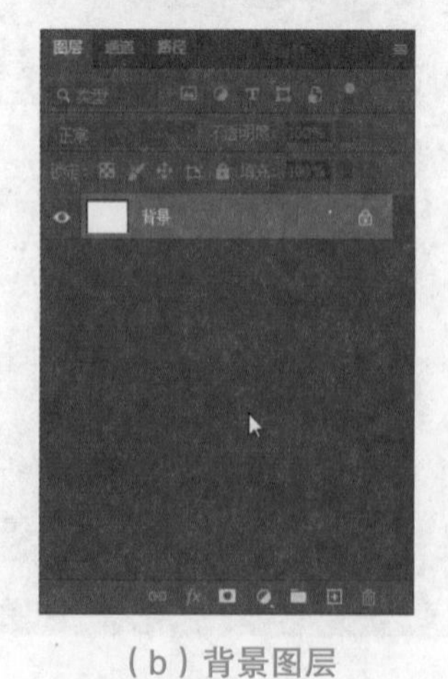

（b）背景图层

图 3-8　创建背景图层

4. 将普通图层转换为背景图层

删除了【背景】图层或者文档中没有【背景】图层如图 3-9 所示。

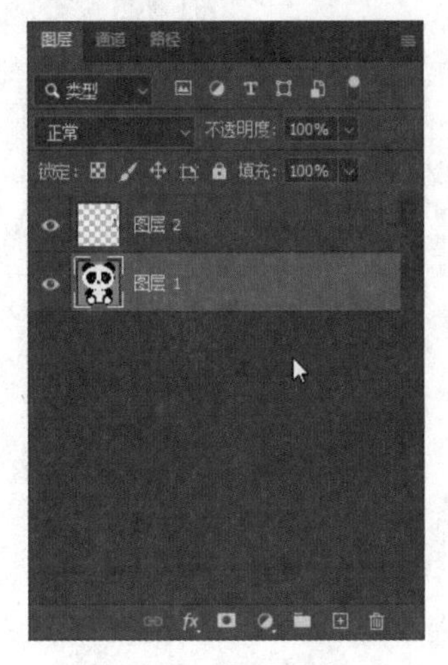

图 3-9　没有背景图层

选择一个图层，单击【图层】菜单下的【新建】选项，打开【新建】级联菜单，选择【图层背景】命令，如图 3-10 所示，可以将它转换为【背景】图层，如图 3-11 所示。

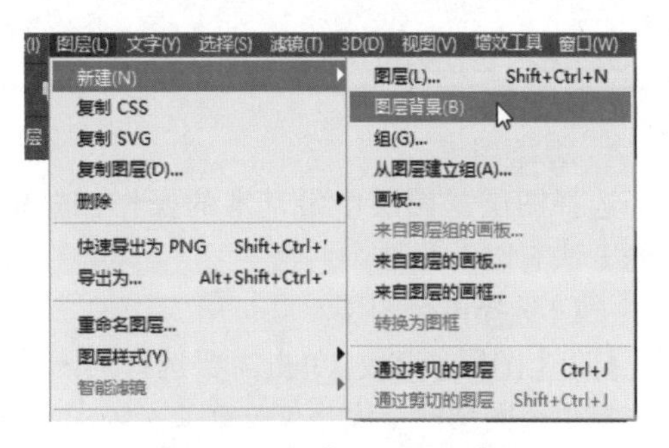

图 3-10　选择【图层背景】命令

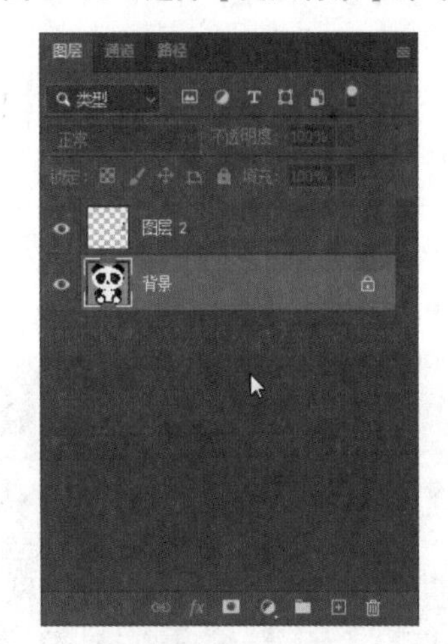

图 3-11　将普通图层转换为背景图层

5. 将背景图层转换为普通图层

【背景】图层是比较特殊的图层，它永远在【图层】面板的最底层，不能调整堆叠顺序，并且不能设置不透明度、混合模式，也不能添加效果。要进行这些操作，需要先将【背景】图层转换为普通图层。

双击【背景】图层，在打开的【新建图层】对话框中输入名称（也可以使用默认的名称），然后单击【确定】按钮，即可将它转换为普通图层，如图 3-12 所示。

（a）在新建图层对话框中输入名称

（b）普通图层

图 3-12　将背景图层转换为普通图层

3.2.2 图层的选择

1. 选择图层

选择图层是图层中最基本的操作，选择图层的方法有以下几种。

（1）选择单个图层。

打开【图层】面板，单击需要选择的图层即可选择单个图层。

（2）选择多个图层。

如果需要同时选择多个连续的图层，可以在选择第一个图层后，再按住【Shift】键选择最后一个图层，即可将第一个与最后一个图层间的所有图层全部选中，如图3-13所示。如果要选择多个不连续的图层，可以按住【Ctrl】键单击这些图层。

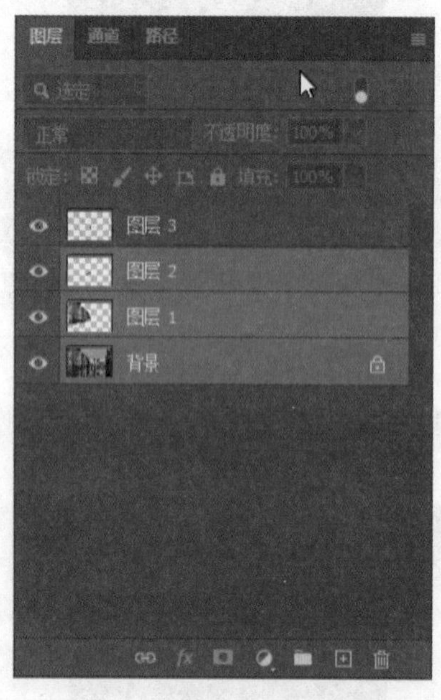

图 3-13　同时选择多个图层

（3）选择所有图层。

单击菜单栏的【选择】下的【所有图层】命令，或者按住【Ctrl+Alt+A】快捷键，即可选中面板中除了【背景】图层之外的所有图层，如图3-14所示。

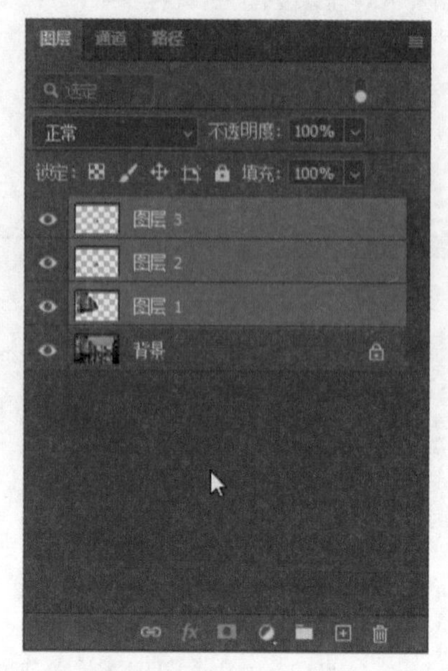

图 3-14　选择除背景图层之外的所有图层

2. 选择链接图层

选中一个链接图层，然后单击菜单栏的【图层】下的【选择链接图层】命令，即可选中链接图层，如图3-15所示。

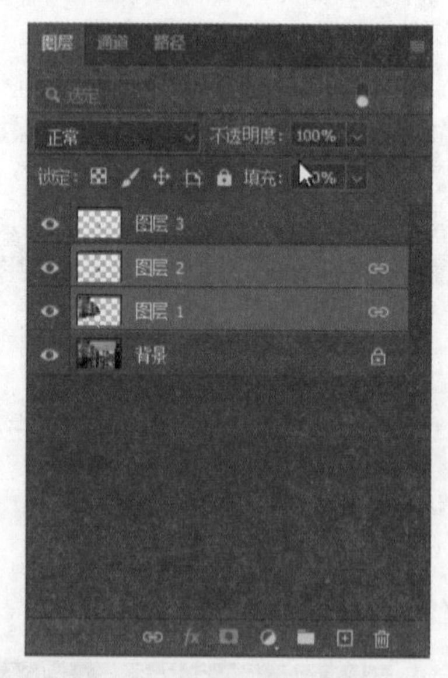

图 3-15　选择链接图层

3. 取消选择图层

如果不想选择任何图层，或者要取消选择图层，可单击菜单栏的【选择】下的【取消选择图层】命令，也可以单击面板空白处，即可取消选择图层。

3.2.3　图层的编辑

1. 显示与隐藏图层

图层缩览图前面的【 】按钮，可以用来控制图层的可见性。有“眼睛”图标时，表示该图层可见，没有该图标时，则表示该图层不可见。用户可以通过单击该按钮，来控制图层的显示与隐藏。

将光标放在一个图层的【 】图标上，单击并在【 】图标列拖动鼠标，可以快速隐藏（或显示）多个相邻的图层。

2. 复制和删除图层

（1）复制图层。

复制图层指的是将当前图层复制一个副本，复制图层可以在【图层】菜单中完成，也可以直接通过【图层】面板来完成。

在【图层】面板中，将需要复制的图层拖曳到【创建新图层】按钮上，就可以复制这个图层，如图3–16所示。按快捷键【Ctrl+J】也可复制当前图层。

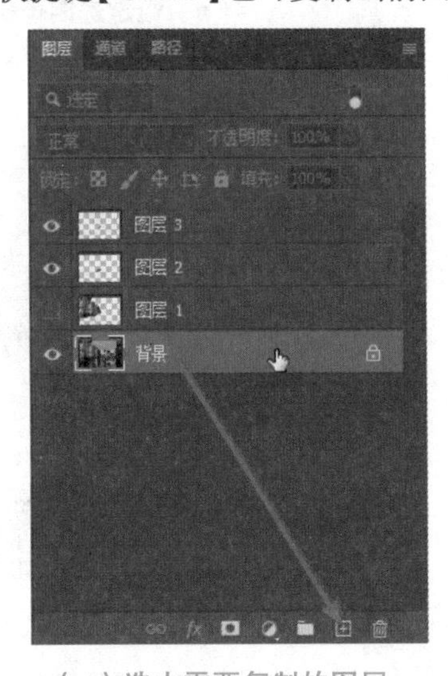

（a）选中需要复制的图层

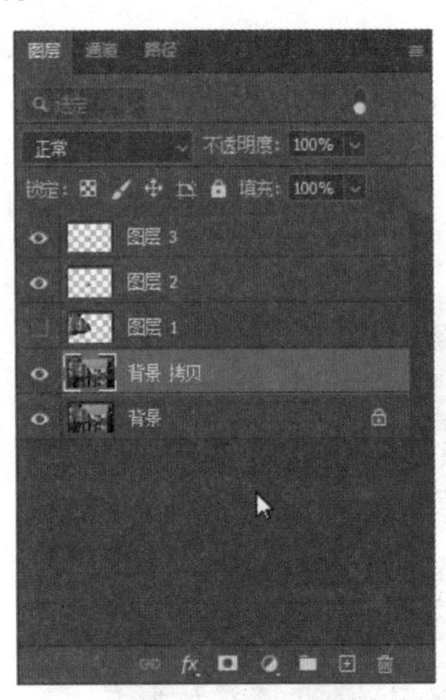

（b）复制后的图层

图 3–16　复制图层的操作

选中要复制的图层，单击菜单栏的【图层】下的【复制图层】命令，或者单击【图层】面板中的【 】按钮，在弹出的菜单栏中选择【复制图层】命令，打开【复制图层】对话框，如图3–17所示。在对话框中输入图层名称并设置选项，单击【确定】按钮，便可以复制当前图层。

图 3–17　【复制图层】对话框

【为（A）】：可输入图层的名称。

【文档】：在下拉列表中选择其他打开的文档，可以将图层复制到该文档中。如果选择【新建】，则可以设置文档的名称，将图层内容创建为新文件。

（2）删除图层。

在图片编辑的过程中，有时要删除不必要的图层，从而减少图像文件占用的空间。删除图层和复制图层相似，删除图层可以在【图层】菜单中完成，也可以直接通过【图层】面板来实现。

在【图层】面板中，将需要删除的图层拖曳到【删除图层】按钮上，就可以删除当前图层。也可以单击【删除图层】按钮，就会看到确认删除的对话框，如图3-18所示，单击【是】按钮，即可删除当前图层。

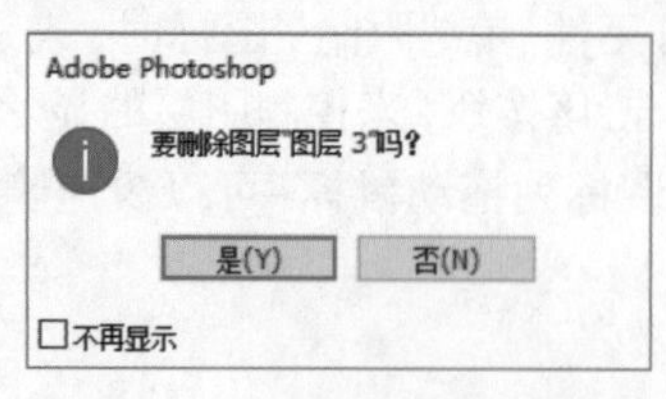

图 3-18 【确认删除】对话框

选中要删除的图层，单击菜单栏的【图层】下的【删除】选项，选择【删除】中的【图层】命令，即可删除当前图层。

3. 锁定图层

Photoshop提供了锁定图层的功能，可以锁定某一个图层，以限制图层编辑的内容和范围，防止误操作，从而可以给编辑图像带来方便。

锁定图层的5个按钮在【图层】面板中间的位置如图3-19所示。

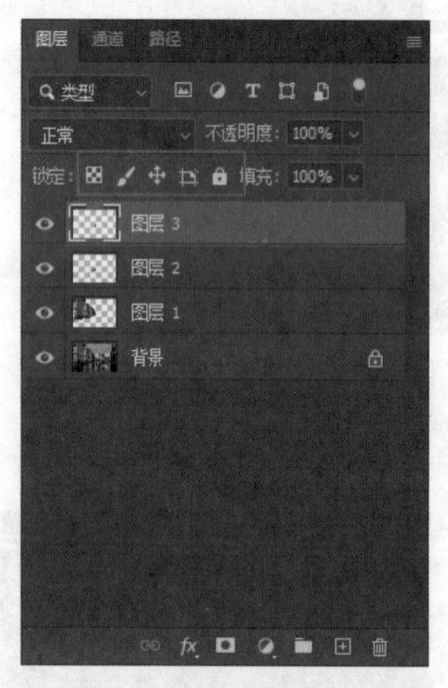

图 3-19 锁定图层的 5 个按钮

（1）锁定透明像素【 】：在【图层】面板中选择图层，然后单击该按钮，则将编辑范围限制在图层的不透明部分。当使用绘图工具绘图时，只能编辑图层非透明区域（有图像像素的部分），透明部分不可编辑。如图3-20所示，分别为锁定透明像素前后，使用画笔工具绘制图像时的效果。可以看到，选择"锁定透明像素"后，在透明区域，画笔工具无法着色。

（a）锁定透明像素前

（b）锁定透明像素后

图 3-20 锁定透明像素前后的图像效果

（2）锁定图像像素【 】：单击该按钮后，只能对图层进行移动和变换操作，不能在图层上绘画、擦除和应用滤镜。

（3）锁定位置【 】：单击该按钮后，图层不能移动。对于设置了精确位置的图像，锁定位置后就不必担心图层被意外移动了。

（4）防止在画板和画框内外自动嵌套【 】：单击该按钮后，当移动画板内的图层时，可防止图层在画板内外自动嵌套。

（5）锁定全部【 】：单击该按钮，可以锁定以上全部选项。

4. 栅格化图层

在利用绘画工具或对涉及矢量数据的图层（如文字、形状、矢量蒙版、智能对象等）进行过滤编辑时，需要先将这些图层栅格化，将图层的内容转化为光栅图像，然后才能进行相应的编辑。

选择需要栅格化的图层，单击菜单栏的【图层】下的【栅格化】选项，在打开的级联菜单中选择相对应的命令，即可栅格化图层中的内容，也可以右键单击图层，在弹出的菜单中选择【栅格化图层】命令，如图 3–21 所示。

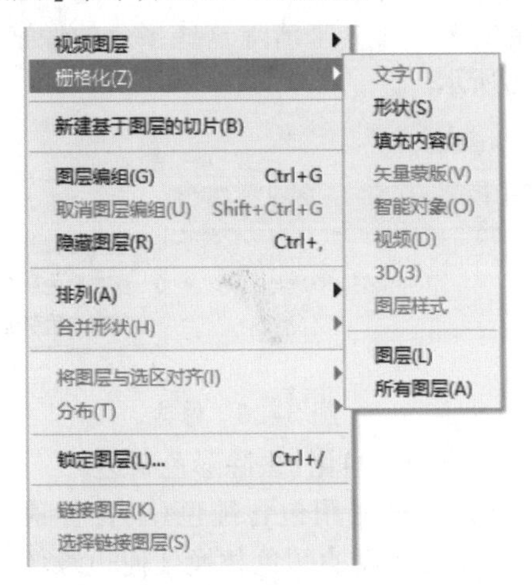

（a）【栅格化】选项的级联菜单

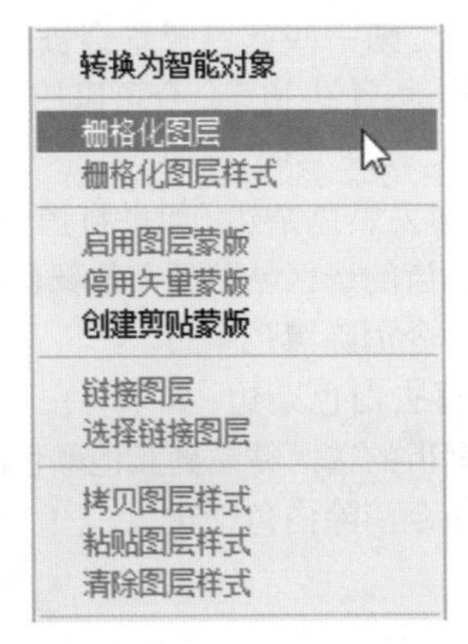

（b）选择【栅格化图层】命令

图 3–21　栅格化图层

图层栅格化后，图层的矢量数据将变为像素数据。因此，在编辑时要谨慎操作，以避免不可逆的修改。

5. 链接图层

如果要同时处理多个图层中的图像，如同时移动、应用变换或者创建剪贴蒙版，则可将这些图层链接在一起进行操作。

在【图层】面板中选择两个或多个图层，单击面板下方的【链接图层】按钮【 】（图 3–22），或者单击菜单栏的【图层】下的【链接图层】命令，即可将它们链接。

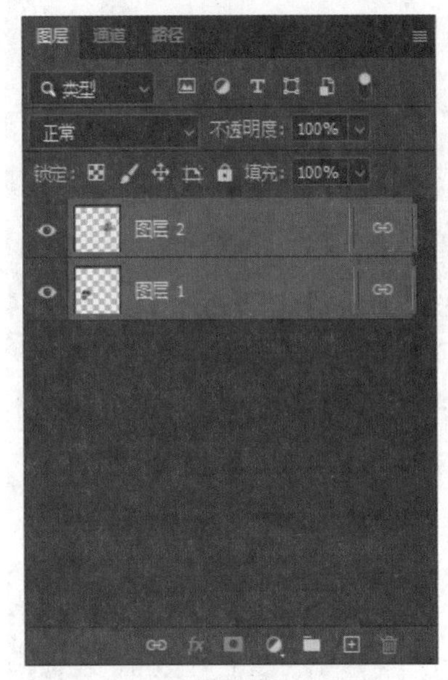

图 3–22　【链接图层】按钮

如果要取消链接，可以选择其中一个图层，然后单击按钮。

6. 查找和隔离图层

（1）查找图层。

当图层数量较多时，如果想要快速找到某个图层，可以单击菜单栏的【选择】下的【查找图层】命令，这时【图层】面板顶部的文本框会高亮显示，如图 3–23 所示。

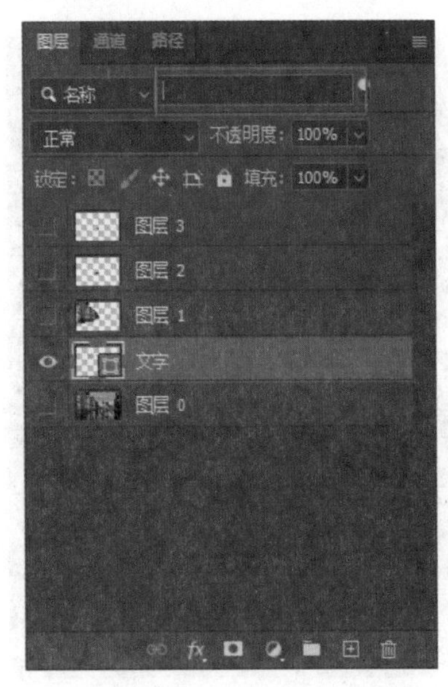

图 3–23　【图层】面板顶部的文本框高亮显示

在文本框中输入要查找的图层的名字，【图层】面板中即可显示该图层，如图3-24所示。

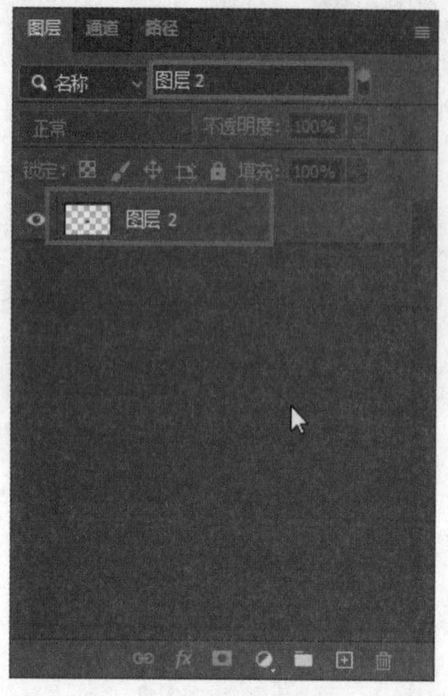

图 3-24 显示查找图层

（2）隔离图层。

Photoshop具有图层隔离功能，能够在面板中只显示特定类型的图层（如名称、效果、模式、属性和颜色），同时隐藏其他类型的图层。

在面板顶部选择“类型”选项，然后单击右侧的【文字图层】过滤器按钮，面板中就只显示文字类图层，如图3-25所示。

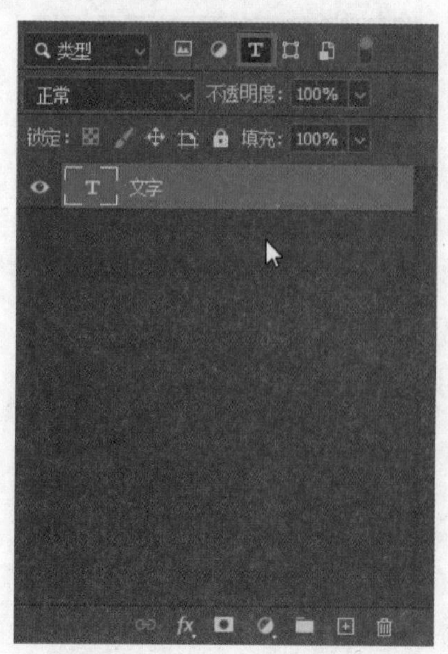

图 3-25 隔离文字图层

如果想停止图层过滤，让面板中显示所有图层，可单击【图层】面板右上角的【打开/关闭图层过滤】按钮。

7. 清除图像的杂边

当移动或粘贴选区时，选区边框周围的一些像素也会包含在选区内。这时，单击菜单栏的【图层】下的【修边】选项，即可在【修边】级联菜单中选择命令来清除这些多余的像素，如图3-26所示。

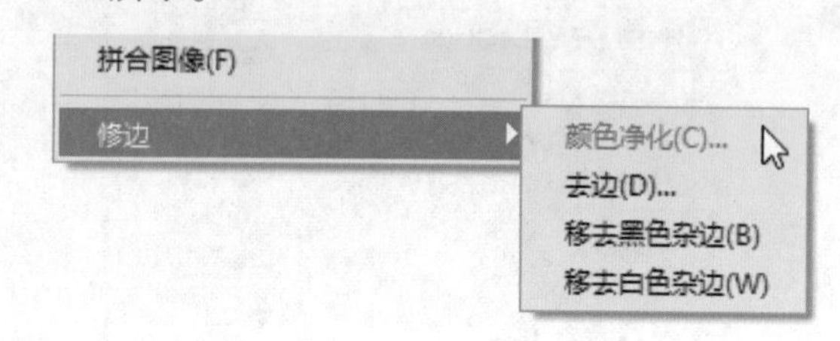

图 3-26 修边

（1）颜色净化：去除彩色杂边。

（2）去边：用包含纯色（不含背景色的颜色）的邻近像素的颜色替换任何边缘像素的颜色。例如，如果在蓝色背景上选择黄色对象，然后移动选区，则一些蓝色背景会被选中并随着对象一起移动，【去边】命令可以用黄色像素替换蓝色像素。

（3）移去黑色杂边：如果将黑色背景上创建的消除锯齿的选区粘贴到其他颜色的背景上，可执行该命令消除黑色杂边。

（4）移去白色杂边：如果将白色背景上创建的消除锯齿的选区粘贴到其他颜色的背景中，可执行该命令消除白色杂边。

3.2.4　排列与分布图层

在【图层】面板中，图层是按照创建的先后顺序堆叠排列的，用户可以重新调整图层的堆叠顺序，也可以选择多个图层，将它们对齐，或者按照相同的间距分布。

1. 调整图层的堆叠顺序

在【图层】面板中，图层是按照创建的先后顺序堆叠排列的。将一个图层拖曳到另外一个图层的上面（或下面），即可调整图层的堆叠顺序。改变图层顺序会影响图像的显示效果。如图 3-27 所示，当“文字”图层在最下面时，图像中的文字不显示，当把“文字”图层移到最上面时，文字就显示了。

（a）“文字”图层在最下面时的显示效果

（b）“文字”图层在最上面时的显示效果

图 3-27　图层顺序不同时的显示效果

选择一个图层，将其直接拖动到想要放置的顺序就可改变该图层的顺序。也可以单击菜单栏中【图层】下的【排列】选项，选择【排列】子菜单中的命令，如图 3-28 所示，就可以调整图层的堆叠顺序。

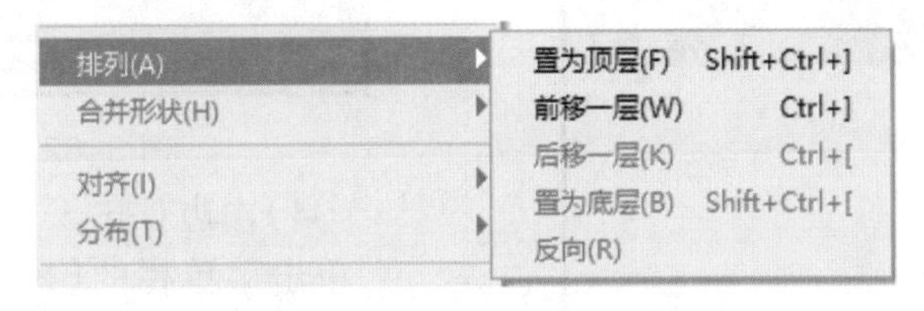

图 3-28　【排列】选项的子菜单

（1）置为顶层：将所选图层调整到最顶层。

（2）前移一层/后移一层：可以将所选图层向上或向下移动一个堆叠顺序。

（3）置为底层：将所选图层调整到最底层。

（4）反向：在【图层】面板中选择多个图层以后，选择该选项，可以翻转它们的堆叠顺序。

2. 对齐图层

如果要将多个图层中的图像内容对齐，可在【图层】面板中选择它们，然后在菜单栏的【图层】下的【对齐】子菜单中选择一个对齐命令进行对齐操作。如果所选图层与其他图层链接，则可以对齐与之链接的所有图层。

打开图片素材，效果如图3-29所示。

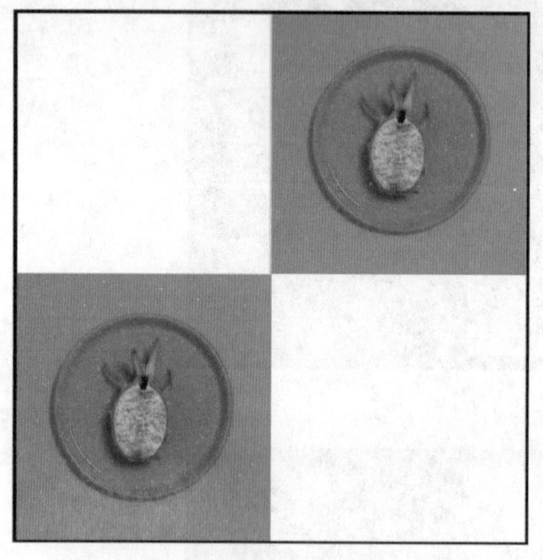

图3-29 对齐图层的素材图像

（1）顶边对齐。

选中除【背景】图层以外的所有图层，单击菜单栏的【图层】下的【对齐】选项，选择【对齐】子菜单中的【顶边】命令，可以将选定图层上的顶端像素与所有选定图层上最顶端的像素对齐，如图3-30所示。

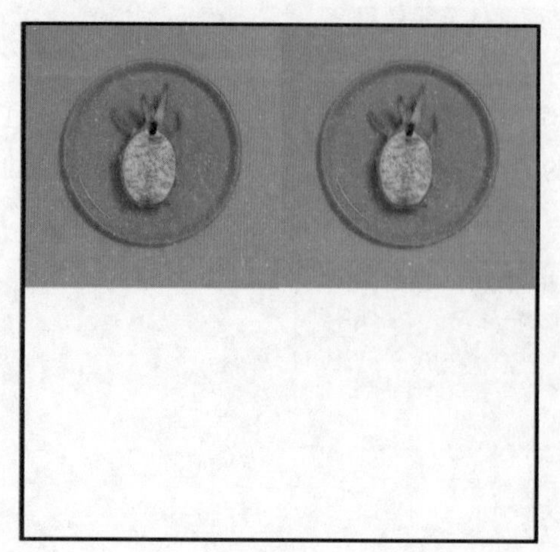

图3-30 顶边对齐

（2）垂直居中对齐。

单击菜单栏的【图层】下的【对齐】选项，选择【对齐】子菜单中的【垂直居中】命令，可以将每个选定图层上的垂直中心像素与所有选定图层的垂直中心像素对齐，如图3-31所示。

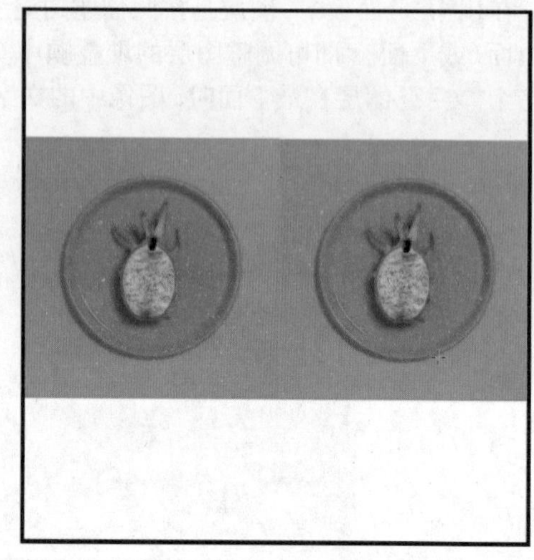

图3-31 垂直居中对齐

（3）底边对齐。

单击菜单栏的【图层】下的【对齐】选项，选择【对齐】子菜单中的【底边】命令，可以将选定图层上的底端像素与所有选定图层上最底端的像素对齐，如图3-32所示。

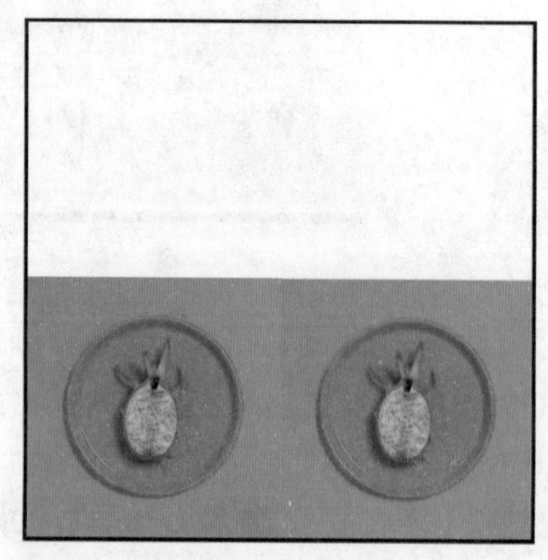

图3-32 底边对齐

（4）左边对齐。

单击菜单栏的【图层】下的【对齐】选项，选择【对齐】子菜单中的【左边】命令，可以将选定图层上的左端像素与所有选定图层上的最左端像素对齐，如图3-33所示。

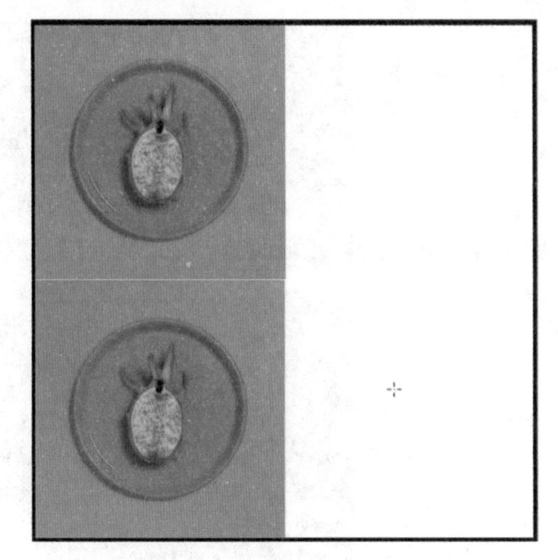
图 3-33　左边对齐

（5）水平居中对齐。

单击菜单栏的【图层】下的【对齐】选项，选择【对齐】子菜单中的【水平居中】命令，可以将选定图层上的水平中心像素与所有选定图层的水平中心像素对齐，如图 3-34 所示。

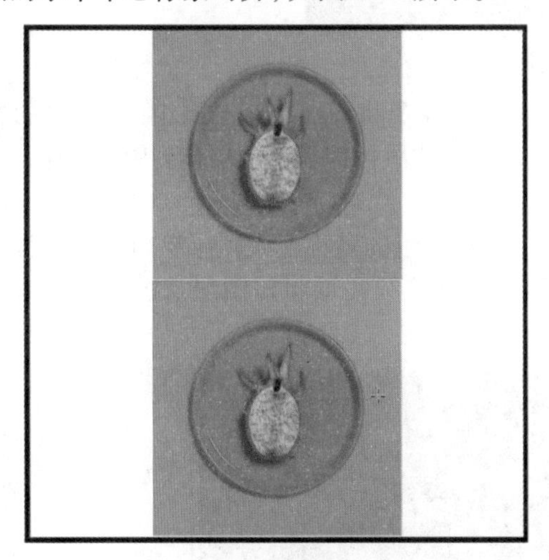
图 3-34　水平居中对齐

（6）右边对齐。

单击菜单栏的【图层】下的【对齐】选项，选择【对齐】子菜单中的【右边】命令，可以将选定图层上的右端像素与所有选定图层上的最右端像素对齐，如图 3-35 所示。

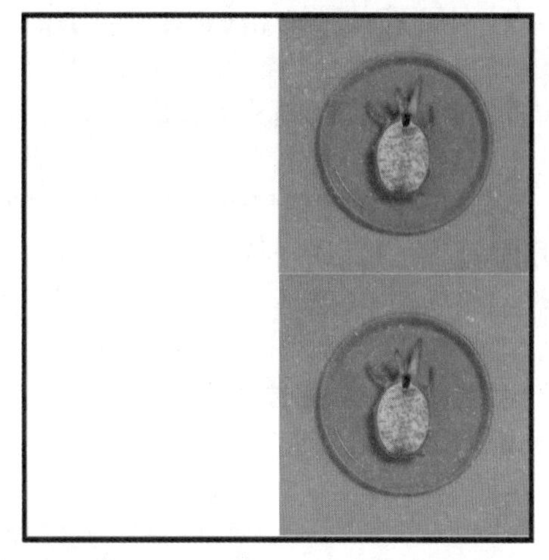
图 3-35　右边对齐

3.3　图层的高级应用

3.3.1　图层组

随着图像编辑的深入，图层的数量越来越多，当图像的图层数量达到一定数量之后，【图层】面板就会显得非常杂乱。这时就可以用图层组来组织和管理图层，让【图层】面板中的图层结构更加清晰，同时便于用户查找图层。

图层组就类似于 Windows 系统中的文件夹，将图层按照类别放在不同的组中后，当关闭图层组时，在【图层】面板中就只显示图层组的名称。

图层组可以像普通图层一样移动、复制、链接、对齐和分布，也可以合并，以减小文件的大小。

1. 创建图层组

（1）在【图层】面板中创建图层组。

在【图层】面板中单击【创建新组】按钮【 】，即可在当前选择图层的上方创建一个空的图层组，如图3-36所示。双击图层组名称位置，在出现的文本框中可以修改新的图层组名称。

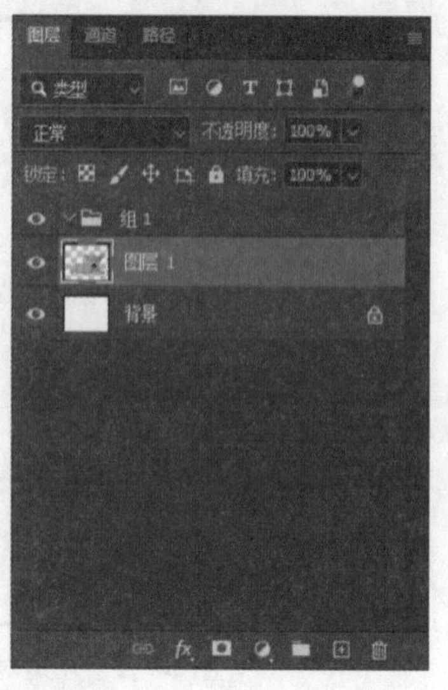

图 3-36　创建图层组

（2）使用命令创建图层组。

如果想要在创建图层组时设置组的名称、颜色、混合模式、不透明度等属性，可以单击菜单栏的【图层】下的【新建】选项，打开【新建】级联菜单，选择【组】命令，在弹出的【新建组】对话框中设置，如图3-37所示。图层组的默认模式为“穿透”，它表示图层组不产生混合效果。如果选择其他模式，则组中的图层将以该组的混合模式与下面的图层混合。

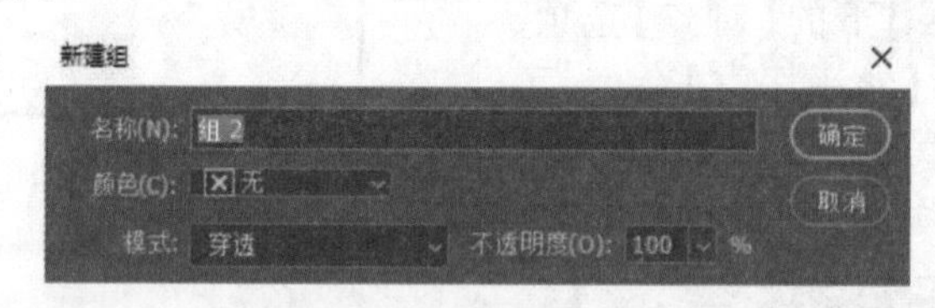

图 3-37　【新建组】对话框

通过上述两种方式创建的图层组不包含任何图层，此时需要将图层拖至图层组中。具体的操作方法为：将需要移动的图层拖动至图层组名称或图标上，释放鼠标即可将图层拖到图层组中。

2. 将图层移入或移出图层组

如果想把图层放到指定图层组中，只需拖曳该图层至图层组的名称上或图层组内任何一个位置即可，如图3-38所示。相反，如果想把图层移出图层组，那么只需要将该图层从图层组中拖出即可。

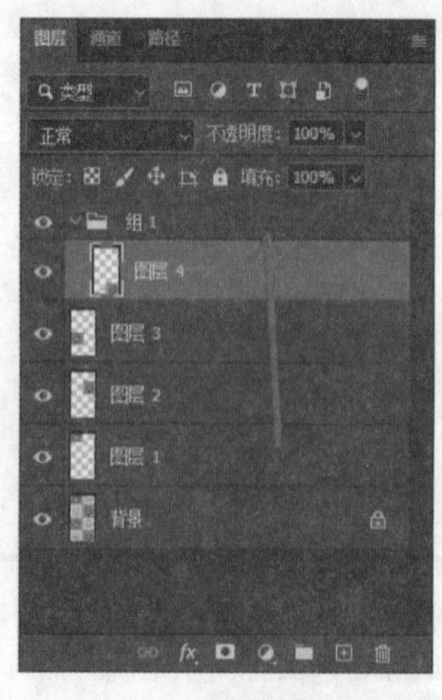

（a）拖曳图层 1

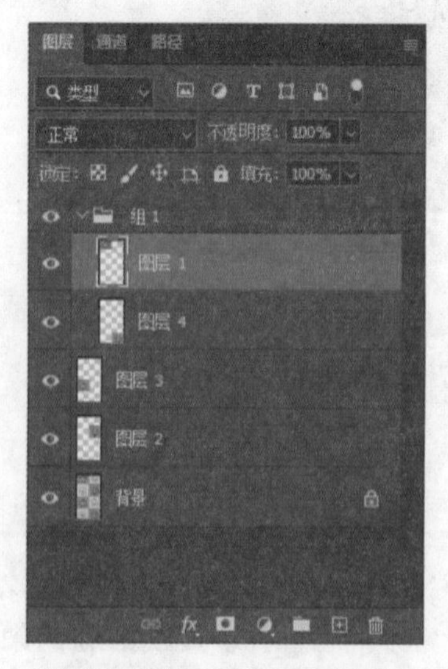

（b）将图层 1 移入图层组中

图 3-38　将图层移入图层组

3. 取消图层编组

如果要取消图层编组，但保留图层，可以按快捷键【Ctrl+Shift+G】，或者选择该图层组，然后单击菜单栏的【图层】下的【取消图层编组】命令，就能取消图层编组，如图 3–39 所示。

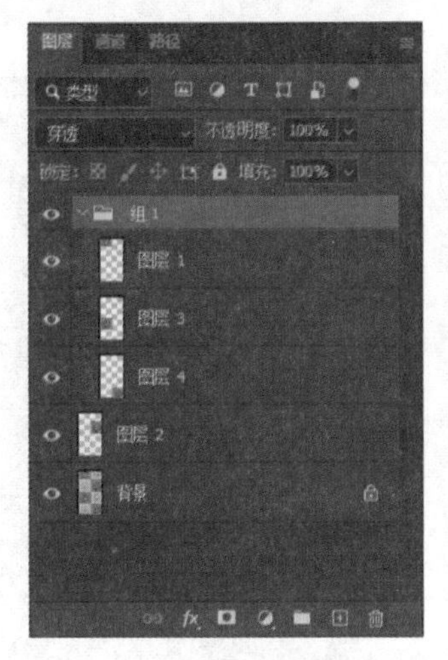

（a）选择组 1

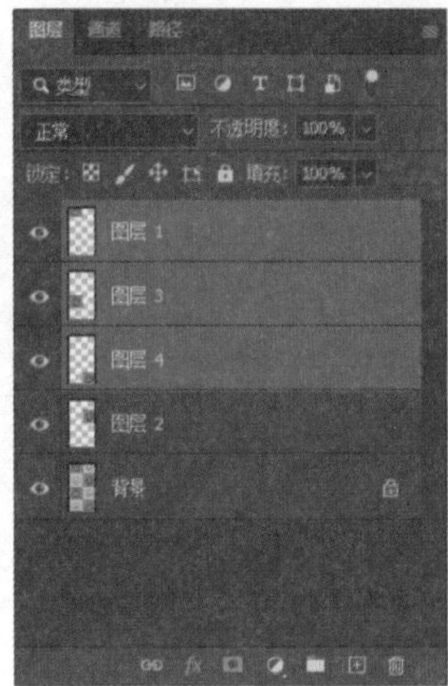

（b）取消编组

图 3–39　取消图层编组

3.3.2　图层的合并

文档中的图层越多，打开和处理项目时所占用的内存，以及保存时所占用的磁盘空间也会越大。如果将相同属性的图层合并，或者将没有用处的图层删除，则可以减小文件的大小，释放内存空间。此外，对于复杂的图像文件，图层数量变少以后，既便于管理，也可以快速找到需要的图层。

1. 合并图层

如果需要合并两个及两个以上的图层，可在【图层】面板中选中它们，然后单击菜单栏的【图层】下的【合并图层】命令，或按下【Ctrl+E】快捷键，完成合并图层，如图 3–40 所示。合并后的图层会使用上面图层的名称。

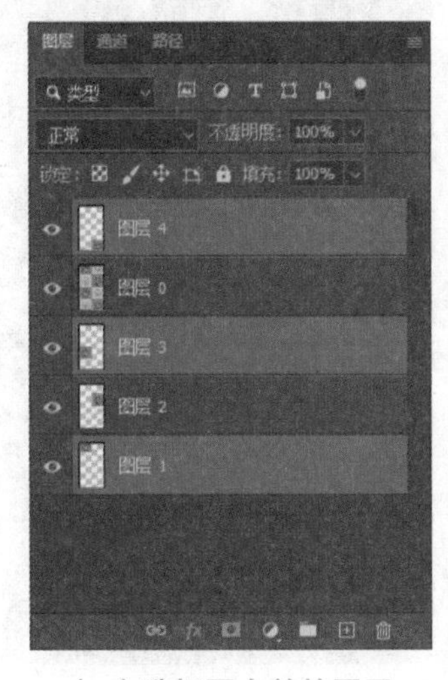

（a）选择要合并的图层

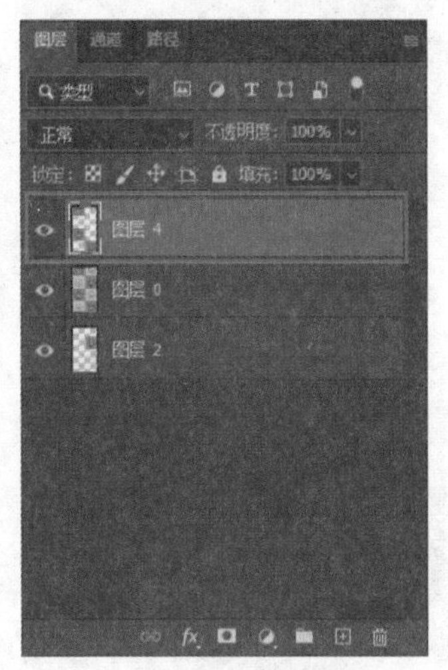

（b）完成合并图层

图 3–40　合并图层操作

2. 向下合并可见图层

如果想要将一个图层与它下面的图层合并，可以选择该图层，然后单击菜单栏的【图层】下的【向下合并】命令，或按下【Ctrl+E】快捷键，即可完成向下合并图层，如图3-41所示。合并后的图层会使用下面图层的名称。

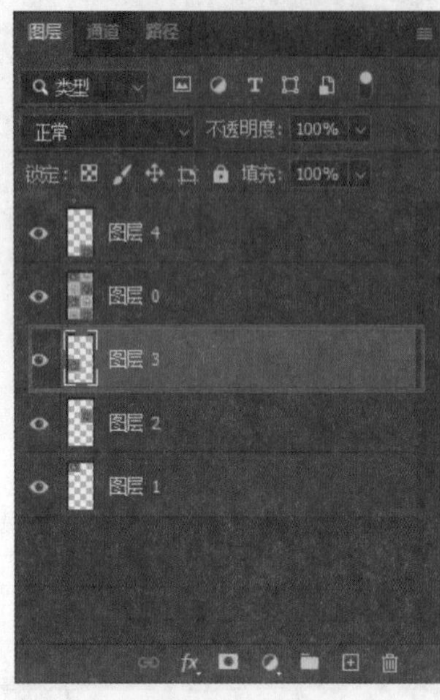

（a）选择要向下合并的图层

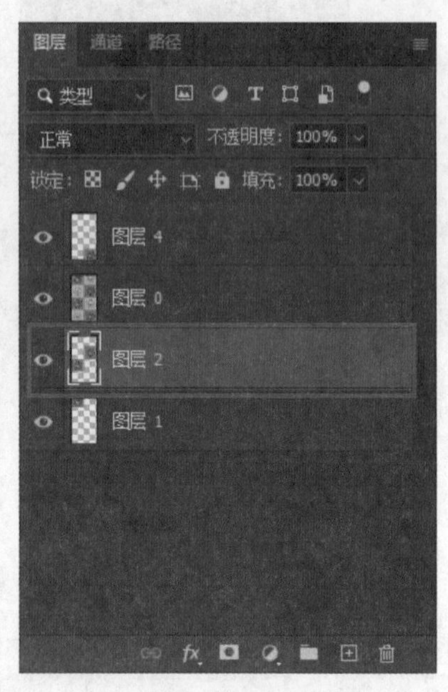

（b）完成向下合并图层

图 3-41　向下合并图层操作

3. 合并可见图层

如果要合并所有可见的图层，可以单击菜单栏的【图层】下的【合并可见图层】命令，或按下快捷键【Shift+Ctrl+E】，它们就会合并到【背景】图层中，如图3-42所示。

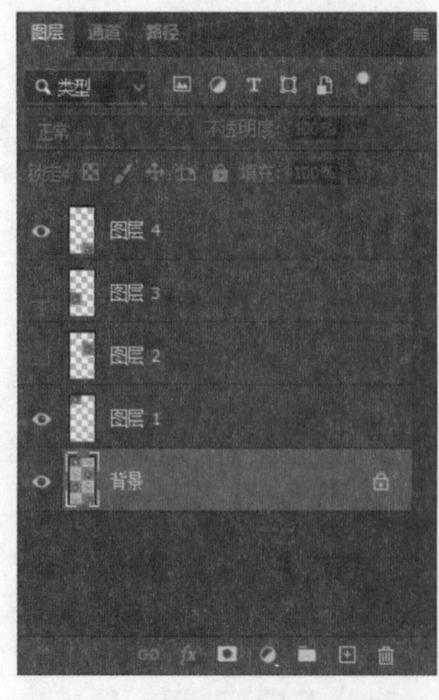

（a）选择要合并的可见图层

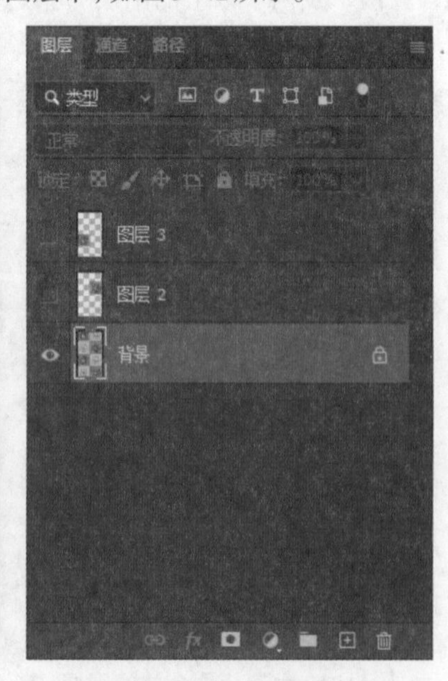

（b）完成合并可见图层

图 3-42　合并可见图层操作

4. 拼合图层

如果要将所有图层都拼合到【背景】图层中，可以单击菜单栏的【图层】下的【拼合图像】命令。如果有隐藏的图层，则会弹出是否删除隐藏图层的提示框，如图3–43所示。单击【确定】按钮，隐藏图层将被删除；单击【取消】按钮，则取消合并操作。

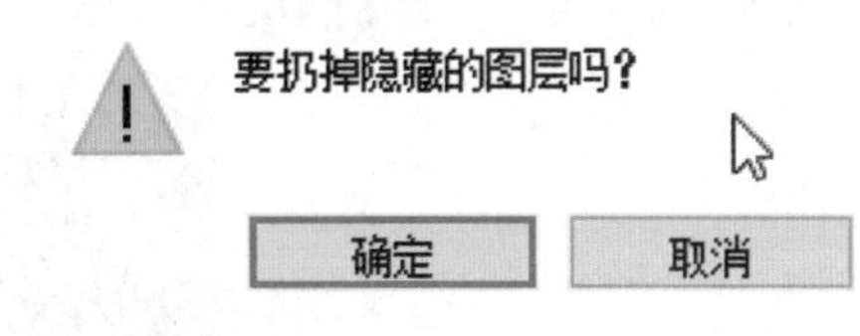

图 3–43　【删除隐藏图层】提示框

5. 盖印图层

盖印是比较特殊的图层合并方法，它可以将多个图层中的图像内容合并到一个新的图层中，同时保持其他图层完好无损。如果想要得到某些图层的合并效果，而又要保持原图层的完整性，盖印是最佳的选择。Photoshop没有提供盖印图层的相关命令，只能通过快捷键进行操作。

（1）向下盖印：选择一个图层，按快捷键【Ctrl+Alt+E】，可以将该图层中的图像盖印到下面的图层中，原图层内容保持不变。

（2）盖印多个图层：选择多个图层，按快捷键【Ctrl+Alt+Shift+E】，可以将所有可见图层盖印到一个新的图层中，原有图层内容均保持不变。

（3）盖印可见图层：按快捷键【Ctrl+Alt+Shift+E】，可以将所有可见图层中的图像盖印到一个新的图层中，原有图层内容保持不变。

3.3.3　图层样式

图层样式也叫“图层效果”，它可以为图层中的图像添加投影、发光、浮雕和描边等效果，创建具有真实质感的水晶、玻璃、金属和纹理特效。图层样式可以随时修改、隐藏或删除，具有非常强的灵活性。此外，使用系统预设的样式，或者载入外部样式，只需轻点鼠标，便可将效果应用到图像中。

1. 添加图层样式

如果要为图层添加样式，可以先选择这一图层，然后采用下面的任意一种方法打开【图层样式】对话框，进行效果的设定。为图层添加样式，有下面两种方法。

（1）单击菜单栏中的【图层】下的【图层样式】选项，可打开【图层样式】级联菜单，如图3–44所示。在级联菜单中选择样式命令，可打开【图层样式】对话框，并切换至相应的样式设置面板，如图3–45所示。

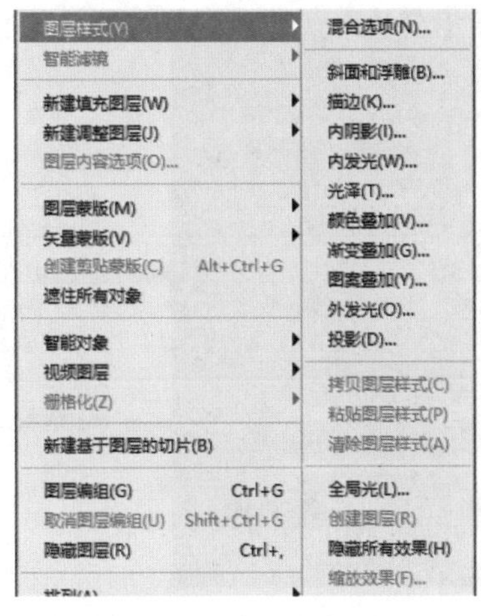

图 3–44　【图层样式】级联菜单

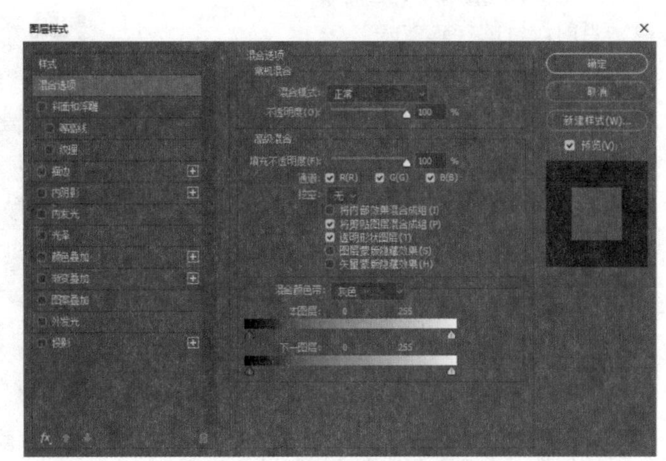

图 3–45　【图层样式】对话框

（2）在【图层】面板中单击【添加图层样式】按钮【 fx 】，打开下拉菜单，如图3-46所示。选择一个效果命令，同样可以打开【图层样式】对话框，并进入到相应效果的设置面板。

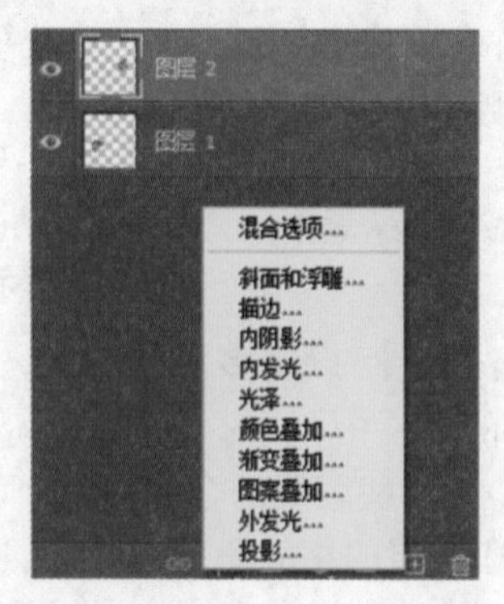

图 3-46　【添加图层样式】下拉菜单

2.【图层样式】对话框

单击菜单栏中的【图层】下的【图层样式】选项，在【图层样式】中选择【混合模式】，可打开【图层样式】对话框，如图3-47所示。

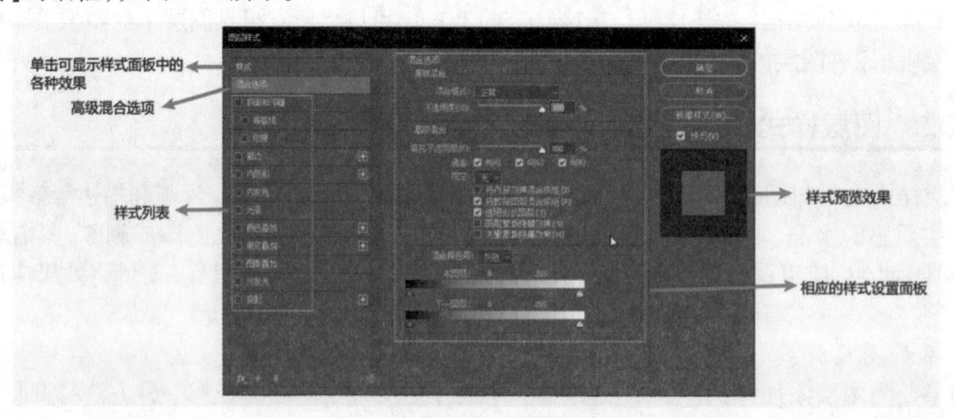

图 3-47　【图层样式】对话框的释义

（1）样式列表：包含样式、混合选项和各种图层样式选项。选中样式复选框可应用该样式，单击样式名称可切换到相应的面板。

（2）样式预览效果：通过预览形态显示当前设置的样式效果。

（3）相应的样式设置面板：在该区域显示当前选择的选项对应的参数设置。

3. 设置混合选项

默认情况下，在打开【图层样式】对话框后，将切换到相应的面板，如图3-48所示，此面板主要用于对一些常见的选项，如混合模式、不透明度、混合颜色等参数进行设置。

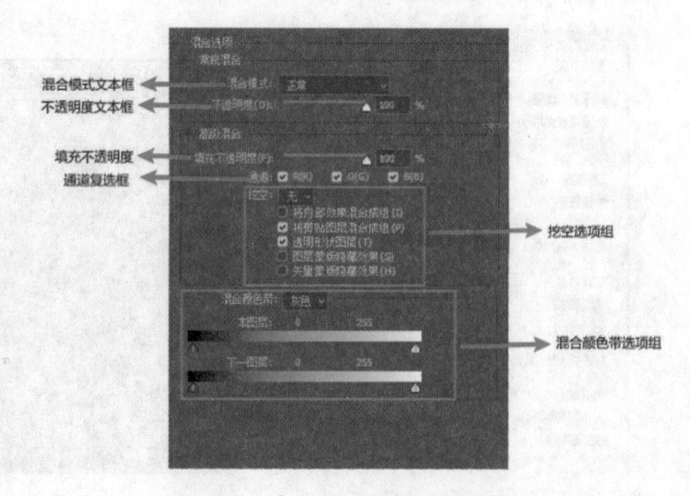

图 3-48　【混合选项】面板的释义

（1）“混合模式”文本框：单击右侧的下拉按钮，可打开下拉列表，在列表中选择任意一个选项，即可使当前图层按照选择的混合模式与下方图层叠加在一起。

（2）“不透明度”文本框：通过拖曳滑块或直接在文本框中输入数值，设置当前图层的不透明度。

（3）“填充不透明度”文本框：通过拖曳滑块或直接在文本框中输入数值，设置当前图层的填充不透明度。填充不透明度影响图层中绘制的像素或图层中绘制的形状，但不影响已经应用图层的任何图层效果的不透明度。

（4）“通道”复选框：可选择当前显示的通道效果。

（5）“挖空”选项组：可以指定图层中哪些图层是“穿透”的，从而使其他图层中的内容显示出来。

（6）“混合颜色带”选项组：通过单击“混合颜色带”右侧的下拉按钮，在打开的下拉列表中选择不同的颜色选项，然后通过拖曳下方的滑块，调整当前图层对象的相应颜色。

3.3.4　图层混合模式

混合模式是Photoshop的核心功能之一，它决定了像素的混合方式，可用于合成图像、制作选区和特殊效果，但不会对图像造成任何实质性的破坏。

Photoshop中的许多工具和命令都包含混合模式设置选项，如【图层】面板、绘画和修饰工具的工具选项栏、【图层样式】对话框、【填充】命令、【描边】命令、【计算】和【应用图像】命令等。如此多的功能都与混合模式有关，由此可见混合模式的重要性。

1. 混合模式的使用

在【图层】面板中选择一个图层，单击面板顶部的图层混合模式文本框的下拉按钮，在展开的下拉列表中可以选择混合模式，如图3–49所示。

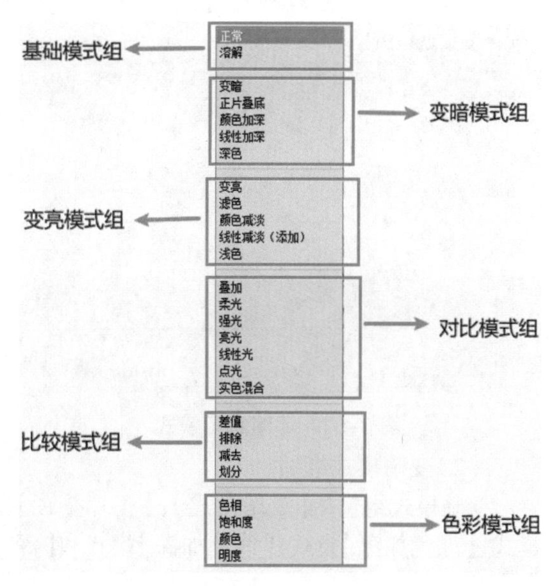

图 3–49　混合模式的下拉菜单

混合模式分为6组，共27种，每一组的混合模式都可以产生相似的效果或是有着相近的用途。

（1）基础模式组：其中的混合模式需要降低图层不透明度才能产生作用。

（2）变暗模式组：其中的混合模式可以使图像变暗。在混合过程中，当前图层中的白色将被底层较暗的像素替代。

（3）变亮模式组：其中的混合模式可以使图像变亮。图像中的黑色会被较亮的像素替换，而任何比黑色亮的像素都可能加亮底层图像。

（4）对比模式组：其中的混合模式可以增强图像的反差。在混合时，50%的灰色会完全消失，任何亮度值高于50%灰色的像素都可能使底层的图像变亮，亮度值低于50%灰色的像素则可能使底层图像变暗。

（5）比较模式组：其中的混合模式可以比较当前图像与底层图像，然后将相同的区域显示为黑色，不同的区域显示为灰度层次或彩色。如果当前图层中包含白色，白色的区域会使底层图像反相，而黑色不会对底层图像产生影响。

（6）色彩模式组：使用色彩模式组中的混合模式时，Photoshop会将色彩分为3种成分（色相、饱和度和亮度），然后再将其中的一种或两种应用在混合后的图像中。

2. 混合模式的效果

（1）基础模式组。

基础模式组包括【正常】模式和【溶解】模式。

①【正常】模式：默认的混合模式。选择【正常】混合模式后，上方图层不能与下方图层产生高级混合，只能通过调整【不透明度】或【填充】的数值，使上方图层和下方图层产生透明度的透叠，如图3-50所示。

图 3-50 【正常】模式

②【溶解】模式：选择【溶解】模式后，当降低图层的“不透明度”时，可以使半透明区域上的像素离散，产生点状颗粒，如图3-51所示。

图 3-51 【溶解】模式

（2）变暗模式组。

变暗模式组包括【变暗模式】、【正片叠底】模式、【颜色加深】模式、【线性加深】模式和【深色】模式。

①【变暗】模式：当前图层中亮度值比底层像素高的像素，会被底层较暗的像素替换，亮度值比底层像素低的像素保持不变，如图3-52所示。

图 3-52 【变暗】模式

②【正片叠底】模式：当前图层中的像素与底层的白色混合时保持不变，与底层的黑色混合时则被其替换，混合结果通常会使图像变暗，如图3-53所示。

图 3-53 【正片叠底】模式

③【颜色加深】模式：通过增加对比度来加强深色区域，底层图像的白色保持不变，如图3-54所示。

图 3-54　【颜色加深】模式

④【线性加深】模式：与【正片叠底】模式的效果相似，通过减小亮度使图像变暗，但可以保留下面图像更多的颜色信息，如图3-55所示。

图 3-55　【线性加深】模式

⑤【深色】模式：比较两个图层的所有通道值的总和并显示通道值较小的颜色；不会生成第三种颜色，因为它将从基色和混合色中选取最小的通道值来创建结果色，如图3-56所示。

图 3-56　【深色】模式

（3）变亮模式组。

变亮模式组包括【变亮】模式、【滤色】模式、【颜色减淡】模式、【颜色减淡（添加）】模式和【浅色】模式。

①【变亮】模式：与【变暗】模式的效果相反，当前图层中较亮的像素会替换底层较暗的像素，而较暗的像素则被底层较亮的像素替换，如图3-57所示。

图 3-57　【变亮】模式

②【滤色】模式：与【正片叠底】模式的效果相反，它可以使图像产生漂白的效果，类似于多个摄影幻灯片在彼此之上投影，如图3-58所示。

图 3-58　【滤色】模式

③【颜色减淡】模式：与【颜色加深】模式的效果相反，它通过减小对比度来加亮底层的图像，并使颜色变得更加饱和，如图3-59所示。

图 3-59 【颜色减淡】模式

④【颜色减淡(添加)】模式:与【线性加深】模式的效果相反。通过增加亮度来减淡颜色,其提亮效果比【滤色】和【颜色减淡】模式都强烈,如图3-60所示。

图 3-60 【颜色减淡(添加)】模式

⑤【浅色】模式:比较两个图层的所有通道值的总和并显示值较大的颜色,不会生成第三种颜色,如图3-61所示。

图 3-61 【浅色】模式

(4)对比模式组。

对比模式组包括【叠加】模式、【柔光】模式、【强光】模式、【亮光】模式、【线性光】模式、【点光】模式和【实色混合】模式。

①【叠加】模式:可增强图像的颜色,并保持底层图像的高光和暗调,如图3-62所示。

图 3-62 【叠加】模式

②【柔光】模式:当前图层中的颜色决定了图像变亮或是变暗。如果当前图层中的像素比50%灰度亮,则图像变亮;如果像素比50%灰色暗,则图像变暗。该模式产生的效果与发散的聚光灯照在图像上相似,如图3-63所示。

图 3-63 【柔光】模式

③【强光】模式:当前图层中比50%灰色亮的像素会使图像变亮;比50%灰度暗的像素会使图像变暗。该模式产生的效果与耀眼的聚光灯照在图像上相似,如图3-64所示。

图 3-64　【强光】模式

④【亮光】模式：如果当前图层中的像素比50%灰色亮，则通过减小对比度的方式使图像变亮；如果当前图层中的像素比50%灰色暗，则通过增加对比度的方式使图像变暗。此模式可以使混合后的颜色更加饱和，如图3-65所示。

图 3-65　【亮光】模式

⑤【线性光】模式：如果当前图层中的像素比50%灰度亮，可通过增加亮度使图层变亮；如果当前图层中的像素比50%灰度暗，则通过减小亮度使图像变暗。与【强光】模式相比，【线性光】模式可以使图像产生更高的对比度，如图3-66所示。

图 3-66　【线性光】模式

⑥【点光】模式：如果当前图层中的像素比50%灰度亮，则替换暗的像素；如果当前图层中的像素比50%灰度暗，则替换亮的像素，这在向图像中添加特殊效果时非常有用，如图3-67所示。

图 3-67　【点光】模式

⑦【实色混合】模式：如果当前图层中的像素比50%灰度亮，会使底层图像变亮；如果当前图层中的像素比50%灰度暗，则会使底层像素变暗。该模式通常会使图像产生色调分离效果，如图3-68所示。

图 3-68　【实色混合】模式

（5）比较模式组。

比较模式组包括【差值】模式、【排除】模式、【减去】模式和【划分】模式。

①【差值】模式：当前图层的白色区域会使底层图像产生反相效果，而黑色则不会对底层图像产生影响，如图3-69所示。

图 3-69 【差值】模式

②【排除】模式：与【差值】模式的原理基本相似，但该模式可以创建对比更低的混合效果，如图3-70所示。

图 3-70 【排除】模式

③【减去】模式：可以从目标通道中相应的像素上减去源通道中的像素值，如图3-71所示。

图 3-71 【减去】模式

④【划分】模式：查看每个通道中的颜色信息，从基色中划分混合色，如图3-72所示。

图 3-72 【划分】模式

（6）色彩模式组。

色彩模式组包括【色相】模式、【饱和度】模式、【颜色】模式和【明度】模式。

①【色相】模式：将当前图层的色相应用到底层图像的亮度和饱和度中，可以改变底层图像的色相，但不会影响其亮度和饱和度。对于黑色、白色和灰色区域，该模式不起作用，如图3-73所示。

图 3-73 【色相】模式

②【饱和度】模式：将当前图层的饱和度应用到底层图像的亮度和色相中，可以改变底层图像的饱和度，但不会影响其亮度和色相，如图3-74所示。

图 3-74 【饱和度】模式

③【颜色】模式：将当前图层的色相与饱和度应用到底层图像中，但保持底层图像的亮度不变，如图3-75所示。

图 3-75 【颜色】模式

④【明度】模式：将当前图层的色相与饱和度应用到底层图像中，但保持底层图像的亮度不变，如图3-76所示。

图 3-76 【明度】模式

3.3.5 填充图层

填充图层是指在图层中填充纯色、渐变或图案而创建的特殊图层。将它设置为不同的混合模式和不透明度，可以修改其他图像的颜色或生成各种图像效果。

1. 纯色填充

打开图像文件，如图3-77所示。

图 3-77 填充图层时的素材图像

在【图层】面板单击【创建新的填充或调整图层】按钮【 】，在下拉菜单中选择“纯色”，打开【拾色器（纯色）】对话框，如图3-78所示。设置填充的颜色，并设置其混合模式为“变亮”，减淡图像中的深色区域。

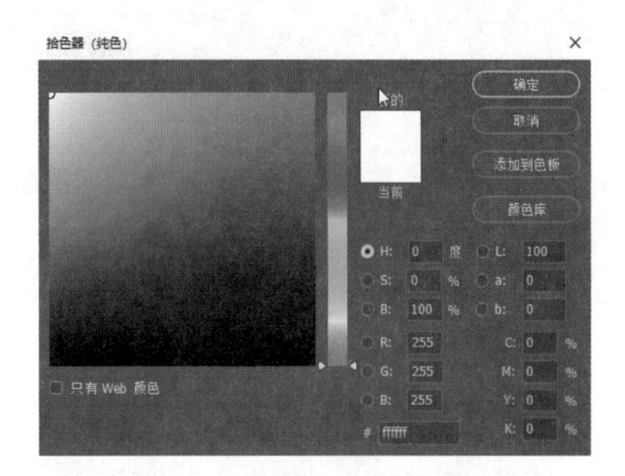

图 3-78 【拾色器（纯色）】对话框

按快捷键【Ctrl+Alt+Shift+E】盖印图层，并设置该图层的混合模式为“叠加”，设置“不透明度”为40%，适量去除图像的灰度，如图3-79所示。

图 3-79 纯色填充效果

2. 渐变填充

渐变填充图层可以将渐变应用于图像上，这与渐变的填充设置类似，唯一不同的是它可以不改变原图像的像素。

打开一张图像文件，使用选区工具选择建筑以外的区域，如图3–80所示。

图3–80　选择建筑以外的区域

在【图层】面板单击【创建新的填充或调整图层】按钮【◐】，在下拉菜单中选择“渐变”，打开【渐变填充】对话框，如图3–81所示。单击渐变下拉按钮，打开【渐变编辑器】，调整渐变颜色，设置角度为“100”度。

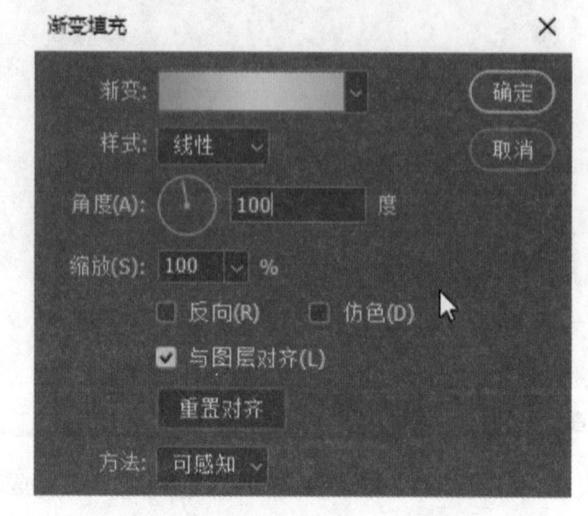

图3–81　【渐变填充】对话框

单击【确定】按钮，完成创建渐变填充图层，如图3–82所示。选区会转换到填充图层的蒙版中，效果如图3–83所示。

图3–82　渐变填充图层效果

图3–83　选区会转换到填充图层的蒙版中

3. 图案填充

“图案”填充图层是运用图案填充的图层。在Photoshop中，有许多预设图案，若预设图案不理想，也可自定义图案进行填充。

按快捷键【Ctrl+O】，打开相关素材中的花瓶图像文件和条纹图像文件，如图3–84所示。

（a）花瓶图像

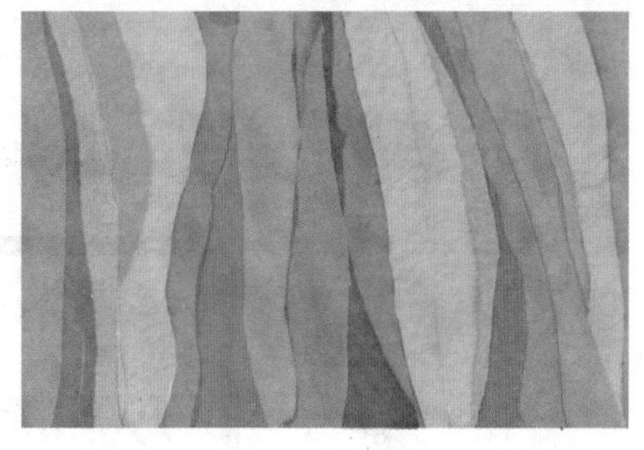

（b）条纹图像

图 3–84　图案填充的素材图像

在条纹图像文件中，单击菜单栏的【编辑】下的【定义图案】命令，弹出【图案名称】对话框，如图 3–85 所示。修改条纹图像的名称，单击【确定】按钮，定义图案。

图 3–85　【图案名称】对话框

然后回到花瓶文件中，使用【磁性套索工具】选中花瓶，在【图层】面板单击【创建新的填充或调整图层】按钮【 】，在下拉菜单中选择“图案”，打开【图案填充】对话框，在弹出的对话框中选择储存的条纹图案，并调整参数，如图 3–86 所示。

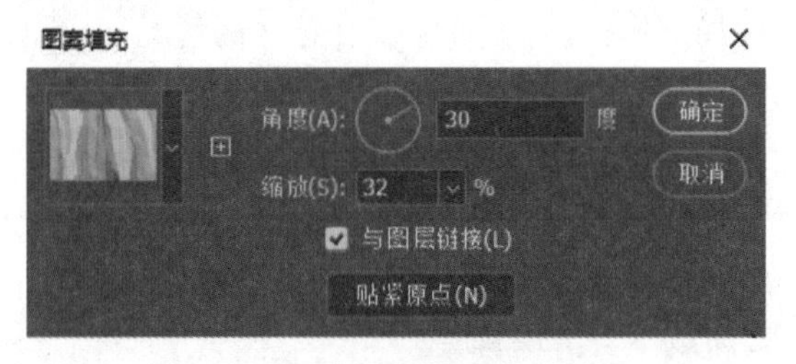

图 3–86　【图案填充】对话框

单击【确定】按钮，关闭对话框，在【图层】面板中设置“图案填充”图层的混合模式为“正片叠底”，效果如图 3–87 所示。

图 3–87　【图案填充】效果

4.1 认识选区

4.1.1 选区的概念

在Photoshop的画布中，选区是画面中选中的一个区域范围，以不断移动的虚线形式显示。它可以帮助用户完成对图像的局部操作。当画面中存在选区的情况下，选区内的画面的优先级最高，所有操作只在选区内部生效。

4.1.2 选区的特点

（1）被选中的区域，周围会围绕一圈蚂蚁线。

（2）蚂蚁线并非实体，所以不会出现新层。

（3）被选中的区域，可以复制拷贝范围、涂抹填充范围、调整编辑范围、删除范围内像素。

（4）选区所作用的内容与视图无关，与被选中的图层有关。

（5）目前，只有位图工具有选区概念。

4.1.3 选区的作用

1. 控制

选区可以控制填充、涂抹、调色的范围。被选中的区域可以进行操作，选区以外的区域无法进行操作。

2. 局部复制

可以控制用户想要复制的范围，通过建立选区，只复制选中的部分，选区以外不会被复制。

（1）VC操作（跨文件）。

（2）【Ctrl+J】（原位复制）。

3. 对齐参考

基于选区不是实体的特性，选区可以作为图层对齐的参考。用户可以通过选区对齐图层的操作，找回丢失到画布以外的图层。

4. 测距、测尺寸、定位

（1）测距、测尺寸：在拖曳矩形选框时，光标的右上角会有关于当前选框尺寸的参数。

（2）定位：创建选框时，按住鼠标左键，同时按住【Space】键，即可出现选区的左上角位置参数x、y。

4.2　创建规则选区

在Photoshop中，需要用到选区工具，规则的选区工具包含【矩形选框工具】、【椭圆选框工具】、【单行选框工具】和【单列选框工具】。

4.2.1　创建矩形选区

创建矩形选区需要使用【矩形选框工具】。

使用【矩形选框工具】时，首先打开Photoshop CC 2022，导入一张图片，使用鼠标右键单击左侧工具箱中的【选框工具组】按钮，在弹出的子工具窗口中选中【矩形选框工具】，如图4–1所示。

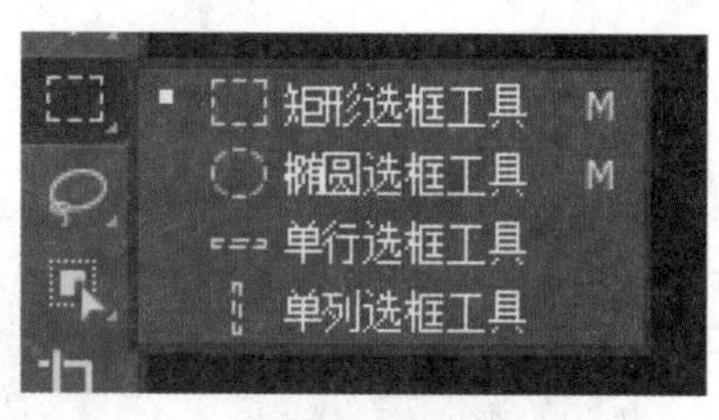

图 4–1　【矩形选框工具】命令

在画布中按住鼠标左键向右下方拖动，则可以创建矩形选区，如图4–2所示。

先按住鼠标左键拖动矩形选区，再按住【Shift】键，选区会被约束为正方形，通过这样的操作创建的选区就是方形选区，如图4–3所示。

图 4–2　矩形选区

图 4–3　方形选区

在用户点击【矩形选框工具】的时候，可以在选项栏中对选区进行设置，如图4–4所示。

图 4–4　【矩形选框工具】选项栏

（1）羽化：用于设置选区边缘的虚化程度，数值越大，则虚化范围越大，反之越小。适当羽化可使选区过渡更加平滑。

（2）消除锯齿：一般情况下，消除锯齿仅用于椭圆选框工具，矩形选框工具通常不存在锯齿。

（3）样式：用于设置选区的创建方法。

①【正常】：通过拖动鼠标，用户可以创建任意大小形状的矩形选区。

②【固定比例】：通过输入长宽比的值，用户可以设置矩形选框高度与宽度的比例。例如，如果

要绘制一个宽是高的3倍的选区，可以在“宽度”文本框中输入3，在“高度”文本框中输入1。

③【固定大小】：可以通过输入数值指定选区的高度和宽度。宽度和高度值分别在“宽度”和“高度”文本框中输入。

4.2.2 创建椭圆选区

【椭圆选框工具】和【矩形选框工具】的使用方法基本相同。

使用鼠标右键单击工具箱中的【选框工具组】按钮，在展开的选框工具菜单中找到【椭圆选框工具】并选中，在打开的图像上按住鼠标左键向右下方拖曳，即可绘制出一个椭圆选区，如图4-5所示。如果按住【Shift】键的同时按住鼠标左键向右下方拖曳，就可以绘制出一个正圆选区，如图4-6所示。

图4-5 椭圆形选区

图4-6 正圆选区

绘制正圆选区后，单击鼠标右键，选择【通过拷贝的图层】，如图4-7所示。

抠出选区内的图片，即可得到一个新的图层。在右边面板下方区域中点击【背景】图层前面的【 】，隐藏背景图层，就能得到如图4-8所示的效果。

图4-7 选择【通过拷贝的图层】

图4-8 隐藏背景图层

和【矩形选框工具】不同的一点是，【椭圆选框工具】的选项栏中会出现消除锯齿的复选框，默认是选中状态，如图4-9所示。

图4-9 【椭圆选框工具】选项栏

选中【消除锯齿】复选框，可以使绘制的选区边缘平滑、柔和。如果取消选中该复选框，绘制后的选区的曲线或斜线部分会出现比较明显的锯齿。所以一般情况下，都需要选中该复选框。但在某些特殊情况下，如绘制像素画需要保留清晰的锯齿边缘时，就要取消选中该复选框。

4.2.3　创建单行/单列选区

【单行选框工具】、【单列选框工具】只能创建高或宽为1 px的选区，主要被用来制作网格。

创建单行选框工具时，通过鼠标右键单击左侧工具箱中的【选框工具组】按钮，在弹出的子命令窗口中选中【单行选框工具】，在画布上拖动鼠标，即可创建单行选区。创建单列选区和创建单行选区的步骤一样，单行/单列选区如图4–10所示。

图 4–10　单行 / 单列选区

4.2.4　选区的组合方式

绘制选区时，在选项栏的左边有4个工具按钮【　】，它们从左到右分别是【新选区】、【添加到选区】、【从选区减去】、【与选区交叉】。

（1）【新选区】：选区工具在默认状态下是新选区。在此状态下，如果图像上已经创建了选区，那么每新建一个选区，都会替换上一个选区。

（2）【添加到选区】：增加选区。单击【添加到选区】按钮或按住【Shift】键，此时光标下方会出现“+”标记，这时候在已有选区的基础上，按住鼠标左键拖动，即可增加选区，如图4–11所示。

图 4–11　添加到选区

（3）【从选区减去】：减去选区。单击【从选区减去】按钮或按住【Alt】键，此时光标下方会出现“–”标记，这时候在已有选区的基础上，按住鼠标左键拖动，即可减少选区，如图4–12所示。

图 4–12　从选区减去

（4）【与选区交叉】：两个选区的交叉选区。单击【与选区交叉】按钮或按住【Alt+Shift】键，此时光标下方会出现“×”标记，这时候在已有选区的基础上，按住鼠标左键拖动，即可创建两个选区交叉的选区，如图4–13所示。

图 4–13　与选区交叉

4.3 创建不规则选区

在创建不规则选区时，经常会用到套索工具组，它也是一种常用的选区工具，主要用于选择不规则的区域。套索工具组的位置在选框工具组的下边，类似套马绳索。套索工具组包括【套索工具】、【多边形套索工具】和【磁性套索工具】，如图4-14所示。

图 4-14 【套索工具】命令

4.3.1 套索工具

使用【套索工具】，可以直接在画布上自由绘制想要的选区。首先导入一张图片，鼠标右键单击左侧工具箱中的【选框工具组】按钮，在弹出的子工具窗口中选中【套索工具】。在画布中按住鼠标左键拖动，当终点和起点闭合时，释放鼠标就可以创建手绘的选区边框，如图4-15所示。

图 4-15 使用【套索工具】创建选区

4.3.2 多边形套索工具

使用【多边形套索工具】可以很方便地对一些转角明显的对象创建选区，适合创建一些由直线构成的多边形选区。

打开一张图片，用鼠标右键单击工具箱中的【套索工具】，在弹出的子命令窗口中选中【多边形套索工具】，用鼠标依次单击对象边缘，最后将鼠标移到起点位置单击，创建多边形选区，如图4-16所示。

图 4-16 使用【多边形套索工具】创建选区

4.3.3 磁性套索工具

【磁性套索工具】具有自动识别绘制对象的功能，一般用来创建边缘分明的选区，或者是对选区精度要求不严格的选择对象的选区。与其他套索工具相比，【磁性套索工具】有一个最大的优点，就是用它描绘物体边缘时，套索线会自动地吸附在靠近物体的边缘上。这一功能对于描绘不规则物体的边缘提供了很好的帮助。

鼠标右键单击工具箱中的【套索工具】，在弹出的子工具窗口中单击【磁性套索工具】按钮，这时候光标下方会出现磁铁的标记，然后在画面中单击确定起点，然后沿着选择对象的边缘移动鼠标，就能够在光标经过处自动选取边缘，如图4–17所示，最终创建选区。

图 4–17　使用【磁性套索工具】创建选区

磁性套索工具的选项栏如图4–18所示。可以看出，【磁性套索工具】选项栏比【规则选区工具】选项栏多了“宽度”“对比度”和“频率”。

图 4–18　【磁性套索工具】选项栏

（1）宽度：宽度设置的数值决定了以光标为基准，其周围有多少个像素能够被【磁性套索工具】检测到。如果选择对象的边缘比较清晰，可以使用较大的宽度值；如果选择对象的边缘不是很清晰，则需要用一个较小的宽度值。

（2）对比度：设置工具感应图像边缘的灵敏度。较大数值可以检测对比鲜明的边缘，较小数值则可以检测对比不清晰的边缘。

（3）频率：用【磁性套索工具】创建选区时，会生成很多个锚点，频率设置的数值决定了锚点的数量。频率数值越大，生成的锚点越多，捕捉到的边缘越准确。

4.3.4　对象选择工具

【对象选择工具】可简化在图像中选择单个对象或对象的某个部分（人物、汽车、家具、宠物等）的过程。只需在对象周围绘制矩形区域或套索，【对象选择工具】就会自动选择已经定义区域内的对象，是创建选区的快捷方式之一。

对象选择工具组的位置在套索工具组的下边。鼠标右键单击【对象选择工具组】按钮，在弹出的子工具菜单中选中【对象选择工具】，如图4–19所示。

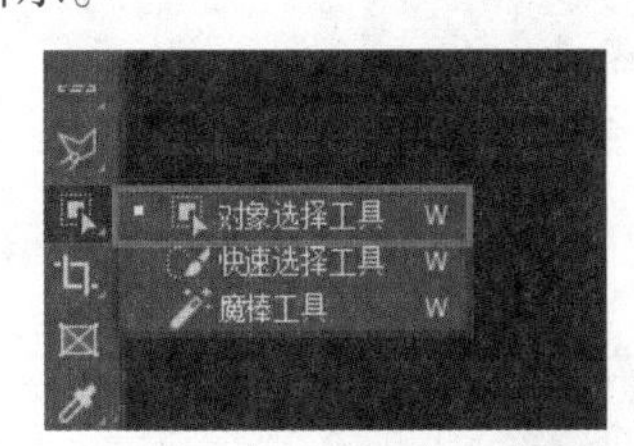

图 4–19　【对象选择工具】命令

在画布中围绕对象框选想要创建的选区，等待片刻后，画面将自动生成选区内容，如图4–20所示。

图 4–20　使用【对象选择工具】创建选区

（1）模式：有矩形和套索两种模式，其用法与【矩形选框工具】和【套索工具】一样。

（2）对所有图层取样：勾选此复选框，会针对所有图层显示效果并确定选取范围。如果只是基于单个图层取样，则不必勾选此复选框。

（3）减去对象：在定义的区域内查找，并自动减去对象。

4.3.5 快速选择工具

【快速选择工具】紧邻套索工具组，它的作用是智能、快速地识别像素区域的边缘并创建选区。只需要在待选取的图像上多次单击，或者是按住鼠标左键并拖动，【快速选择工具】就会自动查找颜色相近的区域，并创建这部分的选区。【快速选择工具】的选项栏如图4-21所示。

图4-21 【快速选择工具】选项栏

在选项栏中的靠左部分，可以看到3种模式，从左到右依次为【新选区】、【添加到选区】和【从选区减去】。一般使用最多的模式是【添加到选区】。

（1）绘制模式：【 】按钮为【添加到选区】，一般情况下用来创建选区。单击【添加到选区】按钮，可以在原有选区的基础上增加选区。【 】按钮为【从选区减去】。如果在操作过程中，不小心使选区超出了所选范围，如图4-22所示，想创建右边两片花瓣的选区，但是在选区时不小心扩大了选区，这时就可以单击【从选区减去】按钮，在选区的多余区域单击进行删减操作，得到如图4-23所示的效果。

图4-22 选区超出范围

图4-23 删减后的选区

（2）设置画笔：单击“画笔选项”下拉按钮，可以在【画笔】子窗口设置画笔的大小、硬度、间距、角度和圆度等数值。

（3）增强边缘：与【对象选择工具】工具选项栏中对应的复选框的功能一样。

（4）对所有图层取样：与【对象选择工具】选项栏中对应的复选框的功能一样。

打开一张图片，鼠标右键单击【对象选择工具组】按钮，在弹出的子工具菜单中选中【快速选择工具】，然后单击鼠标或者拖动鼠标即可创建选区，如图4-24所示。

图4-24 使用【快速选择工具】创建选区

4.3.6　魔棒工具

【魔棒工具】用于选择颜色相同或相近的区域，无须跟踪边界。选择【魔棒工具】后，只需用鼠标在图像中单击，Photoshop便会根据单击处的颜色，选取相同或相近的颜色区域来创建选区。【魔棒工具】的选项栏如图4–25所示。

图 4–25　【魔棒工具】选项栏

（1）取样大小：设置取样的范围，通常默认为“取样点”，也就是对光标所在的位置进行取样。下拉菜单中有“3×3平均”“5×5平均”等7个选项，数字表示的是像素的数目。

（2）容差：所选取图像的颜色接近度，数值为0~255。其中，容差数值越大，图像颜色的接近度就越小，选择的区域越广；容差数值越小，图像颜色的接近度就越大，选择的区域越窄。

（3）消除锯齿：勾选该复选框后，可以使选区的边缘更平滑。

（4）连续：勾选该复选框后，只选择颜色连接的区域，不能跨区域选择。如果不勾选该项，则可以选择所有颜色相近的区域。

（5）对所有图层取样：勾选该复选框后，整个文档中颜色相同的区域都会被选中，不勾选则只会选中单个图层的颜色。

打开一张图片，鼠标右键单击【对象选择工具组】按钮，在弹出的子命令菜单中选中【魔棒工具】，然后在想要创建选区的地方单击鼠标即可创建选区，如图4–26所示。

图 4–26　使用【魔棒工具】创建选区

4.4　选区的基本操作

4.4.1　全选与反选

【全选】命令一般在复制图像的时候使用，点击菜单栏的【选择】下的【全部】命令，或者按快捷键【Ctrl+A】，就可选择当前图层文档边界内的全部图像，如图4–27所示。

图 4–27　【全选】选区

【反选】就是选择当前选区以外的所有区域。先用选区工具在图片中创建一个区域，如图4–28所示。

图 4–28　创建选区

然后单击菜单栏的【选择】下的【反选】命令，或者使用快捷键【Ctrl+Shift+I】，就可选择矩形选区以外的区域，如图4–29所示。

图 4–29　【反选】选区

4.4.2　取消选择与重新选择

创建选区后，执行【选择】菜单下的【取消选择】命令，如图4–30所示，或者按快捷键【Ctrl+D】，可以取消当前所有已经创建的选区。

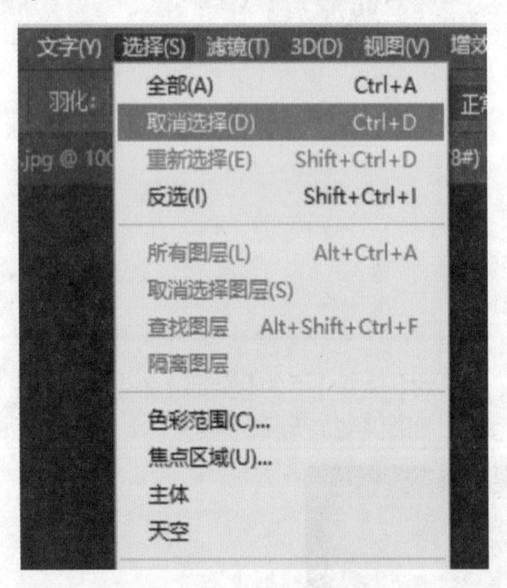

图 4–30　【取消选择】命令

Photoshop会自动保存前一次的选择范围。在取消创建的选区后，执行【选择】下的【重新选择】命令，如图4–31所示，或按快捷键【Ctrl+Shift+D】，可调出前一次的选择范围。

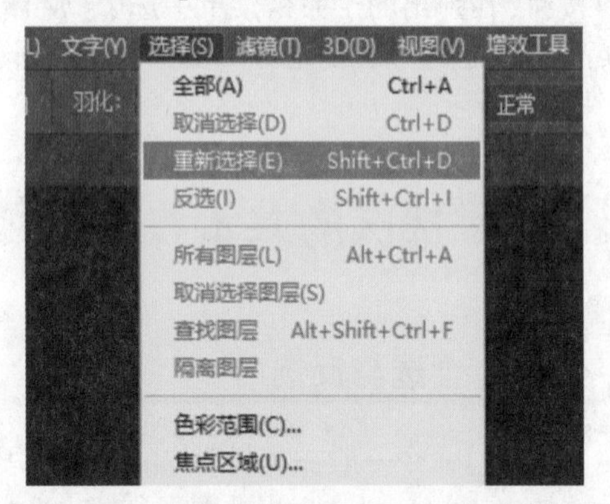

图 4–31　【重新选择】命令

4.4.3　移动选区

如果选区的位置不满足需求，需要移动选区，则使用选区工具在图像中创建选区后，确认其选项栏中显示的选区运算方式是【新选区】。然后将光标移至选区内任意位置，按住鼠标左键拖动，即可移动选区，如图4–32所示。在选区的拖动过程中，光标会显示为黑色三角形状。如果将光标移至选区外，则将新建选区。

（a）移动选区前

（b）移动选区后

图 4–32　移动选区前后对比

如果只是小范围地移动选区，或要求准确地移动选区，可以使用键盘上的“←”“→”“↑”“↓”这4个方向键来移动选区，按一下键则移动一个像素的位置。按快捷键【Shift+方向键】，可以一次移动10个像素的位置。

4.5　选区的编辑操作

4.5.1　显示和隐藏选区

创建选区后，打开菜单栏中的【视图】，取消勾选【显示额外内容】命令，或者按快捷键【Ctrl+H】，可以隐藏选区。如果想再次显示选区，只需要重新勾选【显示额外内容】命令即可。

4.5.2　变换选区

在Photoshop中，用户不仅可以对选区进行增减处理，还可以对选区进行翻转、旋转和自由变形的操作。只是选区的变换需要执行【变换选区】命令。该命令只针对选区，对选区中的图像没有任何影响。选区的变换操作的步骤如下。

（1）首先选取一个区域，执行【选择】下的【变换选区】命令，或者按快捷键【Ctrl+T】，如图4–33所示。

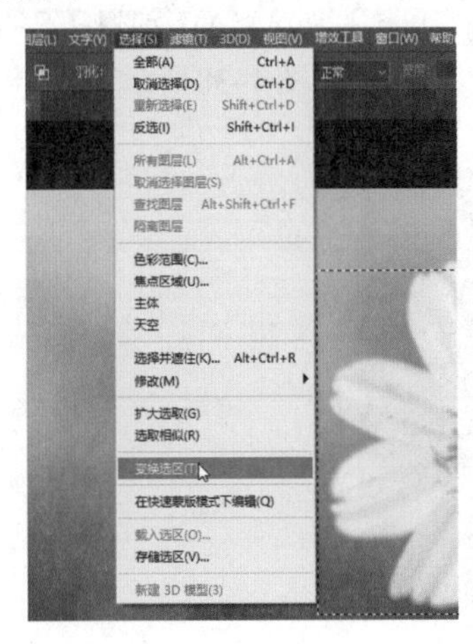

图 4–33　执行【变换选区】命令

（2）这时，选区进入默认的“自由变换”状态。可以看到，出现的一个方形区域上有8个控制点，用户可以任意地改变选区的大小、位置和角度，如图4–34所示。

图 4–34　【自由变换】状态

（3）移动选区：将鼠标指针移到选区中拖动即可，如图4–35所示。

图 4–35　移动选区

（4）自由改变选区大小：将鼠标指针移到选区的控制点上，当鼠标指针变成箭头的形状后拖动即可。

（5）自由旋转选区：将鼠标指针移动到选区外侧，当鼠标指针变成↰弧形时，顺时针或者逆时针拖动鼠标即可，如图4–36所示。

图 4–36　自由旋转选区

（6）执行【变换选区】命令，还可以通过【变换选区】菜单。将光标移至区域框内，单击右键即可弹出【变换选区】菜单，可以选择变换方式，【变换选区】菜单如图4–37所示。

图 4–37　【变换选区】菜单

（7）选区完成后，可点击选项栏的【✓】，提交选区。如果当前选区不是想要的区域，可点击选项栏的取消变换按钮【⊘】，取消变换。

4.5.3　描边选区

有时候，用户会觉得画面没有边框会显得特别单调，这时候就需要用描边选区。

首先打开一张图像，使用选区工具在图像中创建一个选区。点击菜单栏的【编辑】下的【描边】命令，弹出【描边】对话框，设置描边的“宽度”“颜色”和“位置”，如图4–38所示。

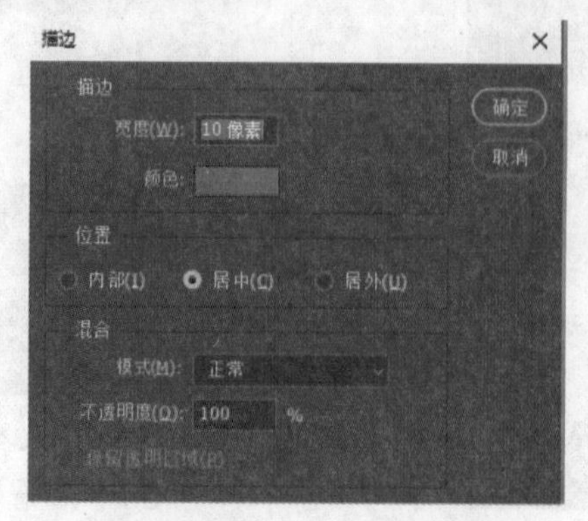

图 4–38　【描边】对话框

单击【确定】按钮，得到选区描边效果，如图4-39所示。

（a）内部描边

（b）居中描边

（c）居外描边

图4-39 描边效果

4.5.4 扩大选取与选取相似

创建选区后，有多种编辑方法可使选区变得更加好用，相关命令都在【选择】菜单中，如图4-40所示。

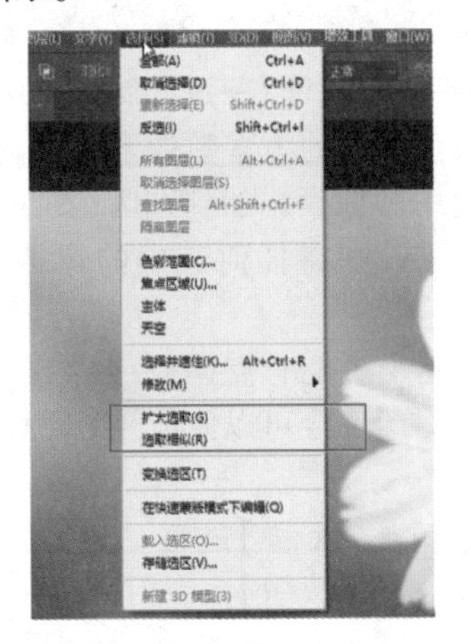

图4-40 【选择】菜单

在现有选区的基础上执行【扩大选取】命令，选区则会相应地扩大。扩大的规则基于【魔棒工具】的容差值，以邻近像素扩展的方式扩大选择范围。在图像中创建选区，如图4-41所示，随后点击菜单栏的【选择】下的【扩大选取】命令，效果图如图4-42所示。

图4-41 创建选区

图4-42 执行【扩大选取】命令

而【选取相似】命令则是选择包含整个图像中位于容差范围内的像素，而不只是选择相邻的像素，相当于【魔棒工具】取消了【连续】选项。创建以上选区之后，点击菜单栏的【选择】下的【选取相似】命令，效果图如图4-43所示。

图4-43 执行【选取相似】命令

4.5.5 修改选区

“选区的修改”包括一系列命令：边界、平滑、扩展、收缩和羽化，如图4–44所示。

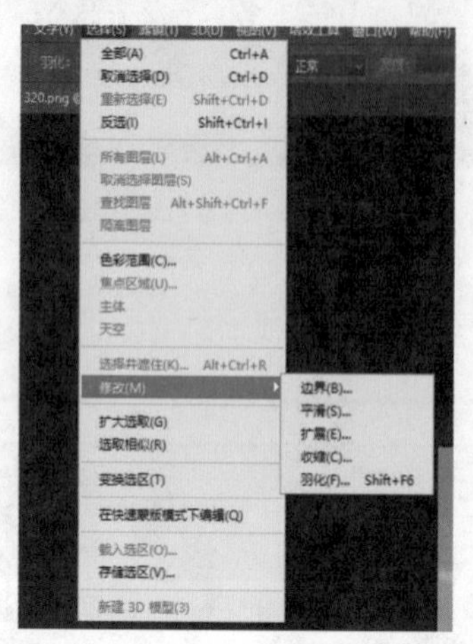

图 4–44 选区的修改命令

这5个修改选区的命令的使用频率非常高，但是美中不足的是：它们不支持预览，也就是说，用户要想获得一个比较理想的值，需要多次尝试、撤销操作。

1.【边界】选区

执行【边界】命令，可以打开【边界选区】对话框，如图4–45所示。在对话框中可以设置一个宽度数值，范围为1～200 px。若设置参数为50，Photoshop会以该值为基准，将原有的选区分别向内部和外部扩展，从而形成一个包围原选区的边框选区，如图4–46所示。

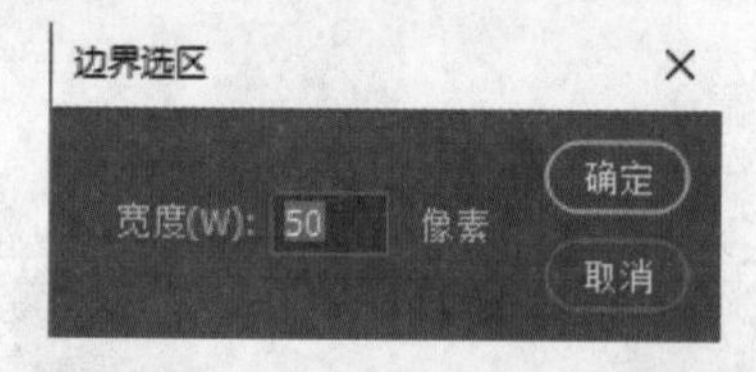

图 4–45 【边界选区】对话框

图 4–46 包围原选区的边框选区

2.【平滑】选区

执行【平滑】命令后，将打开【平滑选区】命令对话框，在对话框中可以设置一个取样半径数值，范围为1～100 px。设置参数为50，然后点击【确定】按钮，效果图如图4–47所示。

图 4–47 执行【平滑】命令后的选区

如果范围内的大多数像素已被选中，则将任何未选中的像素添加到选区；如果大多数像素未被选中，则将任何选中的像素从选区中移去。

这听起来可能有点拗口，总结起来就是一句话：【平滑】命令可以使选区中锐利的边角变得平缓。

3.【扩展/收缩】选区

执行【扩展/收缩】命令后，就可以打开【扩展/收缩选区】对话框，如图4–48所示。在对话框中可以设置一个扩展/收缩量，范围为1～100 px。若设置参数为50，Photoshop将按照指定数量的像素扩展或者缩小选区，同时会尽量保持选区的形状。

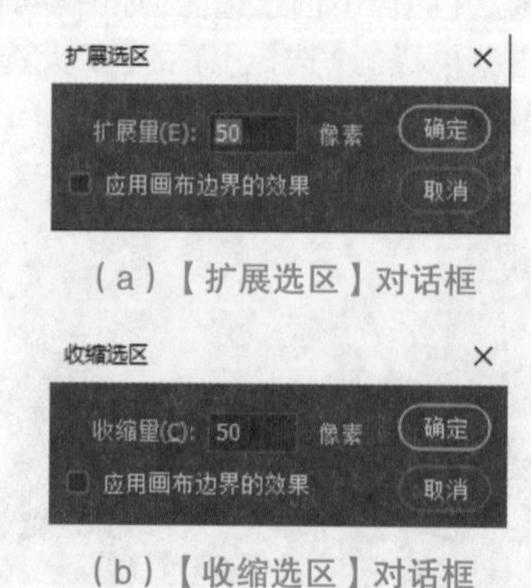

（a）【扩展选区】对话框

（b）【收缩选区】对话框

图 4–48 【扩展/收缩选区】对话框

4.【羽化】选区

【羽化】命令的使用频率较高，选区未经羽化时，其边缘非常“硬”，过渡不自然，当为选区添加了一定程度的羽化后，过渡就会非常柔和，所以【羽化】命令在图像合成方面的应用很多。

首先创建选区，如图4-49所示，然后单击菜单栏的【选择】下的【修改】命令的级联菜单，执行【羽化】命令后，会打开【羽化选区】对话框，设置“20 px”羽化值后，效果图如图4-50所示。

图 4-49　执行【羽化】命令前创建选区

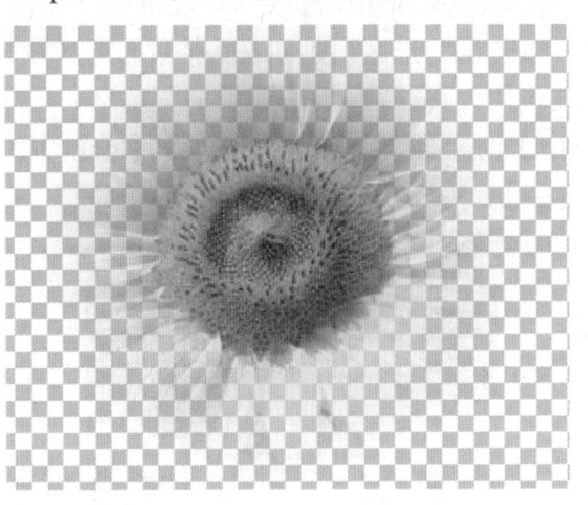

图 4-50　执行【羽化】命令后的效果

4.6　存储和载入选区

存储选区就是将现有选区保存下来，以便随时调用；载入选区就是将存储的选区调出来使用。

4.6.1　使用通道存储选区

若要把已经创建好的选区存储起来，方便以后再次使用，就要使用存储选区功能。

创建选区之后，执行菜单栏【选择】下的【存储选区】命令，或者将鼠标放至选区中，单击鼠标右键，弹出【存储选区】对话框，如图4-51所示。用户可以在【存储选区】对话框中设置选区的“名称”和“存储方式”等属性。如果在文档项目中选择“新建”，则会创建一个新的图像。如果图像不命名，Photoshop会自动以Alpha1、Alpha2、Alpha3这样的文字作为图像的名称。单击【确定】按钮，即可将选区存储为新的通道。

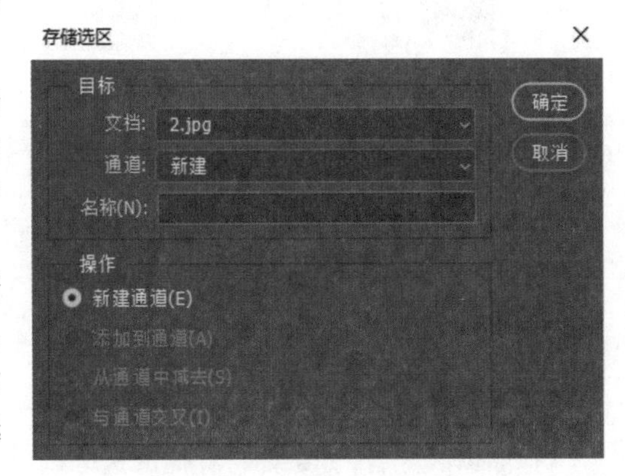

图 4-51　【存储选区】对话框

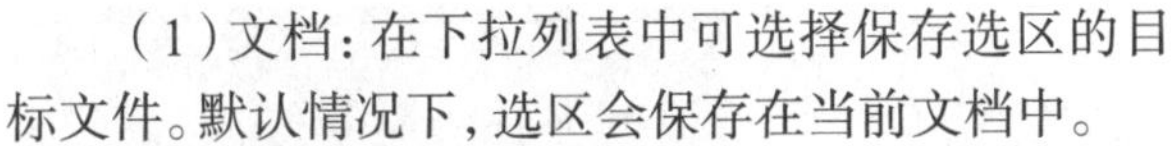

（1）文档：在下拉列表中可选择保存选区的目标文件。默认情况下，选区会保存在当前文档中。

（2）通道：指定选区保存的通道。可以选择把选区保存到一个新建的通道中，或者将其保存到其他已经存在的通道中。

（3）名称：指定选区的名称。

（4）新建通道：把当前选区存储在新通道中。

（5）添加到通道：把选区添加到目标通道的现有选区中。

（6）从通道中减去：从当前选区减去目标通道中的选区。

（7）与通道交叉：在当前选区和目标通道中的现有选区交叉的区域中存储一个选区。

4.6.2 使用路径存储选区

在Photoshop中，选区和路径可以互相转换，也就是说，任意选区都可以转换为路径，任意路径也可以转换为选区。使用路径存储的选区在转换时会出现形状的损失，尤其对于具有羽化的选区，在其转换为路径后，无法记录羽化信息。

创建选区之后，点击菜单栏的【窗口】下的【路径】命令，点击之后，【路径】前面会显示“√”，如图4–52所示。

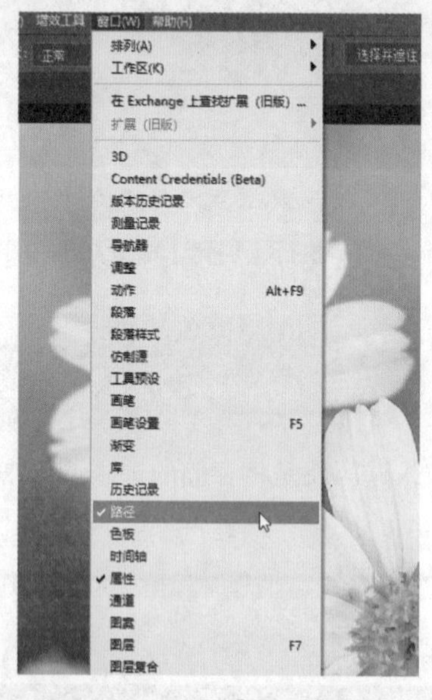

图 4–52　选择【路径】命令

这时，屏幕右边的面板中会出现【路径】面板，如图4–53所示。单击【路径】面板下方的【从选区生成工作路径】按钮，就可将选区转换为路径。

图 4–53　【路径】面板

双击生成的【工作路径】，弹出【存储路径】对话框，如图4–54所示，可以对存储路径的“名称”属性进行修改。单击【确定】按钮，即可将路径存储。

图 4–54　【存储路径】对话框

4.6.3 载入通道的选区

存储选区之后，如果要将存储的选区调出来使用，这时候就需要载入选区。

点击菜单栏的【窗口】下的【载入选区】命令，弹出【载入选区】对话框，如图4–55所示，单击【确定】按钮，即可载入选区。

（1）文档：选择选区的目标文件。

（2）通道：选择选区所在的通道。

（3）反相：把载入的选区反向。

（4）新建选区：用载入的选区替换当前选区。

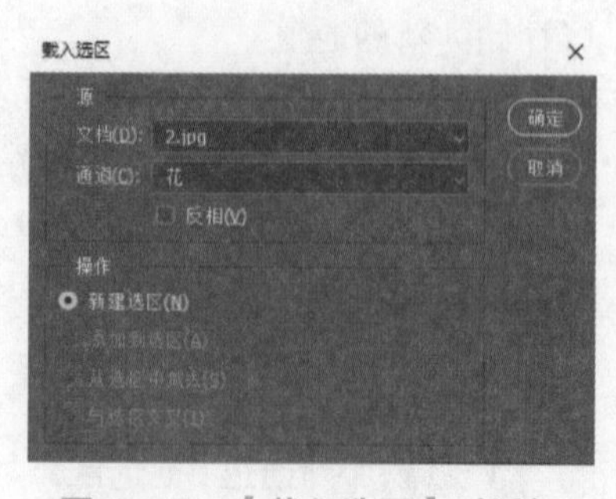

图 4–55　【载入选区】对话框

（5）添加到选区：把载入的选区添加到当前选区中。

（6）从选区中减去：从当前选区中减去载入的选区。

4.6.4　载入路径的选区

将路径载入选区有以下三种方法。

（1）点击菜单栏的【窗口】下的【路径】命令，打开【路径】面板，在【路径】面板中选择需要载入的路径，然后单击面板下方的【将路径作为选区载入】按钮，即可载入选区，如图4–56所示。

（2）在【路径】面板上选中需要载入的路径，按住快捷键【Ctrl+Enter】，就可把当前路径转换为选区。在实际操作中，通常会使用这种方法来将路径转换为选区。

（3）按住【Ctrl】键，在【路径】面板中点击需要载入的路径的缩略图，就可以把当前路径载入选区。

图 4–56　将路径载入选区

第5章 色彩知识

5.1 色彩和光的基础知识

5.1.1 光的基本概念

1. 光

光是一种电磁波。在自然世界中，存在多种形式的电磁波，如无线电波、手机信号、红外线和紫外线等。但是人眼是看不到这些电磁波的。人眼可以识别的电磁波，即可见光，如太阳光、灯光、屏幕光等。普通人可以识别的电磁波的波长范围是400～760 nm。波长大于760 nm的是红外线，波长更长的则是长波，如收音机电波；波长小于400 nm的是紫外线，波长更短的是核辐射、宇宙射线。

人眼可看到的光分成两种类型：一种是光源光，如太阳光、灯光、屏幕光等，发光体的光线直接进入人眼；另一种是反射光，即光线射到物体表面时，物体反射出来的光进入人眼。

2. 单色光和复合光

单色光就是单一频率（或波长）的光，绝对意义的单色光需要通过实验室的精密仪器获得。通常所说的单色光，基本上属于近似频率范围的光线。我们习惯把红光、绿光、蓝光当作三基色光，平时经常说的RGB就是红、绿、蓝的英文缩写。

复合光就是多种色光通过混合而产生的光，太阳光就是最常见的复合光。屏幕上的RGB色彩模式混合的多彩颜色也是复合光。

5.1.2 色彩三要素

1. 色相

色相又称“色别、色种、色名、色阶”，是客观物体给予人的直观的色彩感受，即每个物体究竟是什么颜色的。所以色相表示的是不同颜色之间质的区别。

色彩学把色相分为无彩色和有彩色两大类。无彩色只包括灰、白、黑三色，而且只具有程度上的差别，如灰色可分为浅灰、中灰、深灰。在彩色系中，把“赤、橙、黄、绿、青、蓝、紫”七色称为基本色相。现代色彩学把有彩色分为十二个色相（图 5-1）或二十四个色相。色相分得越细，相邻两色的差别也就越小。

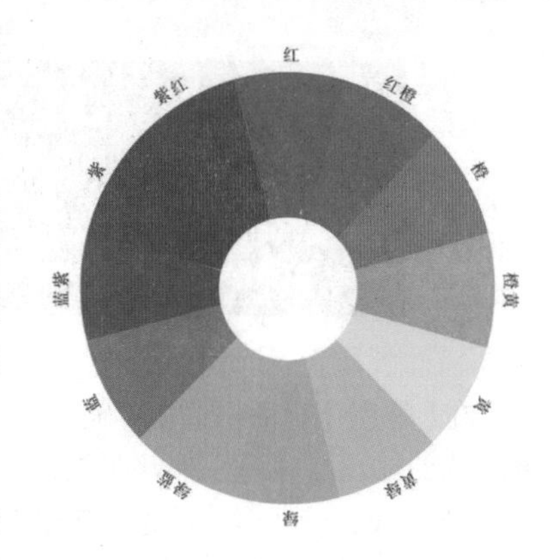

图 5-1　十二色相图

2. 饱和度

饱和度也称“纯度”，是指色彩的鲜艳程度。色彩越接近原色，其纯度越高，色彩越艳丽；色彩中掺杂的其他色彩的成分越多，其纯度越低，色彩显得越灰暗，越接近黑、白、灰这些无彩色系的颜色。在有彩色系中，三原色的纯度最高，间色和复色的纯度较低。

3. 明度

明度又称“亮度”，即明亮的程度。同一颜色的物体受光线照射后，由于其对光线的吸收、透射、反射程度的不同，所呈现的色的明暗程度也会不一样，如红花会显现出深红、大红、粉红、橘红等。色的明度取决于光线辐射能量的大小，以及物体对光线的吸收、透射、反射的程度。在无彩色系的灰、白黑系统中，白的成分越大，色彩的明度越高；黑的比重越大，色彩的明度就越低。

在有彩色体系中，明度又有纯度色和非纯度色之分。纯度色的明度以色调的明暗程度来表示，非纯度色的明度以其中白色和黑色所占比例的大小来区分。非纯度色的白色比例大，色的亮度高，但饱和度低；非纯度色的黑色比例大，色的亮度低，则饱和度高。在光谱色中，各种色光的明度也是有区别的：橙、黄、绿的明度最高，红、青的明度居中，蓝和紫的明度最低。

5.1.3　颜色模式

单击菜单栏的【图像】下的【模式】选项，在打开的级联菜单中被勾选的选项，即为当前图像的颜色模式，如图 5-2 所示。

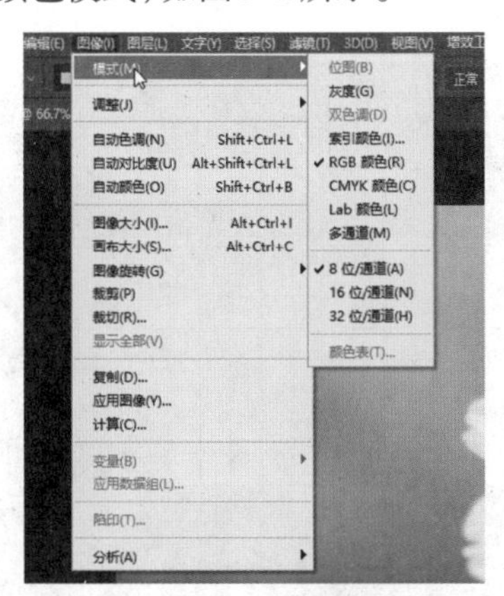

图 5-2　当前图像的颜色模式

1. 位图模式

位图模式是一种只包含黑白的色彩模式，所以位图模式下的图像也叫“黑白图像”，只有灰度模式和双色调模式才能转换为位图模式进行编辑。

打开一个 RGB 模式的彩色图像，如图 5-3 所示。点击菜单栏的【图像】下的【模式】，打开【模式】级联菜单，点击【灰度】命令，先将其转换为灰度模式，如图 5-4 所示。再点击【图像】下的【模式】级联菜单下的【位图】命令，弹出【位图】对话框，如图 5-5 所示。

图 5-3　RGB 模式的彩色图像

图 5-4　灰度模式的彩色图像

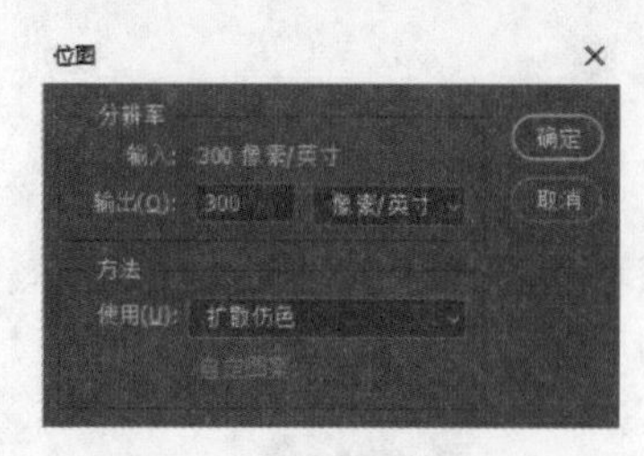

图 5-5 【位图】对话框

在【位图】对话框中的“输出”文本框中输入图像的输出分辨率，然后在“使用”下拉列表中选择一种转换方法，单击“确定”按钮，将得到对应的位图模式的图像。

2. 灰度模式

灰度模式的图像由256级灰度组成，不包含颜色。将彩色图像转换为该模式的图像后，Photoshop将删除原图像中的所有颜色信息，留下像素的亮度信息。

灰度模式图像的每一个像素能够用0~255的亮度值来表现，因而其色调的表现力较强。0代表黑色，255代表白色，其他值代表了黑、白之间过渡的灰色。在8位图像中，最多有256级灰度，在16位和32位图像中，图像中的级数比8位图像要大得多。图5-6为将RGB模式图像转换为灰度模式图像的效果对比。

（a）RGB 模式

（b）灰度模式

图 5-6 RGB 模式和灰度模式的效果对比

3. 双色调模式

单色调、双色调、三色调、四色调统称“双色调”(灰度图的一种)，都在产生一种关系——单色灰度图。

双色调是通过多种油墨的配合，组织成一个单色油墨(专色油墨)。将图像转换为双色调模式之前，需要先将图像转换为灰度模式。

4. 索引颜色模式

索引颜色模式是专业的网络图像的颜色模式。当图像转换为索引颜色模式时，Photoshop将构建一个颜色查找表（CLUT），以存放图像中的颜色。如果原图像中的某种颜色没有出现在该表中，则程序会选取最接近的一种，或使用仿色，以现有颜色来模拟该颜色。在索引颜色模式下只能进行有限的图像编辑，若要进一步编辑，需临时将其转换为RGB模式。

索引颜色模式主要用于网页，如gif格式就是索引颜色，它有两个特点：（1）文件量小，网速慢也不影响；（2）索引支持透明。

在索引模式下，单击菜单栏的【图像】下的【模式】命令，打开【模式】级联菜单，选择【颜色表】，可以打开颜色表，如图5-7所示。可以看到，索引颜色面板最多可以选择256种颜色。

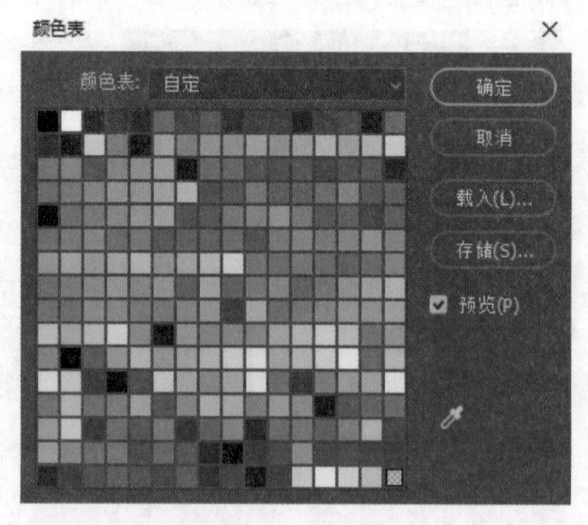

图 5-7 颜色表

5. RGB模式

RGB是红色（Red）、绿色（Green）、蓝色（Blue）的缩写，是我们对颜色的一种标准化。通过对红、绿、蓝三个基础颜色进行不同的叠加混合，可以组合出256×256×256=16 777 216

种颜色，通常也被简称为1 600万色、24位色。

RGB模式是我们最常见的一种色彩模式。在RGB模式下，颜色信息量越大，图像的色彩就越丰富。这种模式主要用于屏幕显示和网络图像。图5-8就是一张RGB模式的图像。

图 5-8　RGB 模式的图像

6. CMYK模式

CMYK的名称是由青色（Cyan）、洋红（Magenta）和黄色（Yellow）3种颜色的英文首字母加黑色（Black）的英文尾字母组合而成的。CMYK模式是一种印刷的模式，需要打印的图片都使用这种模式，并且这种模式会占用较多的磁盘空间和内存。在CMYK模式下，有很多滤镜都不能使用，所以编辑图像时有很多的不便。图5-9就是一张CMYK模式的图像。

图 5-9　CMYK 模式的图像

7. Lab模式

Lab模式是目前包括颜色数量最广的模式，也是Photoshop在不同颜色模式之间转换时使用的中间模式。

Lab颜色由亮度（光亮度）分量和两个色度分量组成。L代表光亮度分量，变化范围为0～100；a分量表示从绿色到灰色，再到红色的光谱变化；b分量表示从蓝色到灰色，再到黄色的光谱变化，两者的变化范围都是-128～+127。如果只需要改变图像的亮度，而不影响其他颜色值，可以将图像转换为Lab颜色模式，然后在L通道中进行操作。

8. 多通道模式

多通道模式是一种减色模式，将RGB模式转换为多通道模式后，可以得到青色、洋红和黄色通道。此外，如果删除RGB、CMYK、Lab模式的某个颜色通道，图像会自动转换为多通道模式。在多通道模式下，每个通道都使用256级灰度。图5-10和图5-11为RGB模式转换为多通道模式的效果对比。

图 5-10　RGB 模式

图 5-11　多通道模式

5.2 图像模式的转换

在Photoshop中，用户可以自由地调整图像的各种颜色模式。但需要注意的是，不同的颜色模式所涵盖的色彩范围和特性各不相同，这可能会导致在转换过程中产生数据丢失的情况。此外，颜色模式与输出效果息息相关。因此，在进行颜色模式转换时，必须充分考虑这些因素，审慎地处理图像的颜色模式，以便根据实际需求最大程度地减少潜在损失，从而确保图像处理的效率和质量。在使用色彩模式时，通常需要考虑到以下几个问题。

1. 图像输出和输入方式

输出方式决定了图像以哪种方式输出。若要进行印刷，图像须以CMYK模式保存，以确保色彩的准确再现。若图像是用于显示在屏幕上，则RGB模式或索引颜色模式更为常见。至于图像输入方式，则是指在扫描图像时选择以何种模式进行存储。一般而言，图像常以RGB模式存储，因为它具有更广泛的色彩范围和操作空间。

2. 编辑功能

当选择图像模式时，我们必须考虑到在Photoshop中可用的各项功能。举例来说，CMYK模式的图像无法使用部分滤镜功能；而在位图模式下，则无法使用自由旋转、图层功能等。因此，在进行图像编辑时，选择RGB模式是一个灵活且全面的选择，因为它支持所有滤镜和Photoshop的其他所有功能。一旦编辑完成，我们可以根据需要将图像转换为其他模式进行保存。这样的操作流程确保了编辑过程中的灵活性和最终输出结果的准确性。

3. 颜色范围

在图像编辑过程中，不同的颜色模式会展现出不同的颜色范围和效果。为了确保获得最佳的图像效果，在编辑时通常可以选择颜色范围较广的RGB模式和Lab模式。这是因为这些模式能够提供更广泛的颜色选择和更高的色彩精度，从而满足各种图像的编辑需求。

然而，不同的颜色模式在保存文件时所占用的内存和磁盘空间也会有所不同。例如，索引颜色模式的文件大小大约是RGB模式文件的1/3，而CMYK模式的文件则比RGB模式的文件大得多。这是因为CMYK模式需要更多的数据来准确再现颜色，从而使得文件的大小增加。在处理图像时，文件大小是一个需要考虑的重要因素。较大的文件会占用更多的内存和磁盘空间，这可能会降低工作效率。因此，为了提高工作效率和满足操作需求，我们通常会选择文件较小的模式。

综合以上因素，RGB模式通常被认为是图像编辑中的最佳选择。这是因为RGB模式不仅提供了广泛的颜色范围和较高的色彩精度，而且在文件大小方面也相对较小，从而能够平衡图像质量和处理效率。当然，在选择颜色模式时，还需要根据具体的编辑需求和输出要求来作出决策。

5.2.1 位图模式和灰度模式的转换

在Photoshop中，只有灰度模式的图像才能转换为位图模式，要将其他模式的图像转换为位图模式，必须先将其转换为灰度模式。

1. 灰度模式转换为位图模式

打开一张灰度模式的图像文件，单击菜单栏中的【图像】下的【模式】选项，打开【模式】级联菜单，选择【位图】，弹出【位图】对话框，如图5-12所示。“输入”选项中显示的数值是原图的分辨率，在“输出”文本框中可以设置转换后的图像分辨率。“方法”选项栏可以设置转换为位图模式的方式。

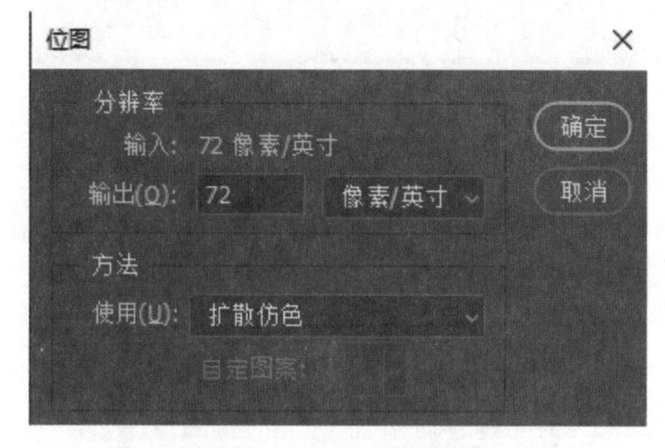

图 5-12　【位图】对话框

（1）50%阈值：将灰度值大于128的像素变成白色、灰度值小于128的像素变成黑色，即将较暗的色调转为黑色、较亮的色调转为白色，如图5-13所示。

图 5-13　50% 阈值效果

（2）图案仿色：通过将灰度级组织到黑白网点的几何配置来转换图像。

（3）扩散仿色：通过使用从图像左上角像素开始的误差扩散过程来转换图像。此选项对在黑白屏幕上显示图像非常有用，效果如图5-14所示。

图 5-14　扩散仿色效果

（4）半调网屏：选择此选项转换时，会弹出【半调网屏】对话框，如图5-15所示。其中，“频率”文本框用于设置每英寸或每厘米有多少条网屏线；“角度”文本框用于决定网屏的方向；“形状”下拉列表用于选取网屏形状，有6种形状可供选择，包括圆形、菱形、椭圆、直线、方形和十字线。

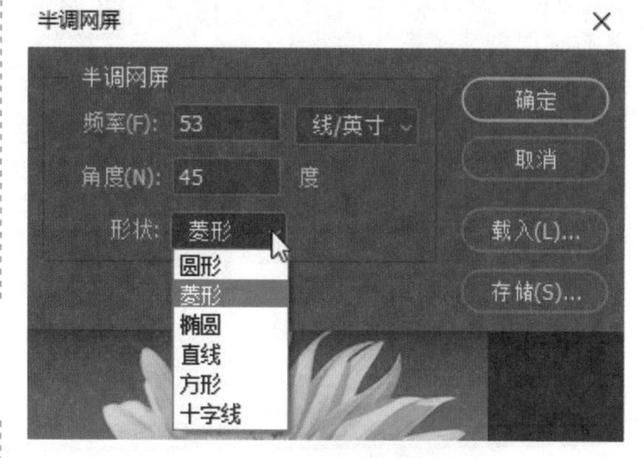

图 5-15　【半调网屏】对话框

（5）自定图案：要使用这个选项，首先要定义一种图案，在【位图】对话框的“自定图案”下拉列表中选择一种图案预设即可。

2. 位图模式转换为灰度模式

打开一张位图模式的图片，单击菜单栏的【图像】下的【模式】选项，打开【模式】级联菜单，选择【灰度】，弹出【灰度】对话框，如图5-16所示。在“大小比例”文本框中输入转换图像的尺寸比例，取值范围是1～16。例如，在文本框中输入3，转换后的图像尺寸会变为原来尺寸的1/3，像素数目也会相应地减少。

图 5-16　【灰度】对话框

5.2.2 RGB模式和CMYK模式的转换

要转换RGB模式或CMYK模式，只需打开菜单栏的【图像】下的【模式】级联菜单，选择【RGB颜色】或【CMYK颜色】命令即可，如图5-17所示。频繁地将图像在RGB模式与CMYK模式之间转换，将会引发显著的数据丢失。所以，最佳的做法是限制转换次数，或在进行转换之前确保创建了适当的备份。

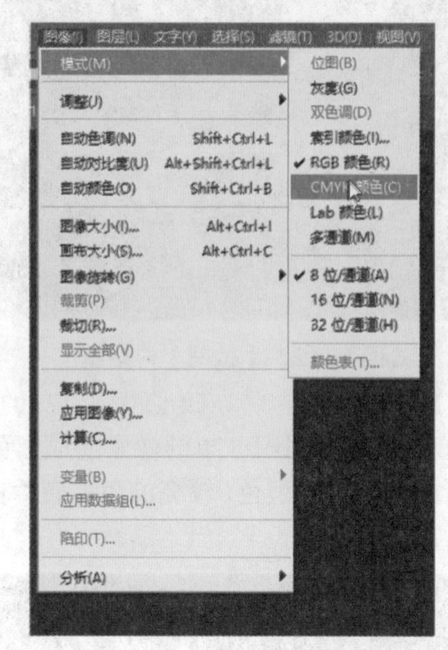

图 5-17 选择颜色模式

5.3 色域和溢色

色域是一种设备能够产生的色彩范围。在现实世界中，自然界可见光谱的颜色组成了最大的色域空间，它包含了人眼能见到的所有颜色。由于RGB模式的色域要远远超过CMYK模式，所以当RGB图像转换为CMYK模式后，图像的颜色信息会损失一部分。这也是图像在屏幕上设置好的颜色与打印出来的颜色有差别的原因。

显示器的色域（RGB模式）要比打印机（CMYK模式）的色域广，这导致我们在显示器上看到的颜色或用Photoshop调出的颜色有可能打印不出来。那些不能被打印机准确输出的颜色称为"溢色"。

打开一张图片，如图5-18所示。单击菜单栏的【视图】下的【色域警告】命令，画面中会出现灰色，如图5-19所示。图片中的灰色就是溢色区域。

图 5-18 打开图像

图 5-19 溢色警告

5.4　选择颜色

Photoshop CC 2022提供了丰富的绘图工具，具有强大的绘画和图像修饰功能。所以在使用这些绘图工具时，我们可以通过多种方法来设置颜色。

5.4.1　前景色与背景色

前景色与背景色是用户当前使用的颜色。在默认情况下，前景色和背景色分别为黑色和白色，如图5–20所示。前景色决定了使用绘画工具绘制图像及使用文字工具创建文字时的颜色；背景色则决定了背景图像区域为透明时所显示的颜色，以及新增画布的颜色。

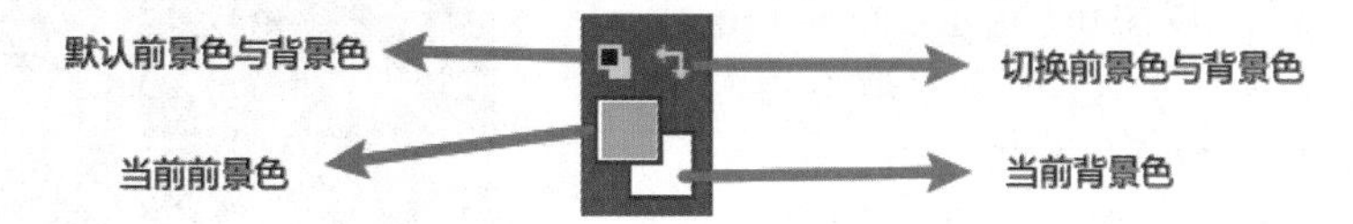

图 5–20　前景色与背景色

（1）默认前景色与背景色：单击该按钮，或按【D】键，可恢复前景色和背景色为默认的黑白颜色。

（2）切换前景色与背景色：单击该按钮，或按【X】键，可切换当前前景色和背景色。

（3）当前前景色：该色块中显示的是当前使用的前景颜色，通常默认为黑色。单击工具箱中的“设置前景色”，在打开的【拾色器（前景色）】对话框中，可以选择所需的颜色。

（4）当前背景色：该色块中显示的是当前使用的背景颜色，通常默认为白色。单击该色块，在打开的【拾色器（背景色）】对话框中，可以对背景色进行设置。

5.4.2　拾色器

【拾色器】对话框是定义颜色的对话框，可以单击需要的颜色进行设置，也可以使用颜色值准确地设置颜色。单击工具箱中的“设置前景色”或“设置背景色”色块，都可以打开【拾色器】对话框，如图5–21所示。在【拾色器】对话框中，可以基于HSB、RGB、Lab、CMYK等颜色模式指定颜色。还可以将拾色器设置为只能从Web安全或几个自定颜色系统中选取颜色。

图 5–21　【拾色器】对话框的释义

（1）色域/拾取的颜色：显示当前拾取的颜色。在色域中，可通过单击或拖动鼠标来改变当前拾取的颜色。

（2）颜色滑块：单击并拖动滑块，可以调整颜色范围。

（3）只有Web颜色：勾选该复选框，在色域中可以选取的颜色都是Web安全色。

（4）溢色警告：如果当前设置的颜色是不可打印的颜色，就会出现该警告标志。

（5）不是Web安全颜色：如果出现该标志，表示当前设置的颜色不能在网上正确显示。单击警告标志下面的色块，可将颜色替换为最接近的Web颜色。

（6）颜色值：在文本框中输入颜色值，可以精确设置颜色。

（7）添加到色板：单击该按钮，可以将当前设置的颜色添加到【色板】面板。

（8）颜色库：单击该按钮，可以切换到【颜色库】对话框。

5.4.3 颜色取样器工具

【颜色取样器工具】用于在图像中同时对4个以内位置的颜色取样，以便在【信息】面板中获得颜色信息。在工具箱中选择【颜色取样器工具】，接着在图像中需取样的位置单击，画布右侧会显示【信息】面板，如图5-22所示。拾取颜色的信息会显示在【信息】面板上。

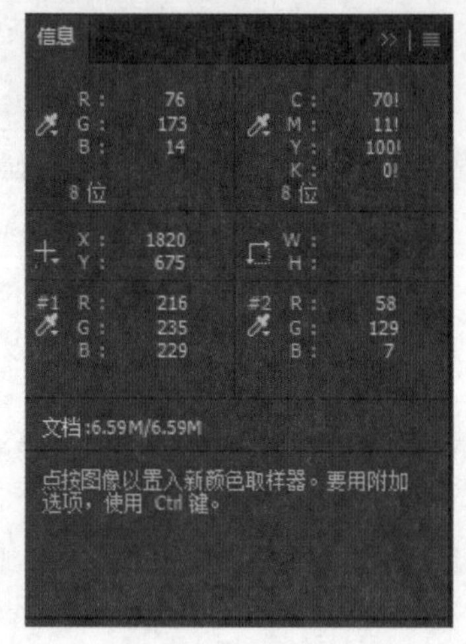

图 5-22 【信息】面板中的颜色信息

5.4.4 吸管工具

当需要一种颜色时，如果对颜色的要求不是太高，可以用【吸管工具】来完成。吸管工具可以帮助我们从图像中拾取所需的颜色，省去了调整各种基色比例的过程。它吸取的颜色为前景色，若想将其设置为背景色，可以在按住【Alt】键的同时吸取颜色。

单击工具箱的【吸管工具】，在工具属性栏上便会弹出如图5-23所示的【吸管工具】选项栏。

图 5-23 【吸管工具】选项栏

（1）取样点：用来设置【吸管工具】拾取颜色的范围大小，选择“取样点”选项，可拾取光标所在位置像素的精确颜色。

（2）样本：用来设置【吸管工具】拾取颜色的图层，下拉列表中包括“当前图层”“当前和下方图层”“所有图层”“所有无调整图层”和“当前和下一个无调整图层”5个选项。

5.4.5 颜色面板

除了可以在工具箱中设置前/背景色，也可以在【颜色】面板中设置所需颜色。单击菜单栏的【窗口】下的【颜色】命令，即可打开【颜色】面板，如图5-24所示。

在默认情况下，【颜色】面板提供的是RGB颜色模式的滑块。如果想使用其他模式的滑块进行选色，可单击面板右上角的【▤】按钮进行设置，也可以在RGB文本框中输入数值或者拖动滑块来调整颜色。

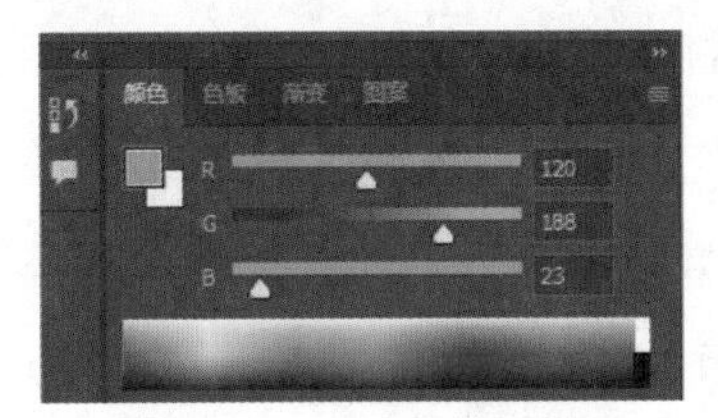

图 5–24　【颜色】面板

将光标放在面板下面的四色曲线图上，光标会变为状，此时，单击即可采集色样，如图5–25所示。

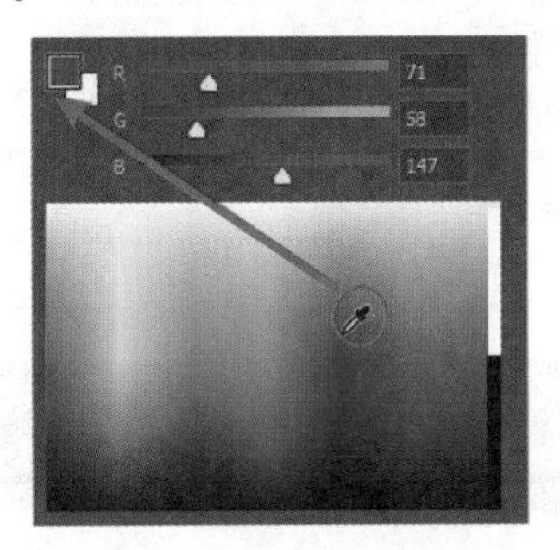

图 5–25　采集色样

（1）灰度滑块：选中此选项，面板中只显示一个“K”黑色滑块，只能选择从白到黑的256种颜色，如图5–26所示。

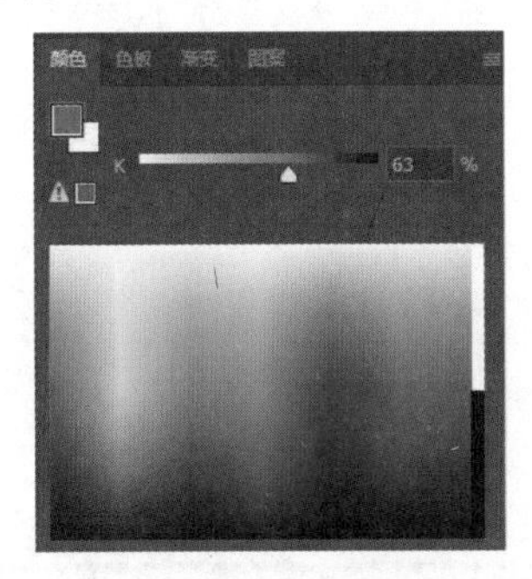

图 5–26　灰度滑块

（2）HSB滑块：选中此选项，面板中显示H（色相）、S（饱和度）、B（亮度）滑块，如图5–27所示。通过拖动这3个滑块，可以分别设定H、S、B的值。

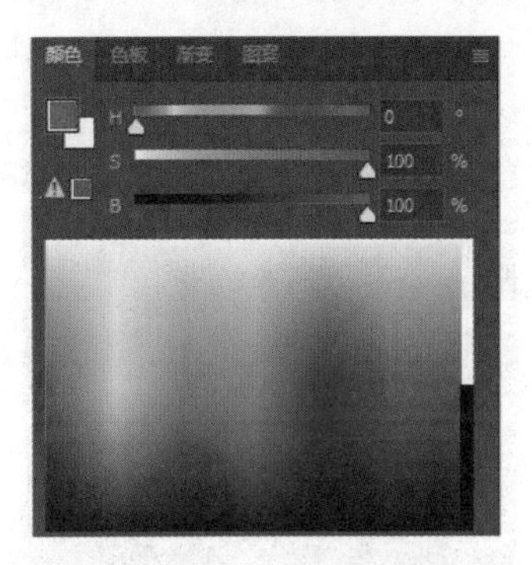

图 5–27　HSB 滑块

（3）CMYK滑块：选中此选项，面板中显示C（青色）、M（洋红色）、Y（黄色）、K（黑色），如图5–28所示，其使用方法和RGB滑块相同。

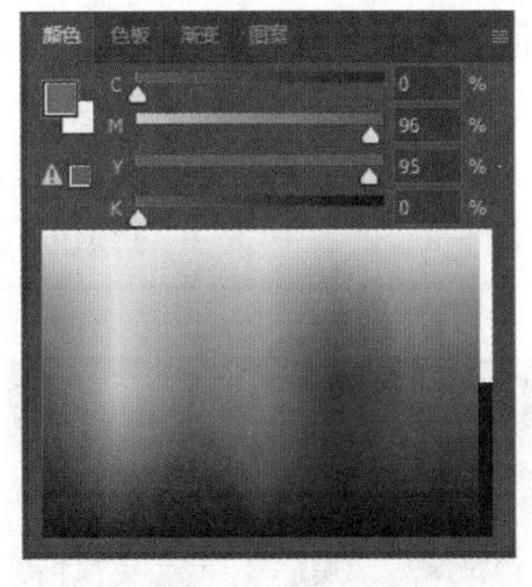

图 5–28　CMYK 滑块

（4）Lab滑块：选中此选项，面板中显示L、a、b滑块，如图5–29所示。L用于调整亮度更改，a用于调整由绿到红的色谱变化，b用来调整由黄到蓝的色谱变化。

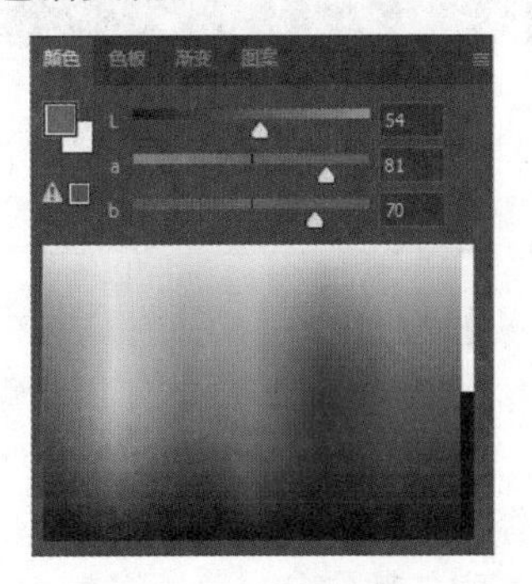

图 5–29　Lab 滑块

5.4.6　色板面板

【色板】面板可存储用户经常使用的颜色，用户也可以在面板中添加和删除预设颜色，或者为不同的项目显示不同的颜色库。

单击菜单栏的【窗口】下的【色板】命令，即可打开【色板】面板，如图5–30所示。

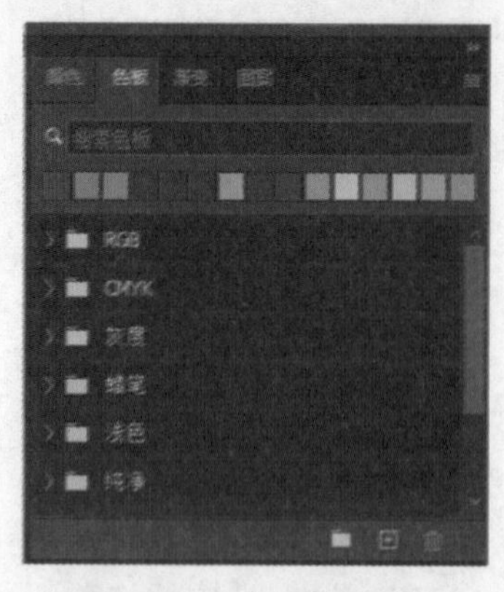

图 5-30 【色板】面板

单击其中的一个颜色样本，即可将它设置为前景色；在按住【Alt】键的同时单击，则可将它设置为背景色。

【色板】面板中提供了不同类型的色板文件夹，单击任意文件夹左侧的按钮，可以展开相应的色板文件夹，查看其提供的颜色，如图5-31所示。

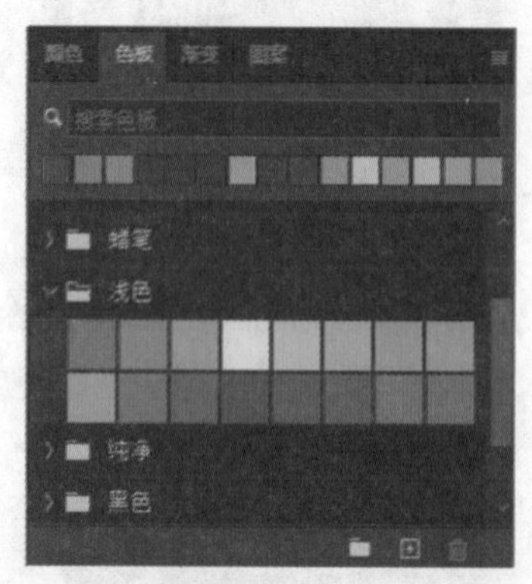

图 5-31 展开色板文件夹

单击【色板】面板底部的【创建新组】按钮【】，打开【组名称】对话框，如图5-32所示。在该对话框中可以自定义组的名称，完成后单击【确定】按钮即可。在【色板】面板中创建新组后，可以将常用的颜色拖入文件夹，方便日后随时调用。

图 5-32 【组名称】对话框

如果要在面板中添加色板，单击【色板】面板下方的【】按钮，在弹出的【色板名称】对话框中输入色板的名称即可，如图5-33所示。

图 5-33 【色板名称】对话框

5.4.7 信息面板

【信息】面板中显示了光标所在位置的颜色值、文档状态和当前工具的使用指南等信息。一旦执行了某些操作，如实施变换、创建选区或调整颜色等，【信息】面板会实时呈现与当前操作紧密相关的各种信息。

单击菜单栏的【窗口】下的【信息】命令，打开【信息】面板，在默认情况下，【信息】面板中显示的信息如图5-34所示。

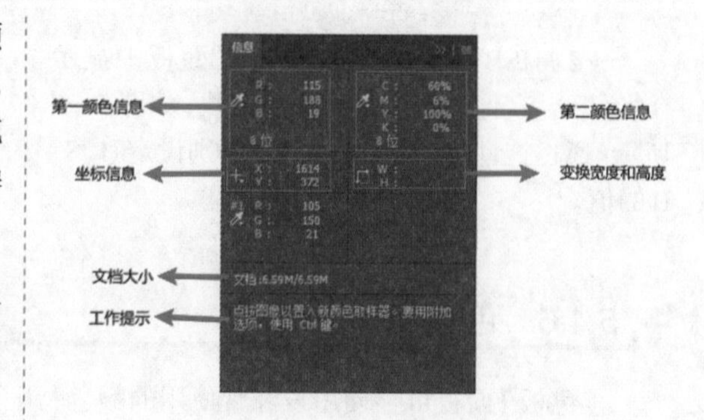

图 5-34 【信息】面板中显示的信息

5.5　填充颜色

5.5.1　使用填充命令

单击菜单栏的【编辑】下的【填充】命令，即可打开【填充】对话框，如图5-35所示。在内容文本框下拉菜单中，可以选择不同的方式来填充图像。

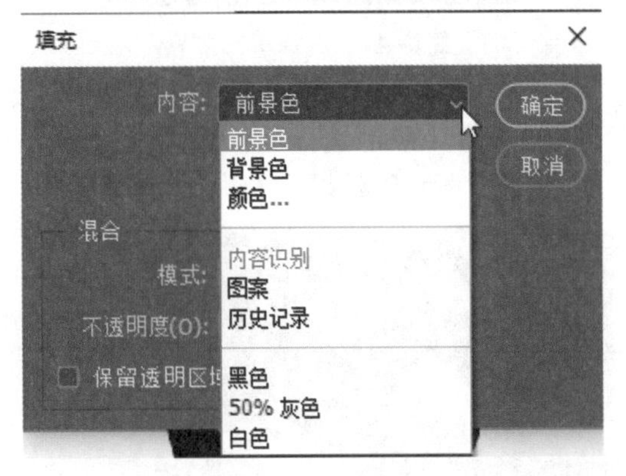

图 5-35　【填充】对话框

打开熊猫图像，单击工具箱中的【磁性套索工具】命令，围绕熊猫的轮廓创建选区，然后按快捷键【Ctrl+Shift+I】反选选区，选中熊猫以外的区域，如图5-36所示。

图 5-36　反选熊猫以外的选区

然后单击【编辑】菜单栏下的【填充】命令，弹出【填充】对话框，如图5-37所示。

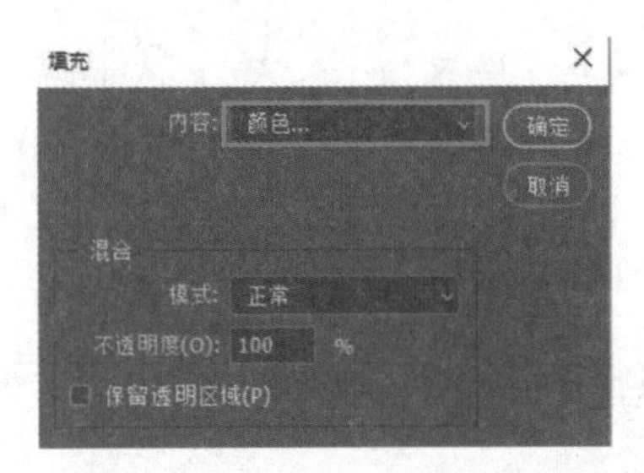

图 5-37　【填充】对话框

在对话框的“内容”文本框下拉列表中选择“颜色”，弹出【拾色器（填充颜色）】对话框，如图5-38所示。选择颜色后，分别单击【拾色器（填充颜色）】对话框和【填充】对话框中的【确定】按钮，即可完成填充，得到如图5-39所示的效果图。

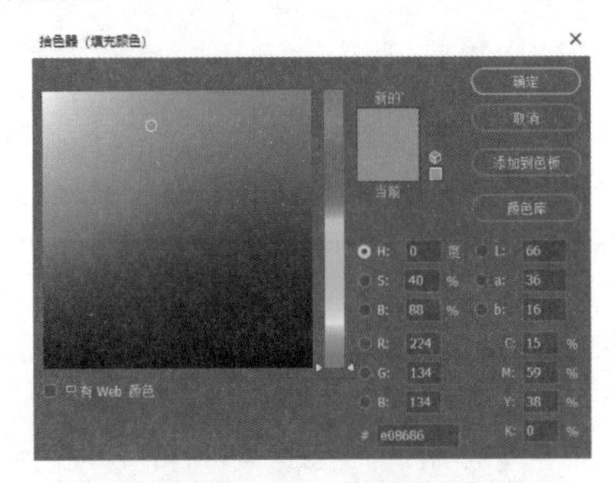

图 5-38　【拾色器（填充颜色）】对话框

图 5-39　使用填充命令的填充效果

5.5.2 使用内容识别填充

【内容识别】填充的原理是使用选区附近的相似图像内容填充选区。为了获得更好的填充效果，可以将创建的选区略微扩展到要复制的区域中。

如果想去除图片中的水印、人或物的时候，可以选择【内容识别】填充。打开一张图像，单击工具箱中的【矩形选区工具】，选中要隐藏的区域，如图 5-40 所示。

图 5-40　选中要隐藏的区域

然后单击菜单栏的【编辑】下的【填充】命令，或者按快捷键【Shift+F5】，在弹出的【填充】对话框中的“内容”文本框下拉列表中选择“内容识别”，如图 5-41 所示。

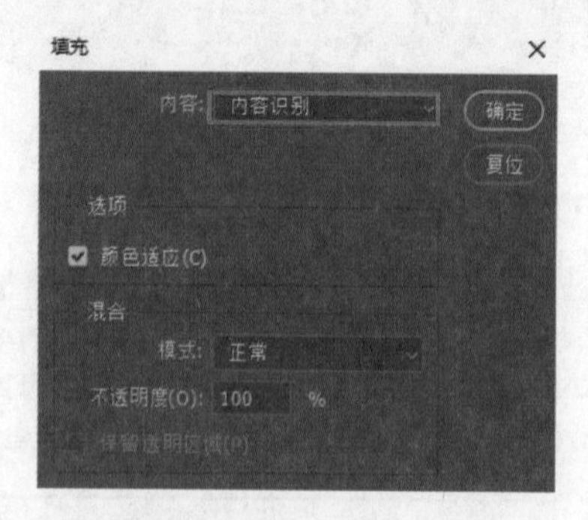

图 5-41　选择填充内容

单击【确定】按钮，完成填充，再单击【选择】菜单下的【取消选择】命令，取消选区，得到如图 5-42 所示的效果。

图 5-42　使用内容识别填充的填充效果

5.5.3 使用油漆桶工具

【油漆桶工具】可以在图像或选区中，对指定色差范围内的色彩区域进行色彩或图案填充。

打开一张需要填色的图像，如图 5-43 所示。

图 5-43　无色图像文件

然后点击工具箱中的油漆桶工具，对小恐龙身体的各部分分别进行填色。填色完成的效果如图 5-44 所示。

图 5-44　使用油漆桶工具的填充效果

【油漆桶工具】选项栏如图 5-45 所示。

图 5-45　【油漆桶工具】选项栏

（1）填充：可选择用前景色或用图案填充。只有选择用图案填充时，它后面的选项框才可选。

（2）模式：单击下拉按钮，可以在弹出的下拉列表中选择填充方式，如图 5-46 所示。

（3）不透明度：调整填充时的不透明度。

（4）容差：用来定义必须填充的像素颜色的相似程度。低容差会填充容差值范围内与单击点像素非常相似的像素，高容差则会填充更大范围内的像素。

（5）消除锯齿：选中该复选框，可以使填充的颜色或图案的边缘产生较为平滑的过渡效果。

（6）连续的：选中该复选框，油漆桶工具只填充与单击点颜色相同或相近的相邻颜色区域；取消选中该复选框，将填充与单击点颜色相同或相近的所有颜色区域。

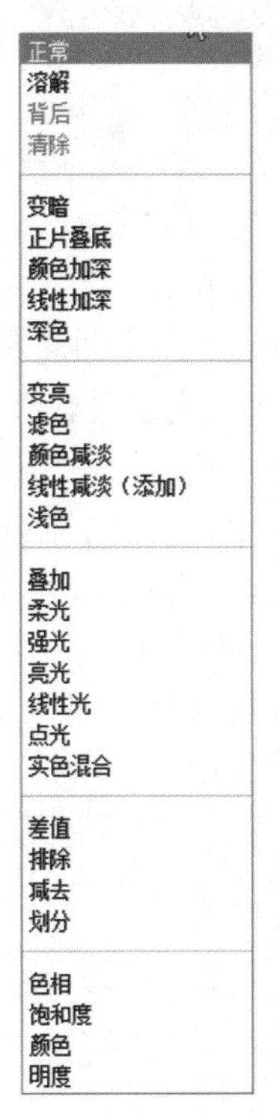

图 5-46　模式的下拉菜单

5.5.4　使用渐变工具

【渐变工具】用于在整个文档或选区内填充渐变颜色。渐变填充在 Photoshop 中的应用非常广泛，不仅可以填充图像，还可以填充图层蒙版、快速蒙版和通道。此外，调整图层和填充图层也会使用渐变效果。

在工具箱中选择【渐变工具】后，需要先在其工具选项栏中选择一种渐变类型，如图 5-47 所示，然后设置渐变颜色、模式等选项，最后创建渐变效果。

图 5-47　在【渐变工具】选项栏中选择一种渐变类型

（1）渐变下拉列表：渐变框中显示的是当前的渐变颜色，单击下拉按钮，打开【渐变】面板，可以选择预设的渐变颜色。

（2）渐变类型：有五种渐变类型可供选择，如图 5-48 所示，分别为【线性渐变】、【径向渐变】、【角度渐变】、【对称渐变】和【菱形渐变】。

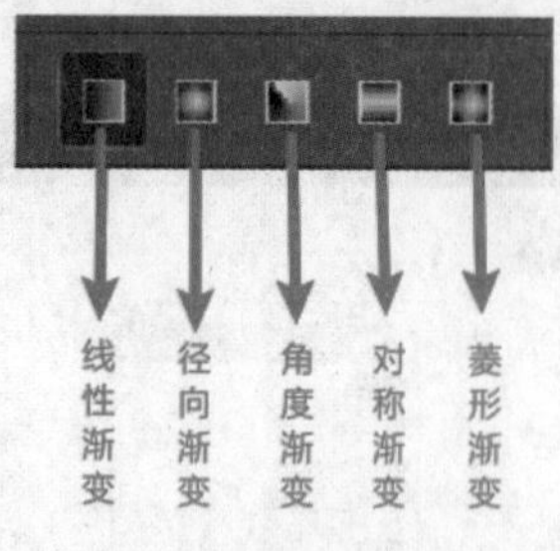

图 5-48　渐变类型

单击【线性渐变】按钮，可创建以直线方式从起点到终点的渐变；单击【径向渐变】按钮，可创建以圆形方式从起点到终点的渐变；单击【角度渐变】按钮，可创建围绕起点以逆时针方式扫描的渐变；单击【对称渐变】按钮，可创建使用均衡的线性渐变在起点的任意一侧渐变；单击【菱形渐变】按钮，则以菱形方式从起点向外创建菱形渐变，终点位置可决定菱形渐变的一个角。图 5-49 为应用不同渐变类型后的效果。

（a）线性渐变

（b）径向渐变

（c）角度渐变

（d）对称渐变

（e）菱形渐变

图 5-49　五种渐变类型的效果

（3）模式：用来设置应用渐变时的混合模式。

（4）不透明度：用来设置渐变效果的不透明度。

（5）反向：勾选该复选框，可转换渐变中的颜色顺序，得到反方向的渐变结果。

（6）仿色：勾选该复选框，可以使渐变效果更加平滑，主要用于防止打印时出现条带化现象，在屏幕上不能明显地体现出作用。

（7）透明区域：勾选该复选框，可以创建包含透明像素的渐变。取消勾选该复选框，则创建实色渐变。

Photoshop提供了丰富的预设渐变，但在实际工作中，仍然需要创建自定义渐变，以制作个性的图像效果。单击选项栏中的渐变颜色条，将打开【渐变编辑器】对话框，如图5-50所示。在对话框中可以自定义渐变，并修改当前渐变的颜色设置。

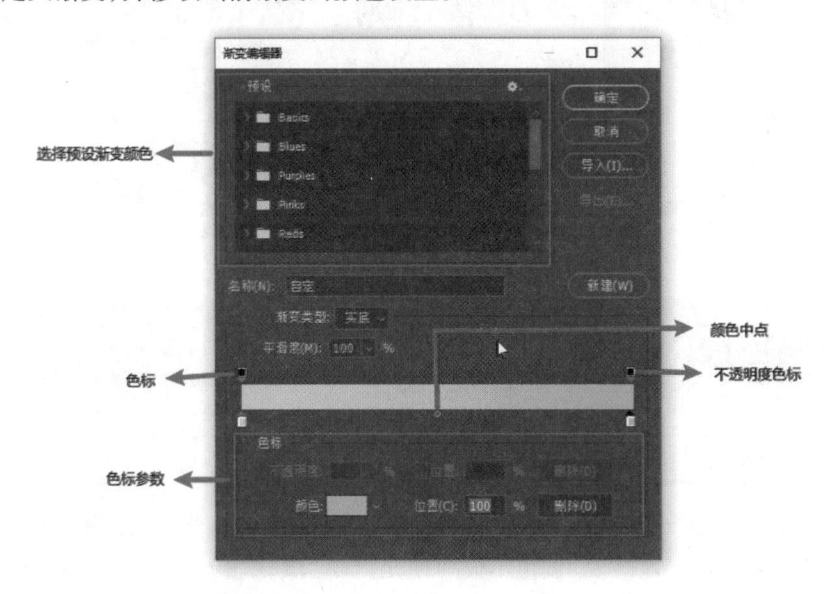

图 5-50　【渐变编辑器】对话框的释义

①选择预设渐变：在编辑渐变之前，可从预置框中选择一个渐变，以便在此基础上进行编辑修改。

②渐变类型：设置显示为单色形态的实底，或显示为多色带形态的杂色。

③平滑度：调整渐变颜色的平滑程度，值越大，渐变越柔和；值越小，渐变颜色越分明。

④色标：定义渐变中应用的颜色或者调整颜色的范围。通过拖动色标滑块，可以调整颜色的位置；单击渐变颜色条，可以增加色标。

第6章 调 色

6.1 调色前的准备工作

6.1.1 认识调色

调色是指在Photoshop中对图像的颜色进行调整。所有图像的色彩都是基于影调来呈现的，有了明暗关系，色彩才能更好地呈现。调色不仅要使元素变“漂亮”，更重要的是通过色彩的调整使元素“融合”到画面中，让图像更具美感。图像的颜色在很大程度上影响观者的心理感受，而且图像元素的色调与画面是否匹配也会影响设计作品的成败，因此调色技术无论是在平面设计中，还是在摄影后期都占有重要地位。

Photoshop的调色功能不仅可以校正色彩方面的问题，如对曝光过度、亮度不足、画面偏灰、色调偏色等问题进行校正，更能够通过调色功能增强画面的视觉效果，丰富画面情感，打造出风格化的色彩。因此，Photoshop的调色功能非常强大。

6.1.2 调色关键字

在调色过程中，经常会接触到这些词，如“色调”“色阶”“曝光度”“对比度”“明度”“饱和度”“色相”“颜色模式”“直方图”等，这些词大都与色彩的基本属性有关。色彩包含了色相、明度、饱和度这三个要素。在进行调色时，主要通过改变这三个要素实现对图像整体颜色的改变。

除了上述三个要素外，颜色还具有“温度”，被称为“色温或色性”，是指色彩的冷暖倾向。色温的高低会影响人们对颜色的感受。倾向于蓝色或白色的颜色或画面为冷色调，如图6–1所示；倾向于红色或橘色的颜色或画面为暖色调，如图6–2所示。

图 6–1　冷色调图像

图 6–2　暖色调图像

色调是指画面色彩的总体倾向，强调大面积的色彩效果。图6–3为绿色调图像，图6–4为紫色调图像。

图 6–3　绿色调图像

图 6–4　紫色调图像

影调是指画面的明暗层次、虚实对比，以及色彩的明暗之间的关系。由于影调的亮暗和反差的不同，通常以“亮暗”将图像分为亮调、暗调和中间调。

颜色模式是指千千万万的颜色表现为数字形式的模型。简单来说，图像的“颜色模式”即为记录颜色的方式。在Photoshop中有多种“颜色模式”。执行菜单栏的【图像】下的【模式】命令，可以将当前的图像更改为其他颜色模式，如图6–5所示。

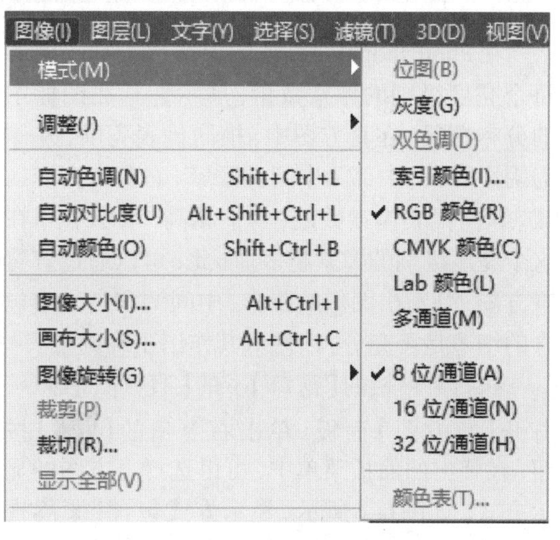

图 6–5　更改颜色模式

6.1.3 调色的基本原则

在调色时要遵循以下原则。

（1）校正画面整体的颜色错误。

拿到图像后，要先对图像进行整体观察，考虑图像的整体颜色是有误，如画面偏色（画面过于偏向暖色调/冷色调、偏紫色等）、曝光过度、曝光不足、画面偏灰（对比度低）、明暗反差过大等。如果出现上述问题，要先对上述问题进行处理，使其变成一张曝光正常、色彩正确的图像。若图像在新闻中使用，则需要最大限度地保留画面的真实度，无须对图像进行美化，调色到此为止。

（2）细节美化。

对图像整体的颜色错误进行调整后，仍然会存在一些不尽如人意的细节，如想要重点突出的部分比较暗、照片背景颜色不美观等。因为画面的重点常常集中在一个很小的部分上，所以对细节的处理还是很有必要的。

（3）帮助元素融入画面。

当制作平面设计作品或创意合成作品时，常需要在原有的画面中添加一些其他元素，此时，需要对色调倾向不同的内容进行调色操作，让这些添加的元素更好地融入原始图像，且不会让人觉得“假”。

（4）强化气氛，辅助主体表现。

有时候需要对图像的颜色进行进一步处理，以达到与图像主题的契合。画面的主题是控制图像影调的决定性因素。

6.1.4 用直方图查看图像色彩

在Photoshop中，直方图用图形表示图像的每个亮度级别的像素数量，展示像素在图像中的分布情况。在直方图中，横向代表亮度，左侧为阴影区域、中部为中间调区域、右侧为高光区域。纵向代表像素数量，峰值越高，表示分布在这个亮度级别的像素越多。因此，可以通过查看直方图，判断出图像的阴影、中间调和高光中包含的细节是否充分，以便对其作出正确调整。

执行菜单栏的【窗口】下的【直方图】命令，打开【直方图】面板，单击右上角的【≡】按钮，在弹出的面板菜单中，可以选择直方图的显示方式，如图6-6所示。显示方式包含【紧凑视图】、【扩展视图】、【全部通道视图】等。

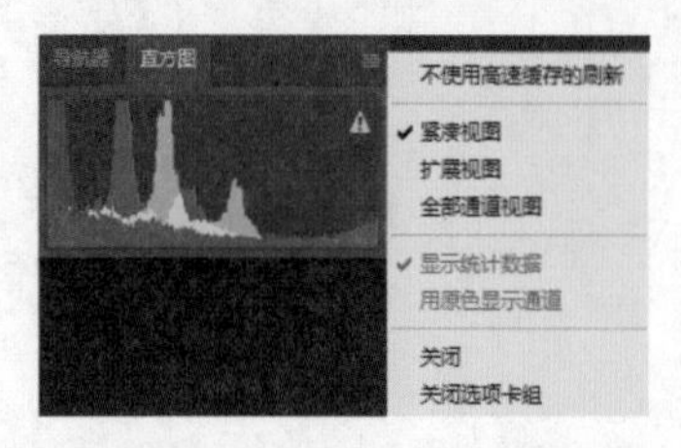

图 6-6 【直方图】面板

（1）紧凑视图：显示的是不带统计数据或控件的直方图，是软件默认的显示方式，如图6-7所示。紧凑视图在软件界面上占据的尺寸小，可以最大限度地保证用户视线不被直方图遮挡，同时又能够保证用户通过直方图观察图像色阶的变化，决定下一步的图像处理方向。

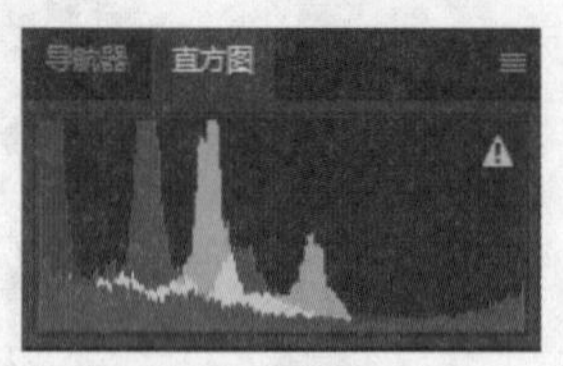

图 6-7 紧凑视图

（2）扩展视图：显示的是带有统计数据或控件的直方图，能够帮助用户了解一些除通道之外的复合信息，如图像的亮度和颜色信息，如图6-8所示。

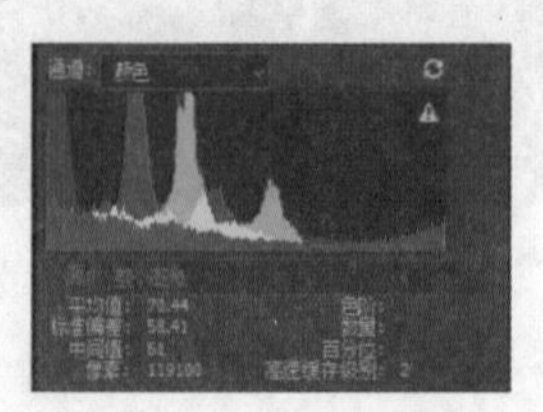

图 6-8 扩展视图

（3）全部通道视图：除了“扩展视图”所显示的信息外，还显示各个通道的单个直方图。单个直方图不包括Alpha通道、专色通道和蒙版，如图6–9所示。

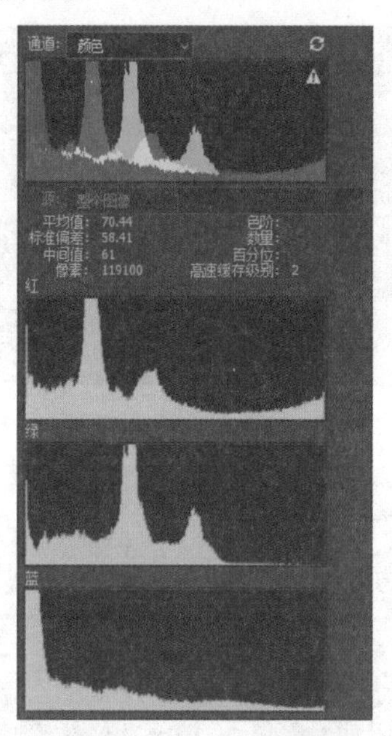

图 6–9　全部通道视图

（4）用原色显示通道：此命令是用彩色方式查看通道直方图，如图6–10所示。

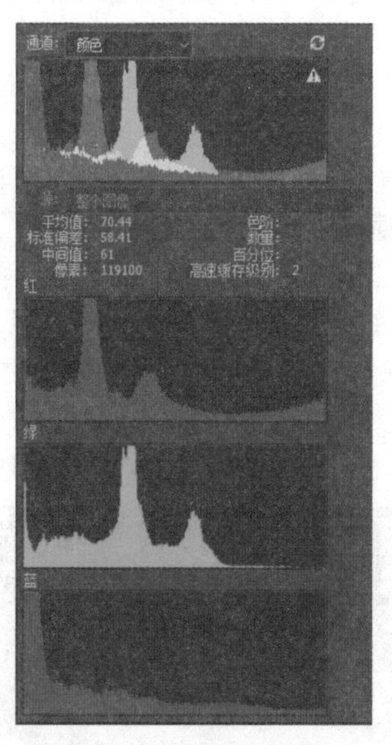

图 6–10　用原色显示通道

打开一张图像，如图6–11所示。执行菜单栏的【窗口】下的【直方图】命令，打开【直方图】面板，如图6–12所示。

图 6–11　打开图像

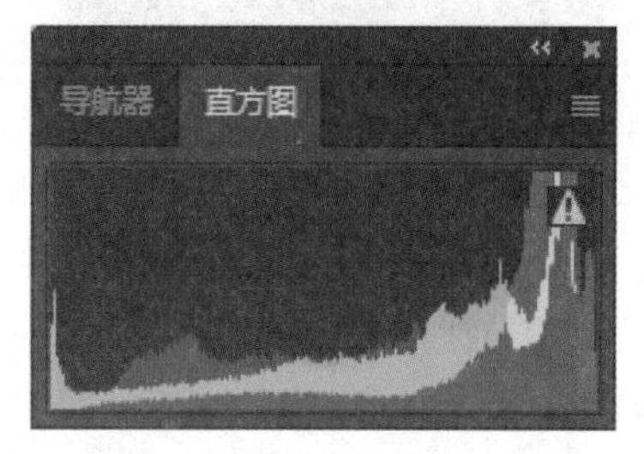

图 6–12　打开【直方图】面板

在【直方图】面板上，单击右上角的【≡】按钮，在弹出的面板菜单中，选择【扩展视图】选项，并在面板中的【通道】选项中选择【RGB】选项，如图6–13所示。

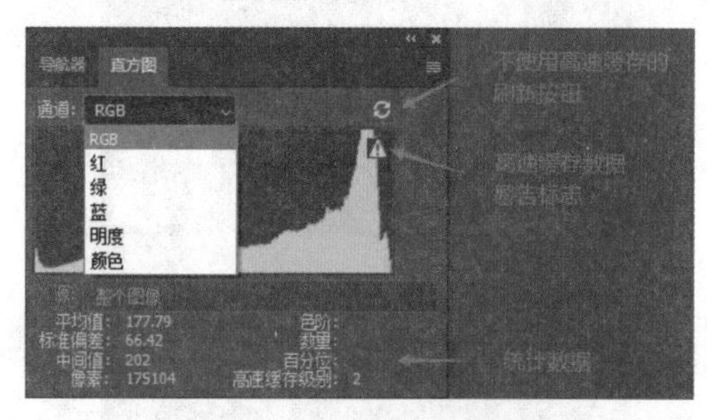

图 6–13　选择【RGB】选项

（1）通道：在下拉列表中选择一个通道（包括颜色通道、RGB通道和明度通道）之后，直方图面板会显示该通道的直方图。图6–14的三幅图分别为红、绿、蓝三个通道的直方图。

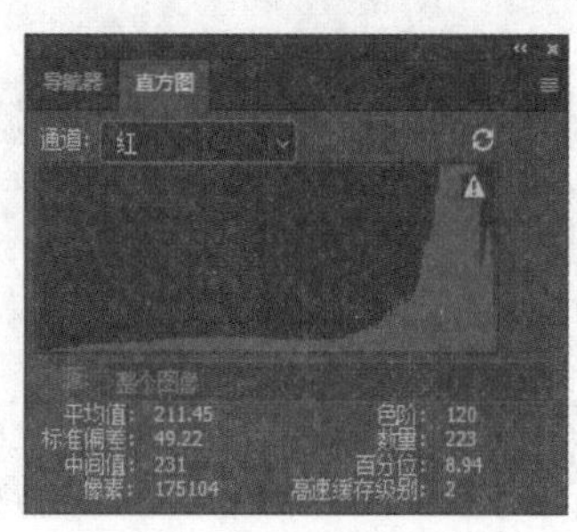

（a）红通道

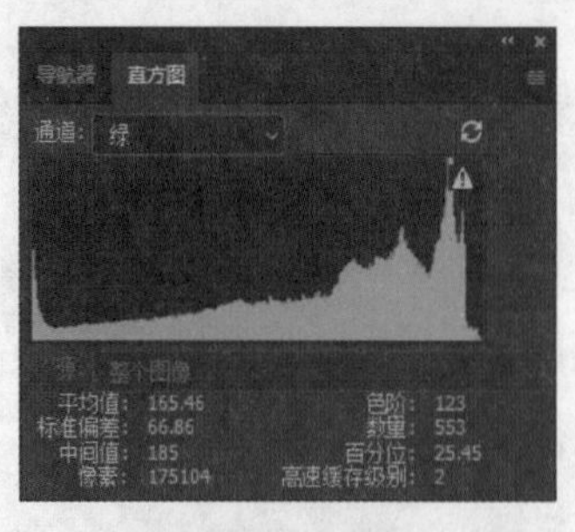

（b）绿通道

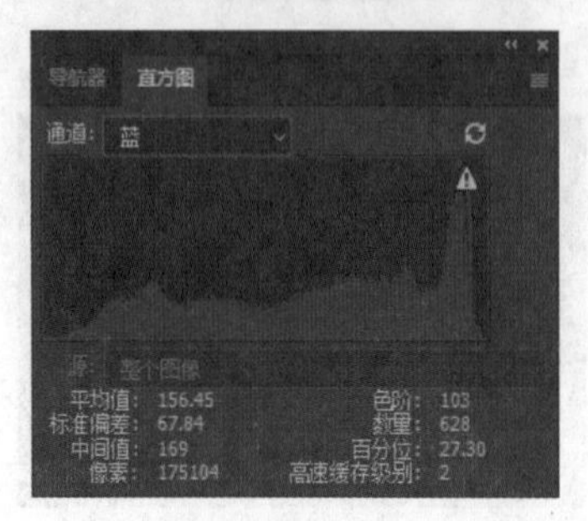

（c）蓝通道

图 6–14 不同模式的【直方图】面板

（2）明度：显示复合通道的亮度或强度值，如图6–15所示。

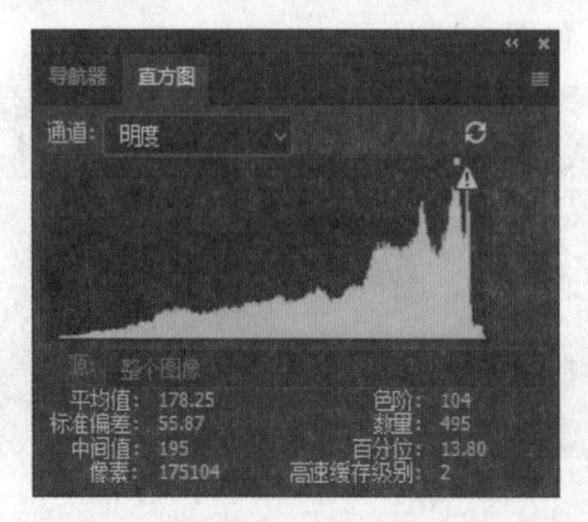

图 6–15 明度模式的【直方图】面板

（3）颜色：显示颜色中单个颜色通道的复合直方图，如图6–16所示。

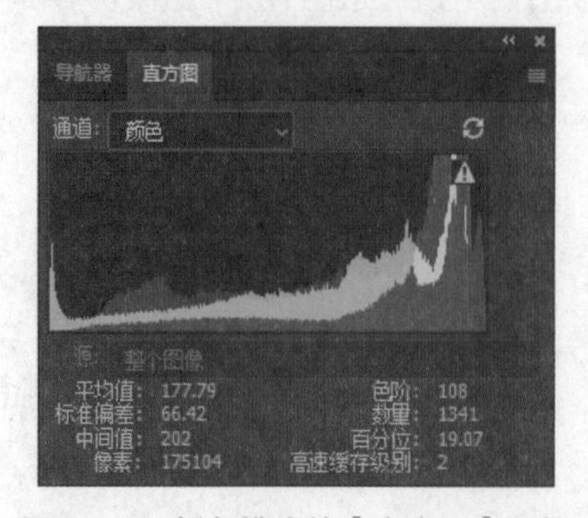

图 6–16 颜色模式的【直方图】面板

（4）【不使用高速缓存的刷新】按钮：单击该按钮可以刷新直方图，显示当前状态下最新的统计结果。图6–17为刷新前的【直方图】面板，图6–18为刷新后的【直方图】面板。

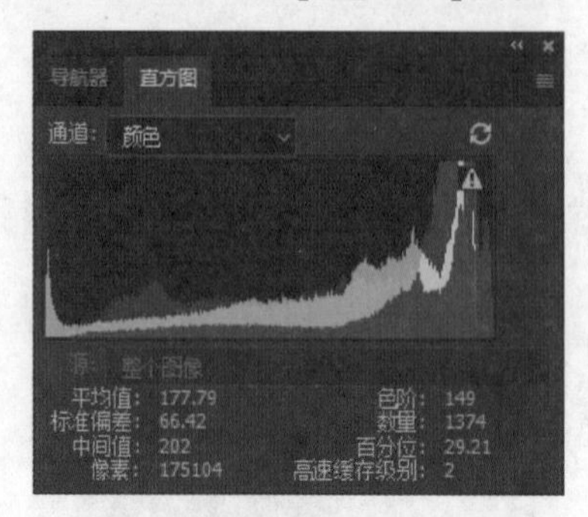

图 6–17 刷新前的【直方图】面板

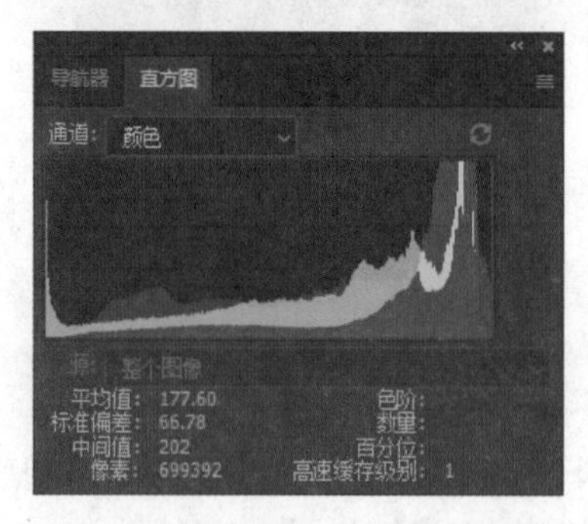

图 6–18 刷新后的【直方图】面板

（5）【高速缓存数据警告】标志：使用【直方图】面板时，最新的直方图被Photoshop存储在内存中，并非实时显示在【直方图】面板中。由于直方图的显示速度过快，导致统计结果不能及时地显示出来，面板上就会出现【高速缓存数据警告】标志。单击该标志，可刷新直方图。

（7）统计数据：显示直方图中的统计数据。默认情况下，它显示的是整个图像的数据信息。如果在直方图上单击鼠标左键并拖动，则可以显示所选范围内的数据信息，如图6–19所示。

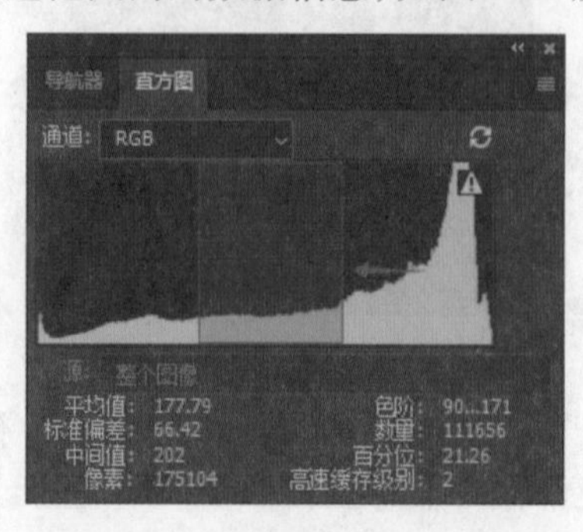

图 6–19 选中区域的统计数据

①平均值：显示像素的平均亮度值（0至255之间的平均亮度）。通过观察该值，可以判断出图像的色调类型。

②标准偏差：显示亮度值的变化范围，该值越高，说明图像的亮度变化越剧烈。

③中间值：显示亮度值范围内的中间值，图像的色调越亮，它的中间值越高。

④像素：显示用于计算直方图的像素总数。

⑤色阶：显示光标所在区域的亮度级别。

⑥数量：显示光标所在区域的亮度级别的像素总数。

⑦百分位：显示光标所指的级别或该级别以下的像素累计数。若对全部色阶范围取样，该值为100；对部分色阶取样，显示的则是取样部分占总量的百分比。

⑧高速缓存级别：显示当前用于创建直方图的图像高速缓存的级别。

6.2　自动调色命令

在Photoshop中，想要快速调整图像的色彩和色调，可以使用菜单栏中【图像】选项中的三个自动调色命令，分别是【自动色调】、【自动对比度】和【自动颜色】。它们能自动对图像的色调、对比度和颜色进行调整，且不需要对相关参数进行设置。

6.2.1　自动色调

运用【自动色调】可以增加每个通道的对比度，从而增强图像的对比度，以改善整体的视觉效果。【自动色调】是一种自动化的调整方式，可能不适用于所有图像。对于特定的图像，可能需要手动进行更精细的调整，以确保达到最佳效果。

使用【自动色调】的一般步骤如下。

（1）打开图像：在软件中打开想要调整的图像。

（2）选择【自动色调】命令：执行菜单栏的【图像】下的【自动色调】命令（或按快捷键【Shift+Ctrl+L】）。

图6-20为【自动色调】的原图像，图6-21为【自动色调】的效果图。

图 6-20　【自动色调】的原图像

图 6-21　【自动色调】的效果图

6.2.2　自动对比度

【自动对比度】命令可以让系统自动调整图像亮部和暗部的对比度。它将图像最亮和最暗的像素映射到纯白和纯黑，使高光看上去更亮、阴影看上去更暗。【自动对比度】命令只调整色调，而不会改变色彩平衡，因此也就不会产生色偏，但也不能用于消除色偏。该命令可以改进彩色图像的外观，但无法改善单调颜色图像。

使用【自动对比度】的一般步骤如下。

（1）打开图像：在软件中打开想要调整的图像。

（2）选择【自动对比度】命令：执行菜单栏的【图像】下的【自动对比度】命令（或按快捷键【Alt+Shift+Ctrl+L】）。

图6-22为【自动对比度】的原图像，图6-23为【自动对比度】的效果图。

图 6-22 【自动对比度】的原图像

图 6-23 【自动对比度】的效果图

6.2.3 自动颜色

【自动颜色】命令自动调整图像的对比度和颜色，将一部分高亮和暗调区域进行亮度合并，且将处在128级亮度的颜色纠正为128级灰色。但也正是因为对齐灰色的特点，使得【自动颜色】既有可能修正偏色，也有可能引起偏色。

使用【自动颜色】的一般步骤如下。

（1）打开图像：在软件中打开想要调整的图像。

（2）选择【自动颜色】命令：执行菜单栏的【图像】下的【自动颜色】命令（或按快捷键【Shift+Ctrl+B】）。

图6-24为【自动颜色】的原图像，图6-25为【自动颜色】的效果图。

图 6-24 【自动颜色】的原图像

图 6-25 【自动颜色】的效果图

6.3 自定义调整图像色彩

在菜单栏下的【图像】中，除了【自动调整】命令外，还提供了许多针对性更强、功能更强大的调整命令。这些命令通过改变相关参数值进而调整图像的指定颜色，改变图像的色相、饱和度、亮度和对比度等，从而创建出多种色彩效果的图像。

6.3.1　调整命令的分类

在菜单栏下的【图像】中的【调整】面板中，包含用于调整图像色彩和颜色的各种命令，如图 6–26 所示。

调整命令主要分为以下几种。

（1）调整图像颜色和色调命令：【色阶】与【曲线】用于调整颜色和色调，【色相/饱和度】与【自然饱和度】用于调整色彩，【阴影/高光】与【曝光度】用于调整色调。

（2）快速调整命令：【照片滤镜】、【色彩平衡】与【变化】用于调整颜色；【亮度/对比度】与【色调均化】用于调整色调。

（3）匹配、替换和混合颜色命令：【匹配颜色】、【替换颜色】、【可选颜色】与【通道混合器】用于匹配多个图像之间的颜色，替换指定的颜色或者对颜色通道进行调整。

（4）应用特殊颜色调整命令：【反相】、【阈值】、【色调分离】与【渐变映射】是特殊颜色调整命令，它们将图像转换为负片效果、简化为黑白图像、分离色彩，或者用渐变颜色转换图片中原有的颜色。

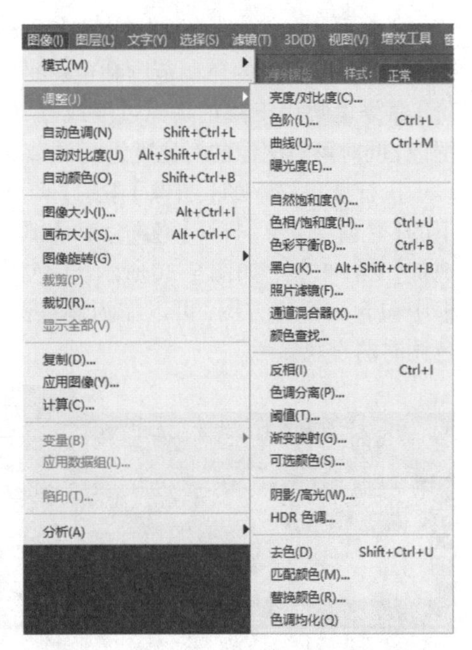

图 6–26　【调整】面板

6.3.2　亮度/对比度

【亮度/对比度】用来调整图像的亮度和对比度，相对于【色阶】和【曲线】，使用【亮度/对比度】命令能够简便且直观地完成亮度与对比度的调整。但它只适用于粗略地调整图像，在调整时有可能丢失图像细节，因此对于高端输出，尽可能使用【色阶】或【曲线】命令来调整。

打开一张图像，如图 6–27 所示，执行【图像】下的【调整】选项中的【亮度/对比度】命令。在弹出的【亮度/对比度】对话框中，可以对参数进行调整，如图 6–28 所示，降低亮度与对比度要向左移动滑块，增加亮度与对比度则向右移动滑块。调整亮度/对比度后的图像效果如图 6–29 所示。

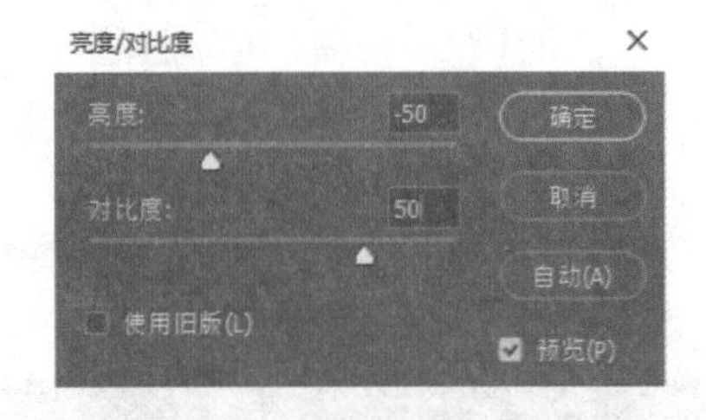

图 6–28　调整亮度 / 对比度

图 6–27　调整亮度 / 对比度前的原图像

图 6–29　调整亮度 / 对比度后的图像效果

6.3.3 色阶

【色阶】命令可以对图像的明暗程度进行调整，以校正图像的色调范围和色彩平衡。【色阶】命令也常用于修正曝光过度或曝光不足的图像，同时可对图像的对比度进行调节。

执行菜单栏下的【图像】中的【调整】选项下的【色阶】命令，打开【色阶】对话框（或按快捷键【Ctrl+L】），如图6–30所示。【色阶】对话框中包含一个直方图，可以作为调整图像基本色调时的直观参考。

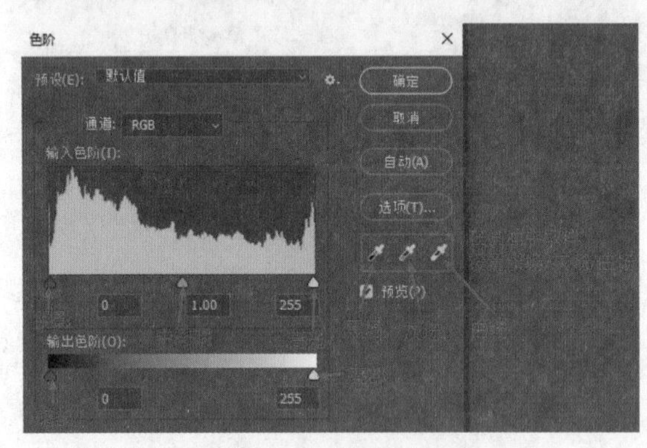

图 6–30　【色阶】对话框

【色阶】对话框中的各选项说明如下。

（1）预设：预设的下拉列表中包含软件提供的预设调整文件，如图6–31所示。单击【预设】选项右侧的【⚙.】按钮，在弹出的下拉菜单中，【存储预设】命令是将当前调整的参数保存为一个预设文件。在使用相同方式处理其他图像时，选择【载入预设】命令，可以调用该文件自动完成调整。

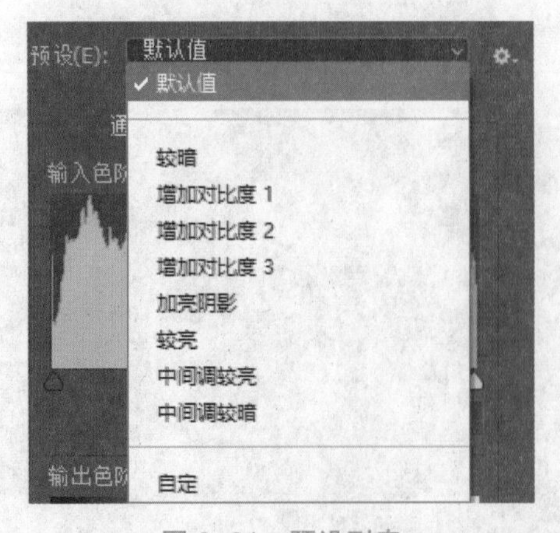

图 6–31　预设列表

（2）通道：选择需要调整的颜色通道，系统默认为复合颜色通道。在调整复合通道时，各颜色通道中的相应像素会按比例自动调整，以避免改变图像色彩平衡。

（3）输入色阶：拖动【输入色阶】下方的三个滑块来设置阴影、中间调和高光区域，也可以直接在【输入色阶】框中输入各数值来进行调整。

（4）输出色阶：设置图像的亮度范围，从而降低对比度。拖动【输出色阶】的两个滑块，或直接输入数值，可以设置图像最高色阶和最低色阶。

（5）自动：单击该按钮，可自动调整图片的对比度和明暗度，使图像的亮度分布更均匀。

（6）选项：单击该按钮，可以打开【自动颜色校正选项】对话框，用于快速调整图像的色调，如图6–32所示。

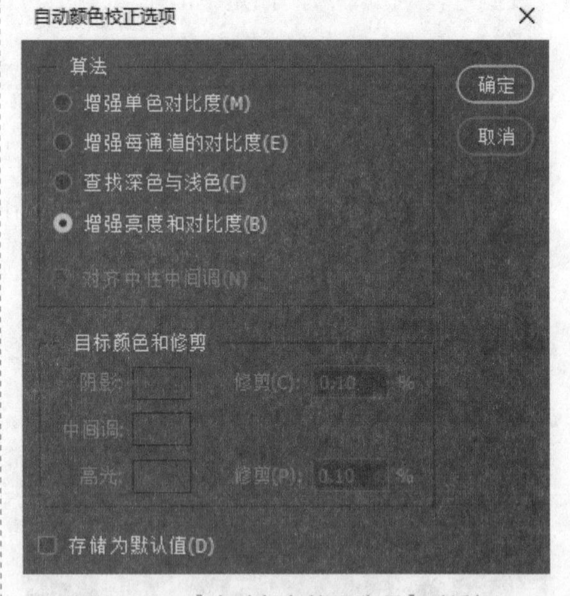

图 6–32　【自动颜色校正选项】对话框

（7）取样吸管：单击任意一个吸管，将光标移动到图像上，接着单击鼠标进行色调调整。从左到右的三个吸管依次可以设置黑场、设置灰场、设置白场。

①设置黑场：使用该工具在图像中单击，可以将单击点的像素调整为黑色，同时图像中比该点暗的像素也变为黑色，如图6–33所示。

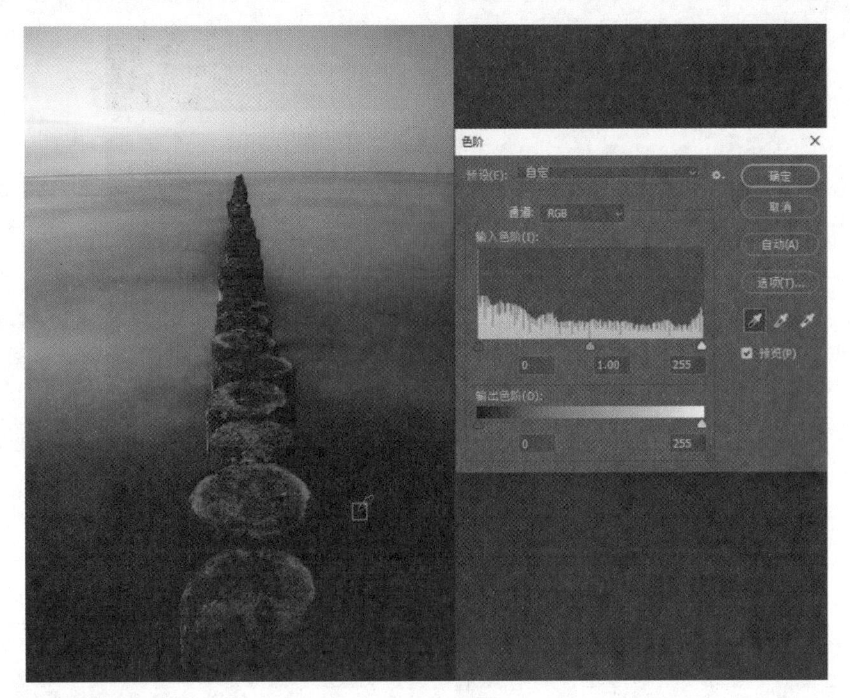

图 6–33 设置黑场

②设置灰场：使用该工具在图像中单击，可以根据单击点像素的亮度来调整其他中间调的平均亮度，如图 6–34 所示。它可以用来校正色偏。

图 6–34 设置灰场

③设置白场：使用该工具在图像中单击，可以将单击点的像素调整为白色，同时比该点亮度值高的像素也都会变为白色，如图 6–35 所示。

图6–35　设置白场

注：若要同时编辑多个通道，可在执行【色阶】命令前按【Shift】键，并在【通道】面板中选择这些通道，这样【色阶】的【通道】菜单会显示目标通道的缩写。

6.3.4　曲线

【曲线】与【色阶】类似，也是用于调整图像的整个色调范围的工具，但它比【色阶】的功能更强大。【曲线】不是使用三个变量（高光、中间调、阴影）进行调整，而是通过调节曲线形状，对图像的明暗度和色调进行调整。它允许在图像的整个色调范围内（从阴影到高光）最多调整14个点，因此使用【曲线】进行调整能够使结果更为精确。

在Photoshop中，通过执行菜单栏下的【图像】中的【调整】选项中的【曲线】命令（或按快捷键【Ctrl+M】），打开【曲线】对话框，如图6–36所示。针对【曲线】对话框中的各选项进行如下说明。

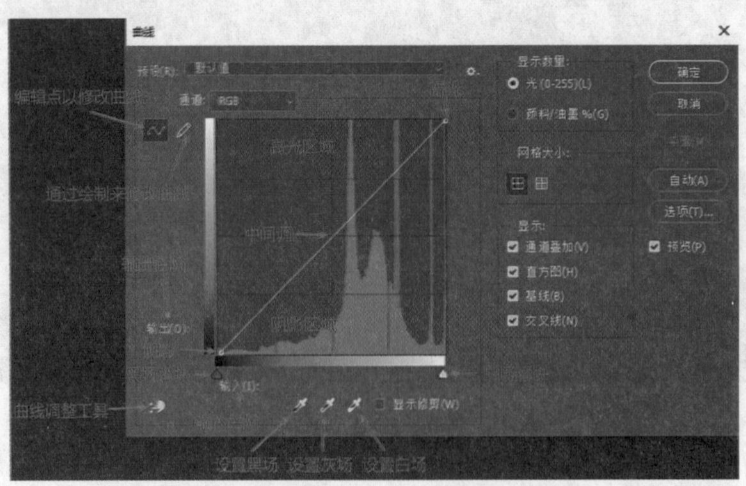

图6–36　【曲线】对话框

（1）预设：包含Photoshop提供的各种预设调整文件，可用于调整图像。

（2）通道：在下拉列表中可以选择要调整的颜色通道，以改变图像颜色。

在RGB模式的图像中，通过调整红、绿、蓝三种颜色通道以及RGB复合通道来得到不同的图像效果；在CMYK模式的图像中，可以调整CMYK复合通道，以及青色、洋红、黄色和黑色通道。

（3）编辑点以修改曲线：使用该工具在曲线上单击，可以添加新的控制点，拖动控制点可改变曲线形状，从而达到调整图像的目的。该按钮默认为激活状态。调整指定位置的图像，按住【Ctrl】键的同时，单击需调整的图像位置，曲线上会出现控制点，调整该点即可。

（4）通过绘制来修改曲线：使用该工具可以在对话框中以手绘的方式自由绘制出曲线，绘制完成后，单击此按钮，可以显示出曲线上的控制点。

（5）曲线调整工具：选择该工具后，将光标放置在图像上，曲线上会出现一个圆圈，表示光标处的色调在曲线的位置，在图像上单击并拖动鼠标，可以添加控制点以调整图像的色调。

（6）输入色阶/输出色阶：【输入】显示调整前的像素值，【输出】显示调整后的像素值。

（7）高光/中间调/阴影：移动高光点可调整图像的高光区域，移动中间的点可调整图像的中间调，移动阴影点可调整图像的阴影区域。

（8）设置黑场/设置灰场/设置白场：与【色阶】对话框中相应的工具的作用相同。

（9）平滑：使用【通过绘制来修改曲线】工具绘制曲线后，单击该按钮，可以对曲线进行平滑处理。

（10）自动：该工具可对图像应用【自动色调】、【自动对比度】或【自动颜色】校正。而【自动颜色校正】对话框中的设置决定了具体的校正效果。

（11）选项：单击该按钮，弹出【自动颜色校正选项】对话框，如图6-37所示。该对话框中的参数由【色阶】与【曲线】中的【自动颜色】、【自动对比度】、【自动色调】和【自动】选项应用的色调和颜色校正。它允许指定阴影和高光剪切百分比，并为阴影、中间调和高光指定颜色值。

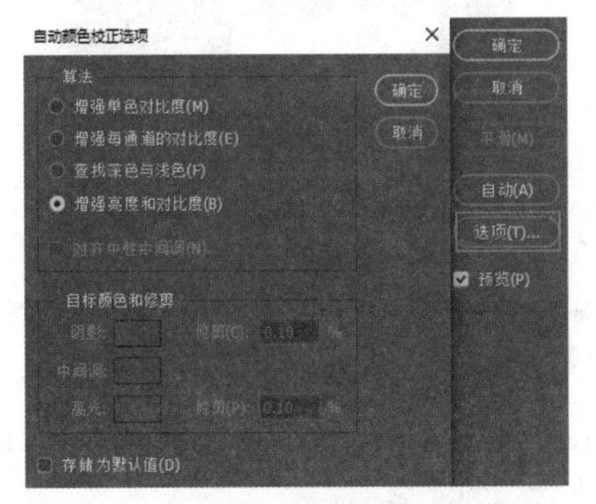

图 6-37　【自动颜色校正选项】对话框

（12）显示数量：可反转强度值和百分比的显示。

（13）简单网格/详细网格：单击【简单网格】按钮【田】，会以25%的增量显示网格，如图6-38所示；单击【详细网格】按钮【▦】，会以10%的增量显示网格，如图6-39所示。在详细网格状态下，可以更准确地将控制点对齐到直方图上。要更改网格线的增量，可以按住【Alt】键并单击网格。

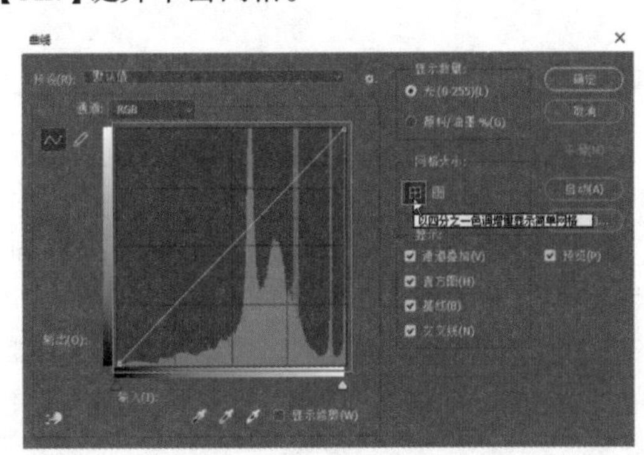

图 6-38　显示【简单网格】

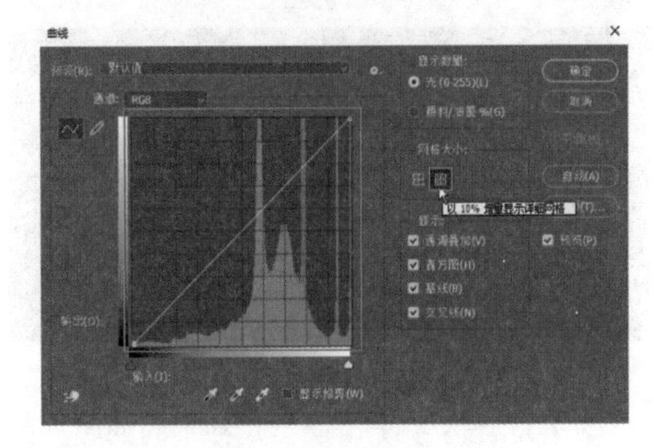

图 6-39　显示【详细网格】

（14）通道叠加：可在复合曲线上方叠加各个颜色通道的曲线。

（15）直方图：可在曲线上叠加直方图。

（16）基线：在网格上显示以45°角绘制的基线。

（17）交叉线：调整曲线时，显示水平线和垂直线，有助于在参照直方图或网格进行拖动时对齐控制点。

打开一张图像，如图6-40所示。打开菜单栏下的【图像】中的【调整】选项中的【曲线】命令，弹出【曲线】对话框，调整曲线，如图6-41所示。调整曲线后的图像如图6-42所示。

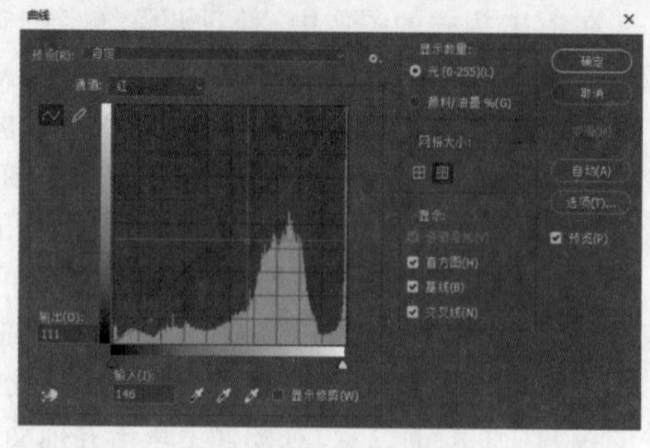

图6-41　曲线调整

图6-40　调整曲线前的原图像

图6-42　调整曲线后的效果图

6.3.5　曝光度

【曝光度】是专门用于调整HDR图像色调的命令，8位和16位图像也可以使用此功能。【曝光度】命令可以模拟相机内部的曝光处理，用来调整图像曝光过度或曝光不足的情况。执行【图像】菜单栏下的【调整】选项中的【曝光度】命令，打开【曝光度】对话框，如图6-43所示。

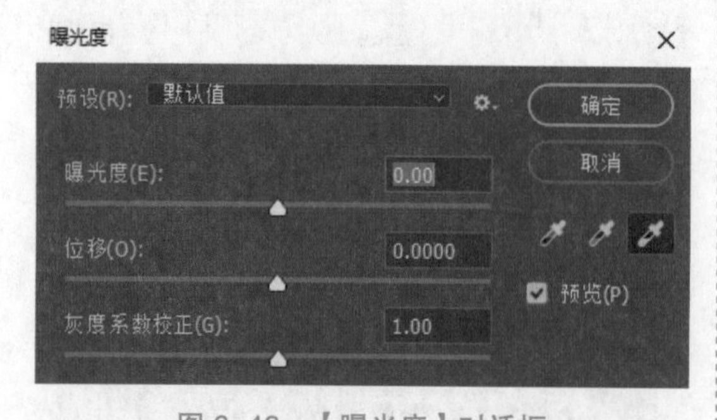

图6-43　【曝光度】对话框

（1）预设：系统预设了几种不同的曝光效果以方便调整，如图6-44所示。

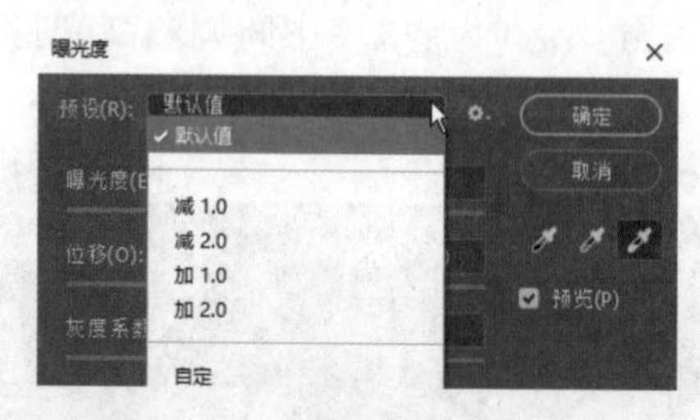

图6-44　曝光度的预设列表

（2）曝光度：对图像进行曝光调节，向右拖动滑块或输入正值能够增强图像的曝光度，向左拖动滑块或输入负值降低图像的曝光度。

（3）位移：该选项对阴影和中间调起作用，减小数值可以使阴影和中间调变暗，对高光基本不会产生影响。

（4）灰度系数校正：使用简单的乘方函数调整图像灰度系数，即曝光颗粒度。该值越大，曝光效果越差。

（5）吸管工具：用于调整图像的亮度值，与【色阶】中的吸管工具有所不同。“设置黑场”在设置“位移”的同时，将吸管选取的像素颜色设置为黑色；“设置白场”将设置“曝光度”，并将吸管选取的像素设置为白色（对于HDR图像为1.0）；“设置灰场”将设置“曝光度”，并将吸管选取的像素设置为中度灰色。

6.3.6　自然饱和度

【自然饱和度】用于对画面进行选择性的饱和度调整，可以增加或降低画面颜色的鲜艳程度，它会对接近完全饱和的颜色最大限度地减少调整，对不饱和的色彩进行较大程度的调整。因此，【自然饱和度】相对于【色相/饱和度】而言，在数值的调整方面更加柔和，不会因为饱和度过高而产生纯色，也不会因为饱和度过低而产生完全灰度的图像。另外，它还用于对画面中人物的肤色进行一定的保护，确保肤色不会在调整过程中变得过度饱和。

在Photoshop中，执行菜单栏下的【图像】中的【调整】选项中的【自然饱和度】命令，打开【自然饱和度】对话框，如图6-45所示。在该对话框中，可以对【饱和度】和【自然饱和度】数值进行调整。

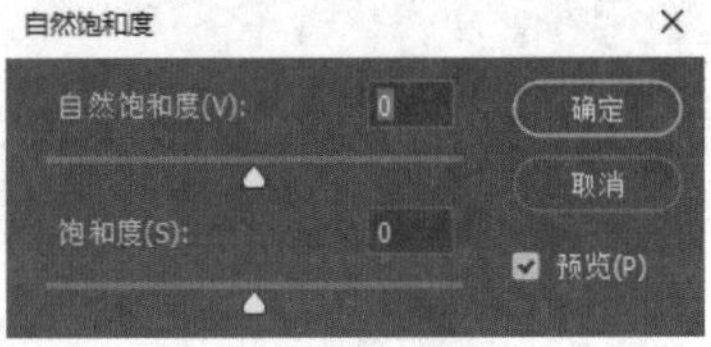

图 6-45　【自然饱和度】对话框

（1）自然饱和度：调整颜色的饱和度，且在颜色接近完全饱和时避免调整颜色或肤色。向右拖动该滑块可以增加颜色的饱和度，向左拖动滑块可以降低颜色的饱和度。

（2）饱和度：同时提高所有颜色的饱和度，不管当前画面中各颜色的饱和程度如何，全部进行同样的调整。这个功能比【色相/饱和度】的调整效果更加准确自然，不会出现明显的色彩错误。

这种调整方式会对图像造成一定的损坏。如果在调整参数的同时又不对图像造成破坏，可以执行菜单栏下的【图像】中的【新建调整图层】选项下的【自然饱和度】命令。打开【新建图层】对话框和【属性】面板，如图6-46、图6-47所示。在【新建图层】对话框中单击【确定】按钮，会自动在【图层】面板创建一个【自然饱和度】调整图层，如图6-48所示。

图 6-46　【新建图层】对话框

其他需要调整的图层可以用相同的方法在【新建调整图层】选项下进行创建调整，单击【图层】面板上的【创建新的填充或者调整图层】按钮【 】，也可以新建调整图层，如图6-49所示。但是需要注意的是，有些调整命令不能通过【新建调整图层】调出来。

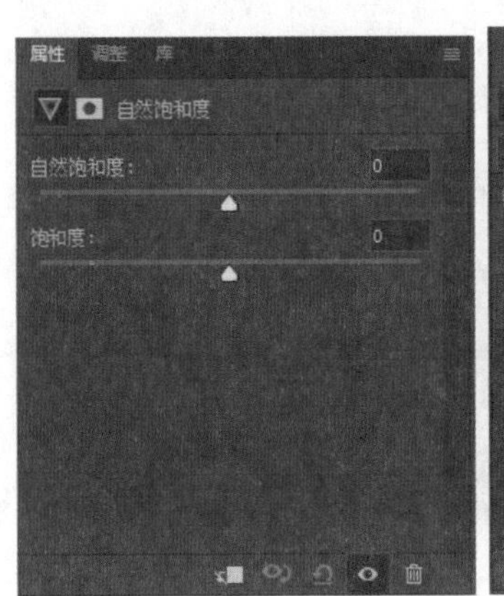

图 6-47　【属性】面板

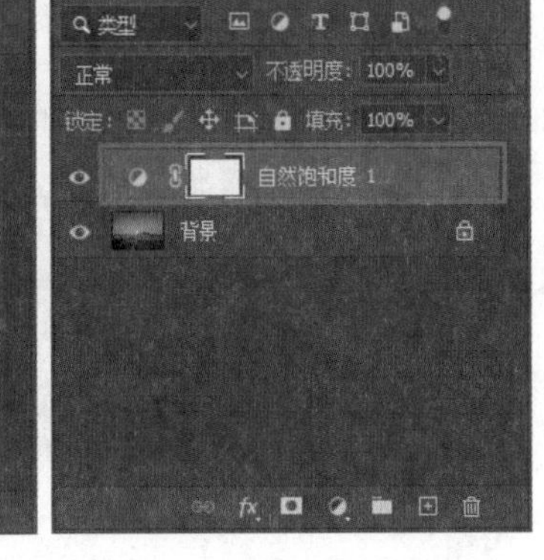

图 6-48　【图层】面板

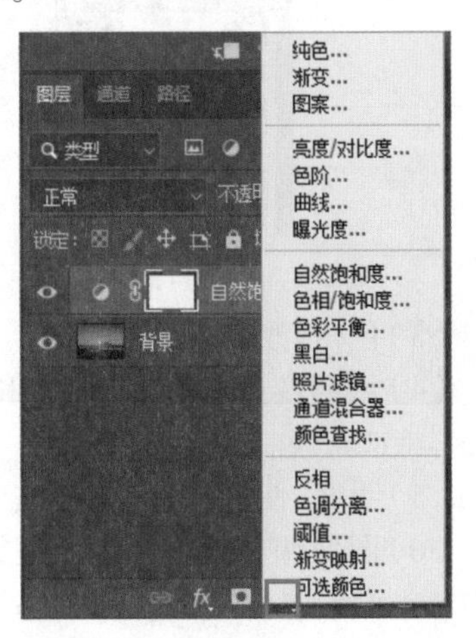

图 6-49　新建调整图层的另一种方法

6.3.7 色相/饱和度

【色相/饱和度】可以对图像的全部或者是特定颜色范围进行色相、饱和度、明度的处理。该命令适用于微调CMYK图像中的颜色，以便它们处在输出设备色域内。执行菜单栏下的【图像】中的【调整】选项下的【色相/饱和度】命令（或按快捷键【Ctrl+U】），打开【色相/饱和度】对话框，如图6–50所示。

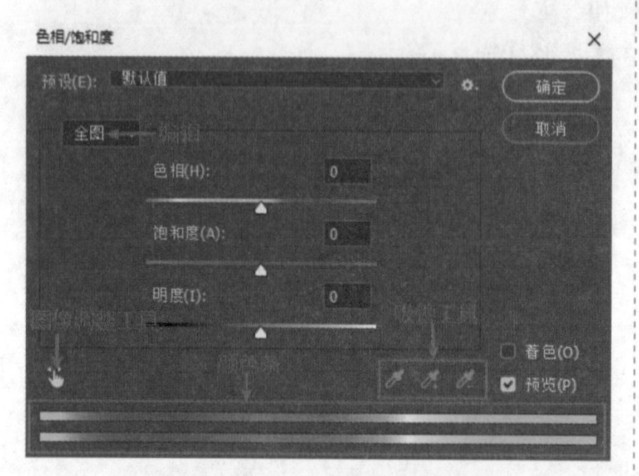

图6–50 【色相/饱和度】对话框

（1）预设：在下拉列表中选择软件提供的色相/饱和度预设，可自动对图像进行调整，或者自定义预设。

（2）编辑：在下拉列表中选择要调整的颜色，如图6–51所示。默认选项为“全图”，即调整图像中的所有颜色；选择其他选项，可以对图像中的对应颜色单独进行调整。

全图
全图 Alt+2
红色 Alt+3
黄色 Alt+4
绿色 Alt+5
青色 Alt+6
蓝色 Alt+7
洋红 Alt+8

图6–51 【编辑】下拉列表

（3）色相：改变图像的色相。

（4）饱和度：改变图像的饱和度，使颜色变得鲜艳或暗淡。

（5）明度：使色调变亮或变暗。

（6）图像调整工具：按下该按钮后，在图像中单击设置取样点后，拖动鼠标可以修改包含单击点像素颜色范围的饱和度。

（7）颜色条：两个颜色条中，上面的是调整前的颜色，下面的是调整后的颜色。当选择一种颜色调整时，两个渐变颜色条中会出现小滑块，如图6–52所示，两个内部的垂直滑块定义要修改的颜色范围。受调整影响的区域会由此逐渐向外部的三角形滑块处衰减，三角形滑块以外的颜色不会受到影响。图6–53为调整颜色条前后的效果对比。

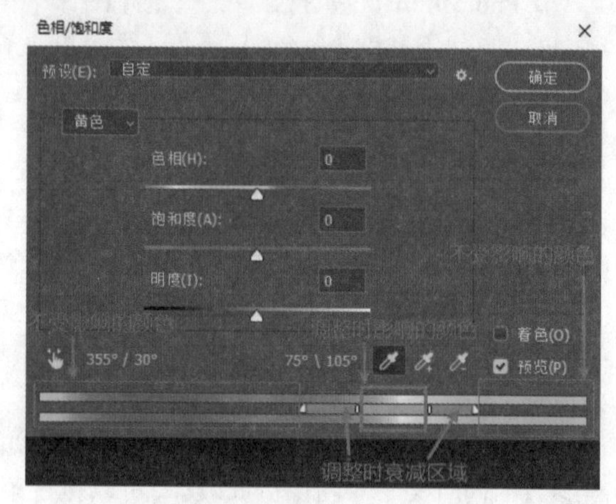

图6–52 渐变颜色条的小滑块

（a）调整前

（b）调整后

图6–53 调整颜色条前后的效果对比

（8）吸管工具：在【编辑】选项中选择单一颜色时，可以用吸管工具拾取颜色。使用【吸管工具】（【 】）在图像上单击可选择颜色范围；使用【添加到取样工具】（【 】），在图像中单击可增加颜色范围；使用【从取样中减去工具】（【 】），在图像上单击可减少颜色的范围。设置好颜色范围后，拖动三个滑块可以调整颜色的色相、明度和饱和度。

（9）着色：勾选该复选框后，可以将图像转换为只有一种颜色的单色图像，然后拖动三个滑块来调节图像的色调。

6.3.8　色彩平衡

【色彩平衡】用于改变图像的总体颜色混合，控制图像颜色的分布，使图像整体达到色彩平衡。执行菜单栏下的【图像】中的【调整】选项下的【色彩平衡】命令（或按快捷键【Ctrl+B】），打开【色彩平衡】对话框，如图 6–54 所示。在对话框中，相互对应的两个色为补色。根据颜色之间的互补关系，要减少某个颜色就应增加这种颜色的补色，因此对偏色问题的校正可以用【色彩平衡】。

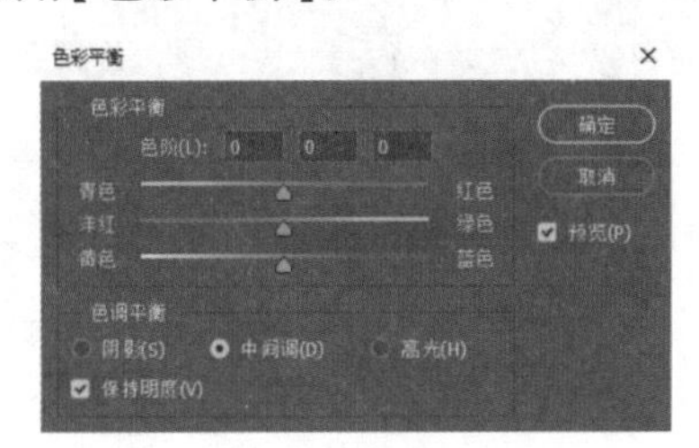

图 6–54　【色彩平衡】对话框

（1）色彩平衡：手动输入数值或者通过拖动滑块来调整【青色—红色】、【洋红—绿色】和【黄色—蓝色】在图像上所占的比例，范围在 –100 到 100 之间。

（2）色调平衡：选择调整色彩平衡的方式，包括【阴影】、【中间调】和【高光】。图 6–55 为色调平衡前的原图像，图 6–56 分别是向【阴影】、【中间调】和【高光】增加青色、减少红色后的效果图。

图 6–55　色调平衡前的原图像

（a）阴影

（b）中间调

（c）高光

图 6–56　增加青色、减少红色后的效果图

（3）保持明度：勾选该复选框，可防止图像的亮度值随着颜色的更改而改变，从而保持图像的色调平衡。

6.3.9 照片滤镜

【照片滤镜】相当于摄影中滤光镜的功能，即模拟通过彩色校正滤镜拍摄照片的效果。【照片滤镜】可以快速地给照片调色，使图片呈现冷调或暖调效果。

打开一张图像，执行菜单栏下的【图像】中的【调整】选项下的【照片滤镜】命令，打开【照片滤镜】对话框，如图6-57所示。在【滤镜】下拉列表中选择【冷却滤镜】，密度设置为50%，图片变成冷调，图6-58为调整照片滤镜前后的效果对比图像。此处，也可以创建一个【照片滤镜】调整图层，进行相同的调色操作。

(1)滤镜：在下拉列表中选择要使用的滤镜。

(2)颜色：在列表中没有合适的颜色时，可以选中【颜色】选项自定义滤镜颜色。

图6-57 【照片滤镜】对话框

(3)密度：调整应用到图像上的颜色数量。该值越大，颜色调整幅度越大。

(4)保留明度：勾选该选项后，可以使图像的明度不变。

(a)调整前

(b)调整后

图6-58 调整照片滤镜前后的效果对比图像

6.3.10 通道混合器

【通道混合器】可以将图像中的颜色的各个通道相互混合，从而改变图像颜色，对目标颜色通道进行调整和修复。

执行菜单栏下的【图像】中的【调整】选项下的【通道混合器】命令，打开【通道混合器】对话框，如图6-59所示。

(1)输出通道：在下拉列表中选择要调整的颜色通道。

(2)源通道：设置源通道在输出通道中所占的百分比。

(3)总计：显示源通道的计数值。如果计数值大于100%，则有可能会丢失一些阴影和高光细节。

(4)常数：设置输出通道的灰度值，负值为在通道中增加黑色，正值为在通道中增加白色。

(5)单色：勾选该复选框，可以将彩色图像变为灰度图像，且【输出通道】变为灰色。用户可以通过调整各个通道的数值调整画面的黑白关系。

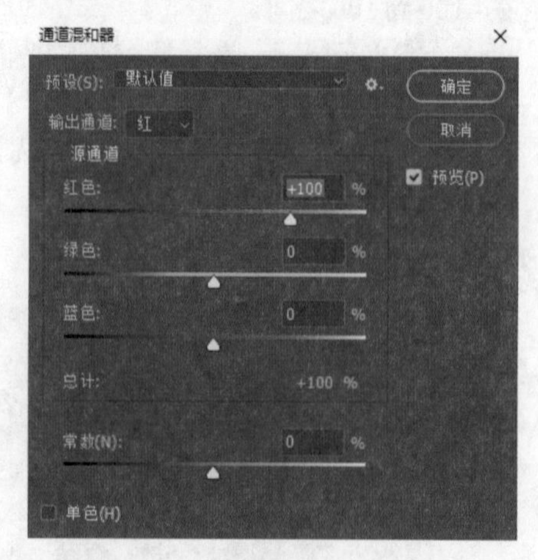

图6-59 【通道混合器】对话框

注：【通道混合器】只能作用于RGB色彩模式和CMYK色彩模式的图像。在执行此命令前，必须先选中主通道，而非先选中RGB或CMYK中的单一原色通道。

6.3.11　颜色查找

使用【颜色查找】可以快速获得类似各种滤镜的效果。【颜色查找】命令可以使画面颜色在不同的设备之间精确传输和再现。执行菜单栏下的【图像】中的【调整】选项下的【颜色查找】命令，打开【颜色查找】对话框，如图6-60所示。

图 6-60　【颜色查找】对话框

（1）3DLUT文件：选择3D光源文件，不同的光域文件可以实现不同的图像效果。

（2）摘要：选择摘要配置文件，不同的配置文件可实现不同的图像效果。

（3）设备链接：选取或载入显示器或打印机设备链接ICC配置文件，以实现对图像的调整。打印机ICC配置文件根据特定打印机环境而定。

（4）仿色：仿造颜色，用较少的颜色来表达丰富的色彩过渡。

6.3.12　渐变映射

【渐变映射】将图像转化为灰度图像，再设置渐变色，将渐变中的颜色按照图像的灰度范围一一映射到图像中。实际上，这一操作就是在灰度图像模式的基础上叠加渐变颜色，以渐变中的色彩取代图像中的黑白灰。如指定的是双色渐变，左边的颜色就是图像暗部的颜色，右边的颜色就是图像高光的颜色，而中间过渡区域则是中间调的颜色。

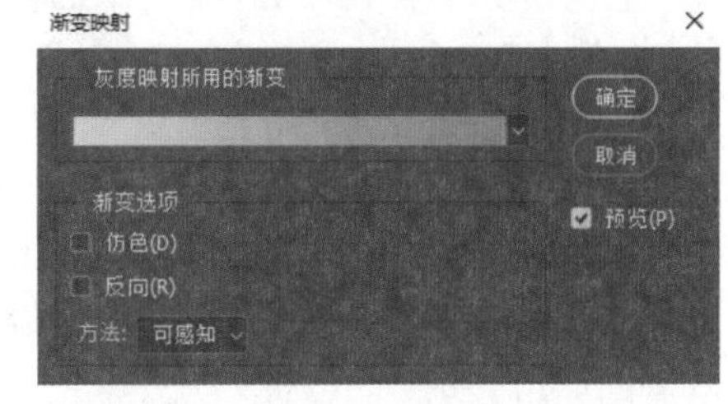

图 6-61　【渐变映射】对话框

执行菜单栏下的【图像】中的【调整】选项下的【渐变映射】命令，打开【渐变映射】对话框，如图6-61所示。单击【灰度映射所用的渐变】下的渐变条，弹出【渐变编辑器】对话框，如图6-62所示，可以在【渐变编辑器】的【预设】中选择系统所提供的渐变模式，也可以单击下方的颜色块，打开【拾色器（色标颜色）】对话框，设置想要的颜色，如图6-63所示。

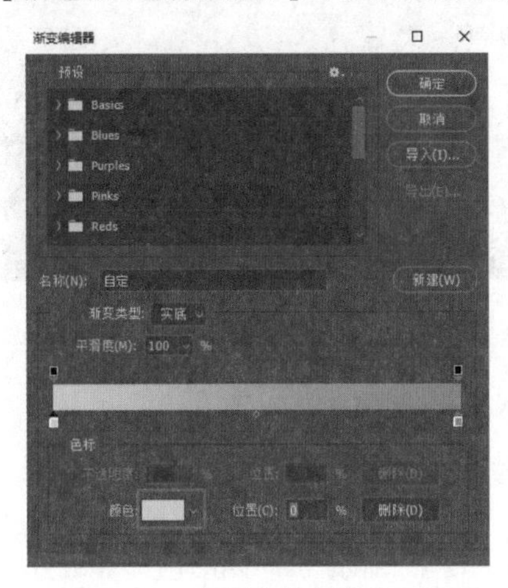

图 6-62　【渐变编辑器】对话框

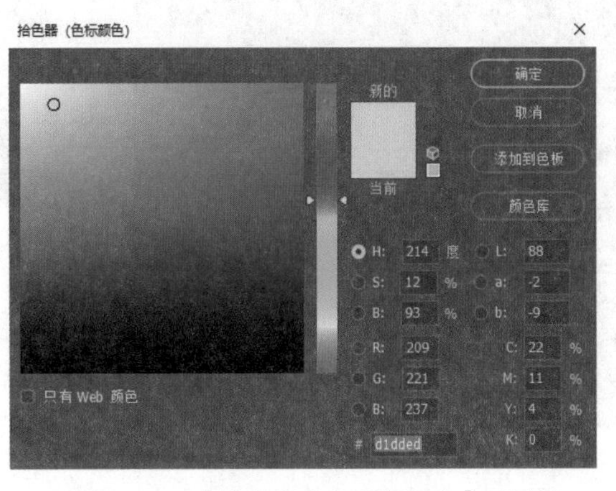

图 6-63　【拾色器（色标颜色）】对话框

（1）仿色：选中该复选框后，Photoshop会添加一些随机的杂色来平滑渐变效果。

（2）反相：选中该复选框后，可以反转渐变的填充方向，映射出的渐变效果也会发生变化。

6.3.13 可选颜色

【可选颜色】命令可以有选择地对图像的任何一个主要颜色更改印刷色的数量，而不影响其他主要颜色。

执行菜单栏下的【图像】中的【调整】选项下的【可选颜色】命令，打开【可选颜色】对话框，如图6-64所示。在对话框中，可利用颜色选项来选择需要调整的颜色，接着拖动下方的四个滑块来调整这四种印刷色的数量，达到更改图像颜色的目的。

选择【相对】方式，可以根据颜色总量的百分比来修改青色、洋红、黄色和黑色的数量；选择【绝对】方式，可以采用绝对值来调整颜色。

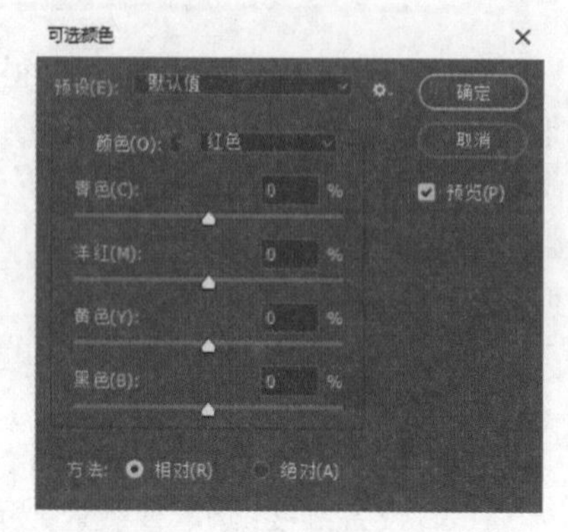

图6-64 【可选颜色】对话框

6.3.14 阴影/高光

【阴影/高光】常用于修复由图像阴影、高光区域过暗或过亮导致的细节缺少的情况，主要是用来修改一些因为阴影或逆光拍摄的照片。

打开一张图像，执行菜单栏下的【图像】中的【调整】选项下的【阴影/高光】命令，打开【阴影/高光】对话框，选中【显示更多选项】，可以显示更多调整参数，如图6-65所示。分别调整图像高光区域和阴影区域的亮度，图6-66为调整阴影/高光前的原图像，调整阴影/高光后的效果图如图6-67所示。

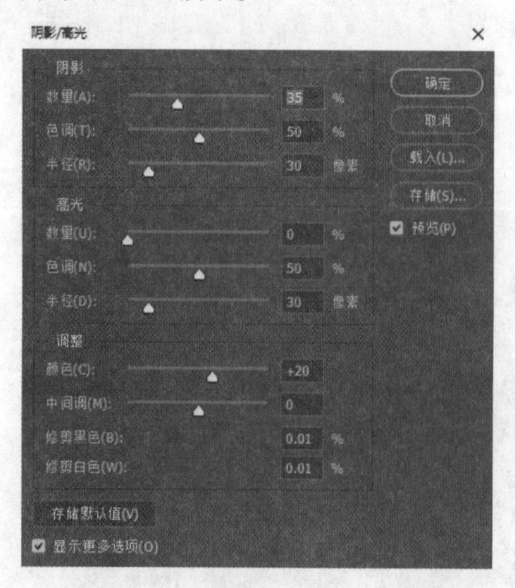

图6-65 【阴影/高光】对话框

图6-66 调整阴影/高光前的原图像

图6-67 调整阴影/高光后的效果图

（1）阴影：将图像的阴影区域调亮。其中，【数量】控制阴影区域的亮度，数值越大，阴影区域越亮；【色调】控制色调的修改范围，数值越小，修改的范围就只针对较暗的区域进行校正；【半径】控制像素周围的局部邻近像素，用于确定像素是在阴影中还是在高光中。

（2）高光：将图像的高光区域调暗。其中，【数量】控制高光区域的黑暗程度，数值越大，高光区域越暗；【色调】控制色调的修改范围，数值越小，修改的范围就只针对较亮的区域进行校正。

（3）调整：调整图像颜色和对比度。其中，【颜色】用来调整已修改区域的颜色，数值越大，明度越高；【中间调】用来调整中间调的对比度；【修剪黑色】和【修剪白色】决定了在图像中将多少阴影和高光剪到新的阴影中。

（4）存储为默认值：单击该按钮，可以将当前的参数设置存储为预设，再次打开【阴影/高光】对话框时，就会显示该参数。若想要恢复默认数值，可按住【Shift】键，该按钮变为【复位默认值】，单击即可恢复。

6.3.15 HDR色调

HDR色调即高动态范围的色调。此命令可以调整图像过暗或过亮区域的细节，以获得更强的视觉冲击。因此，【HDR色调】命令常用于处理风景照片。

执行菜单栏下的【图像】中的【调整】选项下的【HDR色调】命令，打开【HDR色调】对话框，如图6-68所示。用户既可以选择【预设】中的选项，也可以自行设置相关参数。

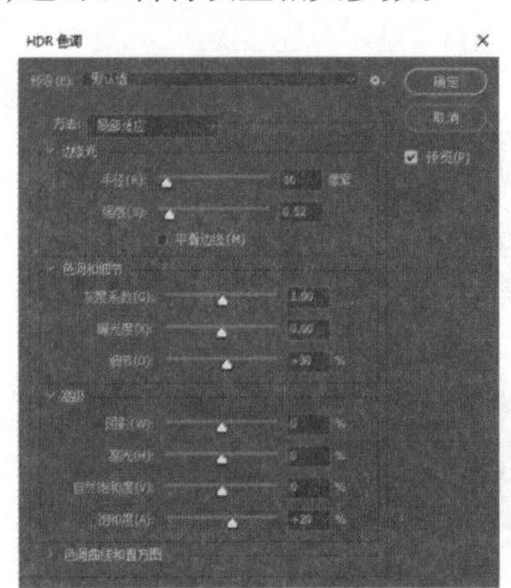

图6-68 【HDR色调】对话框

（1）方法：提供了四种调整HDR色调的方法。局部适应方法的页面如图6-68所示，图6-69为【曝光度和灰度系数方法】对话框，而高光压缩和色调均化直方图这两种方法没有选项。

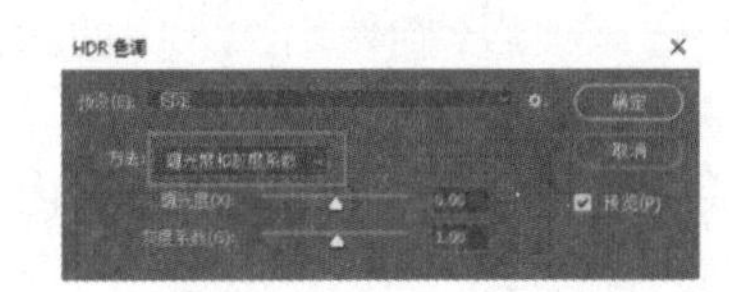

图6-69 【曝光度和灰度系数方法】对话框

（2）边缘光：【半径】控制发光效果的大小；【强度】控制发光效果的对比度；【平滑边缘】用来保持边缘的平滑，在调整细节时使用。

（3）色调和细节：【灰度系数】调节图像灰度系数的大小，值越大，曝光效果越差；【曝光度】调整图像或选区范围的曝光情况，值越大，曝光越充足；【细节】用来调整图像细节的保留程度，增强或减弱像素对比度，以实现柔化或锐化图像。

（4）色调曲线和直方图：单击此选项前的三角形按钮，可以展开曲线和直方图，进而对色调进行调整。此选项与【曲线】命令的使用方法基本相同，如图6-70所示。

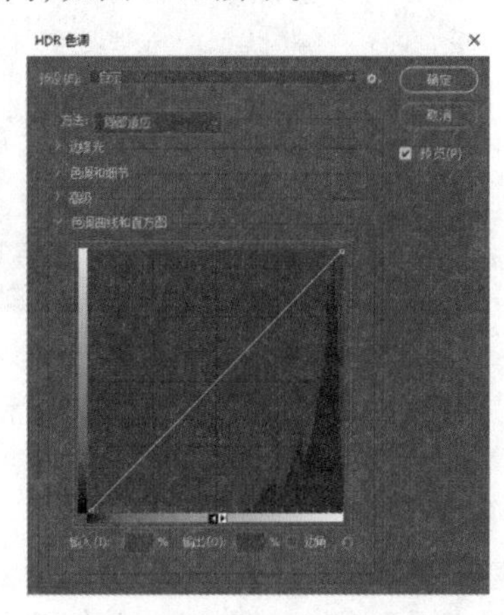

图6-70 【色调曲线和直方图】对话框

注：虽然【预设】可以快速为图像赋予效果，但是用户在实际使用的时候，会发现预设效果与实际想要的效果还有一定的距离。所以，用户可以选择一个与预期较接近的【预设】值，然后适当修改下方的参数，以制作出合适的效果。

6.3.16 匹配颜色

通过执行【匹配颜色】命令，可以将一张图像的颜色赋予到另一张图像中，即将原图像的颜色与目标图像的颜色进行匹配，从而更改图像颜色。即可以对两张图像进行匹配，也可以对同一个图像中的颜色进行匹配。

打开两张图像，图6–71为匹配源图像，图6–72为需要改变颜色的图像，即目标图像。选中目标图像，执行菜单栏下的【图像】中的【调整】选项下的【匹配颜色】命令，打开【匹配颜色】对话框，如图6–73所示。将【源】设置为想要的颜色图像，将【图层】设为目标图像，设置相关参数后单击【确定】按钮，效果如图6–74所示。

图6–71 匹配源图像

图6–72 目标图像

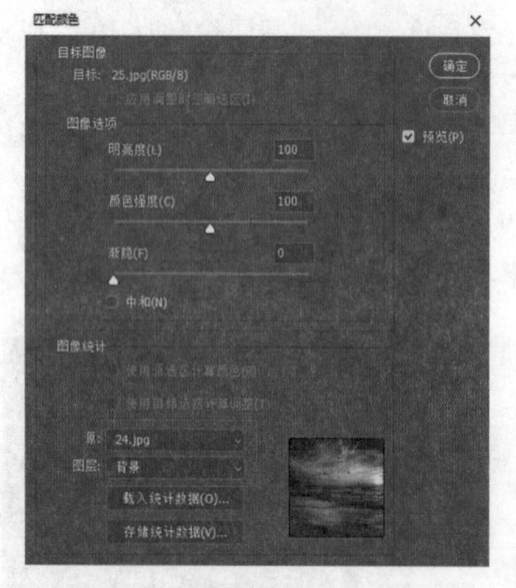

图6–73 【匹配颜色】对话框

图6–74 匹配颜色后的效果图

（1）目标：显示被修改的图像名称和颜色模式等信息。

（2）应用调整时忽略选区：当图像中包含选区，勾选该选项后可以忽略选区，将调整应用于整个图像。

（3）图像选项：【明亮度】用来调整图像明度；【颜色强度】用来调整色彩的饱和度；【渐隐】用来控制应用于图像的调整量，其值越大，调整强度越弱；【中和】用来中和匹配后与匹配前的图像效果，常用于消除图像中的色彩偏差。

（4）使用源选区计算颜色：如果在源图像中有选区，勾选该项后，则使用选区中的图像匹配目标图像的颜色。取消勾选该项，则使用整个源图像中的颜色进行匹配。

（5）使用目标选区计算调整：如果在目标图像中有选区，勾选该项后，则使用选区内的图像来计算调整。取消勾选该项，则使用整个目标图像中的颜色来计算调整。

（6）源：选择要与目标图像中颜色相匹配的源图像。

（7）图层：需要匹配颜色的图层。

6.3.17　替换颜色

【替换颜色】可以将图像中特定范围内的图像替换为其他颜色。在操作时，用【吸管工具】选取要替换的颜色，之后用修改【色相/饱和度】参数的方法修改所选颜色。

执行菜单栏下的【图像】中的【调整】选项下的【替换颜色】命令，打开【替换颜色】对话框，如图6–75所示。首先需要在画面中取样，设置需要替换的颜色，默认使用【吸管工具】，将光标移动到需要替换颜色的位置单击拾取颜色。如果有未选中的位置，可以使用【添加到取样工具】(【 】)在未选中的位置单击，直到需要替换颜色的区域全部被选中(在缩略图中变为白色)。图6–76为替换颜色前的原图像，图6–77为使用【替换颜色】命令后的效果图。

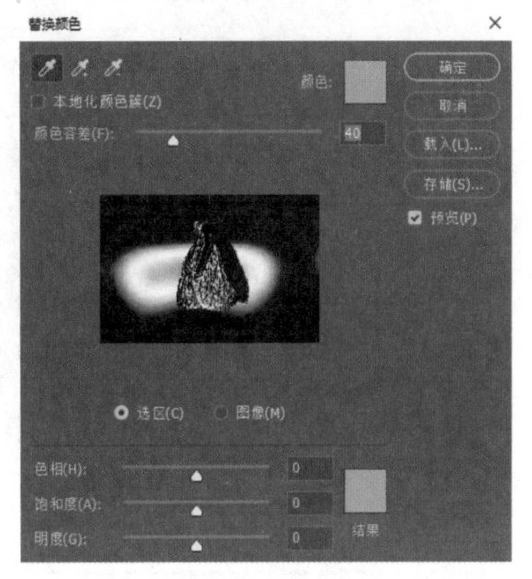

图 6–75　【替换颜色】对话框

(1)本地化颜色簇：勾选该复选框后，若图像选择多个颜色范围，可以创建更加精确的蒙版。

(2)吸管工具：用【 】在图像上单击，可以选择有蒙版显示的区域；用【 】在图像上单击，可以添加颜色；用【 】在图像上单击，可以减少颜色。

(3)颜色容差：控制颜色的选择精度，调整蒙版的容差，值越大，颜色范围越广。

(4)选区/图像：选择【选区】可在预览区显示蒙版，其中，黑色表示未选区域，灰色表示部分选择区域，白色表示所选区域。选择【图像】，则在预览区显示图像。

图 6–76　替换颜色前的原图像

图 6–77　替换颜色后的效果图

6.4　图像色彩的特殊调整

【去色】、【反相】、【色调均化】、【阈值】和【色调分离】等命令可以更改图像中的颜色或亮度值，创建特殊颜色和色调效果，简化【曲线】命令的功能。

6.4.1　反相

【反相】可以将图像的颜色改变为它们的互补色，呈现出负片效果，即红变绿、黄变蓝、黑变白。执行菜单栏下的【图像】中的【调整】选项下的【反相】命令，无须设置参数，即可获得反相效果。执行【反相】命令前后的对比效果如图6–78和图6–79所示。

图6–78 反相前的原图像

图6–79 反相后的效果图

6.4.2 色调均化

运用【色调均化】可以使图像中像素的亮度值重新分布，即图像中最亮的像素变为白色，最暗的像素变为黑色，而中间值像素则分布在整个灰色范围内。【色调均化】命令可以调整选项区域或者调整整幅图片的图像亮度，以便调整不同像素范围的亮度级。

执行菜单栏下的【图像】中的【调整】选项下的【色调均化】命令，无须设置参数，即可均化整个图像的色调。执行【色调均化】命令前后的对比效果如图6–80和图6–81所示。

图6–80 色调均化前的原图像

图6–81 色调均化后的效果图

如果要使局部图像得到均化，可以选择选区工具，在需要均化的区域创建选区后，执行【调整】下的【色调均化】命令，此时会弹出【色调均化】对话框，如图6–82所示。单击【仅色调均化所选区域】按钮，再单击【确定】按钮即可。图6–83为创建选区的原图，图6–84为局部【色调均化】的效果图。

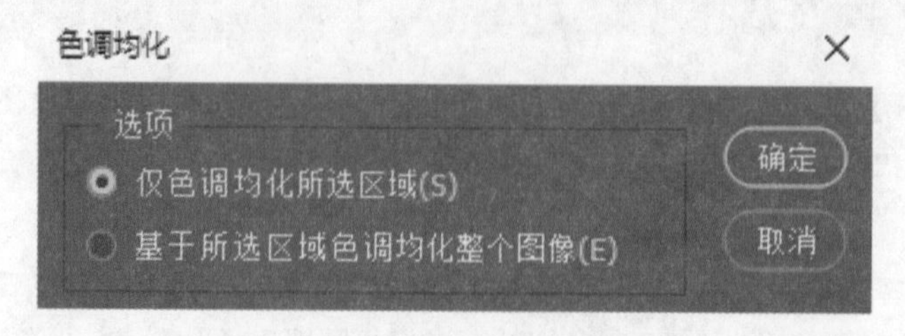

图6–82 【色调均化】对话框

图 6-83　色调均化前创建选区

图 6-84　局部【色调均化】后的效果图

【仅色调均化所选区域】命令仅均化选区内的图像像素，【基于所选区色域均化整个图像】命令则按照选区内的像素均化整个图像像素。

6.4.3　阈值

【阈值】是一种特殊的高对比反差的黑白效果，可以将灰度或彩色图像转换为高对比度的黑白图像，指定某个色阶作为阈值，使所有比阈值色阶亮的像素转为白色，而所有比阈值暗的像素转换为黑色，从而得到纯黑白图像。

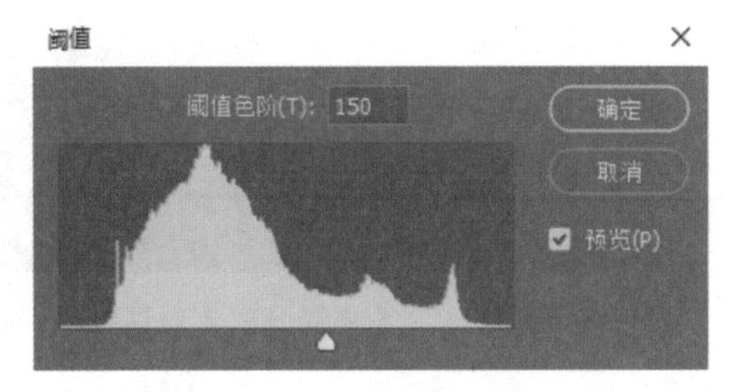

图 6-85　【阈值】对话框

执行菜单栏下的【图像】中的【调整】选项下的【阈值】命令，打开【阈值】对话框，如图 6-85 所示，设置【阈值色阶】为 150。【阈值色阶】可以指定一个色阶作为阈值。阈值越大，黑色像素分布越广；阈值越小，白色像素分布越广。图 6-86 为调整阈值前的原图像，图 6-87 为调整阈值后的效果图。

图 6-86　调整阈值前的原图像

图 6-87　调整阈值后的效果图

6.4.4　色调分离

【色调分离】通过为图像设定色调数目来减少图像的色彩数量。图像中多余的颜色会映射到最接近的匹配色调。色调分离后的图像会降低色彩的丰富程度，使颜色呈块状分布，但图像仍然为彩色图像。

打开一张图像，如图 6-88 所示，执行菜单栏下的【图像】中的【调整】选项下的【色调分离】命令，打开【色调分离】对话框，如图 6-89 所示。【色阶】值越小，分离色调越多，图像色彩变化越大；【色阶】值越大，保留的图像细节就越多。图6–90和图6–91分别是【色阶】值设置为3和设置为8时的效果图。

图 6–88　色调分离前的原图像

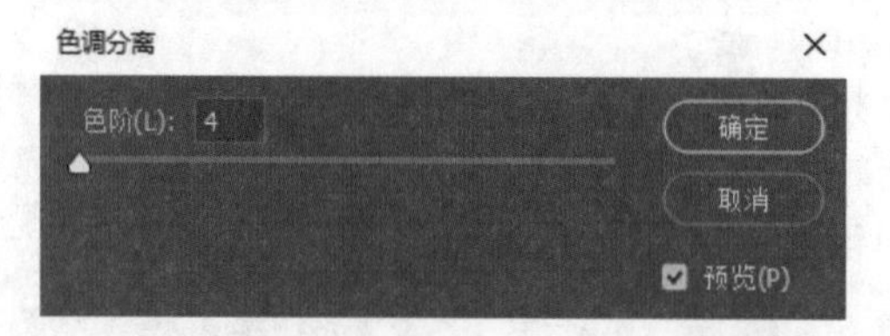

图 6–89　【色调分离】对话框

图 6–90　【色阶】值为 3 时的效果图

图 6–91　【色阶】值为 8 时的效果图

6.4.5　去色

【去色】命令无须设置参数，即可删除图像的色彩，将彩色图像变成黑白图像，但不改变图像的颜色模式。

执行菜单栏下的【图像】中的【调整】选项下的【去色】命令（或按快捷键【Shift+Ctrl+U】），可对图像进行去色处理。图6–92和图6–93分别为使用【去色】命令前后的图像。

图 6–92　去色前的原图像

图 6–93　去色后的效果图

注：【去色】命令只对当前图层或图像中的选区进行转换，不改变图像的颜色模式。如果正在处理多层图像，则【去色】命令仅作用于所选图层。【去色】命令不能直接处理灰度模式的图像；如果对图像执行【图像】菜单栏下的【模式】选项下的【灰度】命令，可直接将整张图像转换为灰度效果。当源图像的深浅对比度不大而颜色差异较大时，图像的转换效果不佳；如果将图像先去色，然后将其转换为灰度模式，则能够保留较多的图像细节。

6.4.6 黑白

【黑白】命令可以去除画面中的色彩，将彩色图像转化为黑白效果，并且可以调整转换后图像的明暗度。【黑白】命令也可以为灰度着色，将彩色图像转换为单色图像。

执行菜单栏下的【图像】中的【调整】选项下的【黑白】命令（或按快捷键【Alt+Shift+Ctrl+B】），打开【黑白】命令对话框，如图6–94所示。【黑白】命令可以对各种颜色的数值进行调整，设置各种颜色转换为灰度后的明暗程度。用户也可以创建一个【黑白】调整图层，进而对相关参数进行设置。图6–95为使用【黑白】命令前的原图像，图6–96为使用【黑白】命令后的效果图。

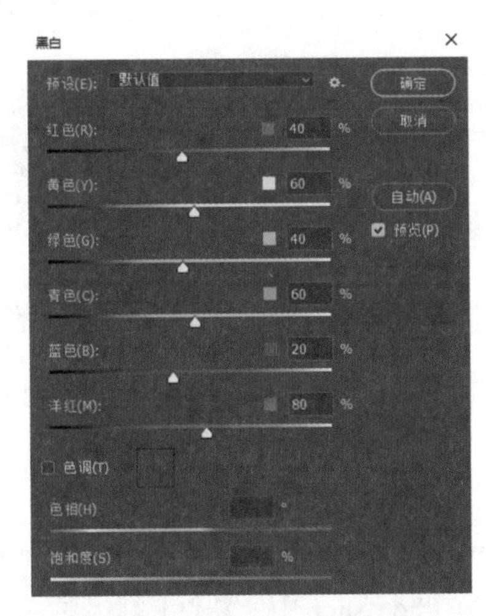

图6–94 【黑白】对话框

（1）预设：【预设】下拉列表中提供了多种预设的黑白效果，用户可以选择相应的预设来创建黑白图像。

（2）颜色滑块：这六个滑块可以用来调整图像中特定颜色的灰色调。例如，减小青色数值，会使包含青色的区域变深；增大青色数值，会使包含青色的区域变浅。如果想要对某个颜色进行更加细致的调整，可以将光标定位在该颜色区域的上方。单击并拖动鼠标，可移动该颜色的滑块，从而使颜色在图像中变暗或变亮。单击并释放鼠标，则可以高亮显示选定滑块的文本框。

（3）色调：勾选该选项后，可以设置单色图像，还可以通过调整【色相】和【饱和度】的数值来设置着色后的图像颜色。

（4）自动：单击【自动】按钮，系统会自动对图像进行黑白调整，使灰度值的分布最大化。

图6–95 使用【黑白】命令前的原图像

图6–96 使用【黑白】命令后的效果图

注：①【黑白】对话框可看作是【通道混合器】对话框、【色相/饱和度】对话框的综合应用。按住【Alt】键单击某个色卡，可将单个滑块复位到初始设置。另外，按住【Alt】键时，对话框中的【取消】按钮将变为【复位】按钮。单击【复位】按钮，可复位所有的颜色滑块。

②【去色】命令和【黑白】命令的区别如下。

【去色】命令与【黑白】命令都可以制作出灰度图像。但是，【去色】命令只能简单地去掉所有颜色；而【黑白】命令则可以通过参数的设置来调整各种颜色在黑白图像中的亮度，从而得到层次丰富的黑白照片。

文字是生活中极为常见的信息传递工具。在设计作品时，文字可以作为图形设计的一部分，不仅能传递图像信息，还能起到丰富图像内容、美化图像、强化主题的作用。

7.1 文字工具概述

在优秀的图像设计中，文字一直是设计画面的重要组成部分，好的文字布局和设计有时会起到画龙点睛的作用。丰富多样的文字，有利于人们了解作品所要表现的主旨。Photoshop CC有着非常强大的文字编辑功能。在文档中输入文字后，用户可以通过各种文字工具来制作出各种文字艺术效果，使文本内容更加鲜活醒目。

7.1.1 认识文字工具

创建文字的方法不同，创建出的文字的类型也不同。在Photoshop中，文字工具组是一个T字形的图标样式【T】。文字工具默认显示【横排文字工具】。单击工具箱中的【横排文字工具】按钮或者按快捷键【T】，再使用鼠标右键单击该按钮，即可展开文字工具组，该组中共包括四种文字工具，如图7–1所示。【横排文字工具】可创建水平方向的文字，【直排文字工具】可创建垂直方向的文字。在将文字栅格化以前，Photoshop会保留基于矢量的文字轮廓，用户可以任意缩放文字或调整文字的大小，而不会使文字产生锯齿。

图7–1 文字工具组

7.1.2 文字工具选项栏

在使用文字工具输入文字前，需要在工具选项栏中对相关参数进行设置，包括字体、大小、文字颜色等。图7–2为【横排文字工具】选项栏。

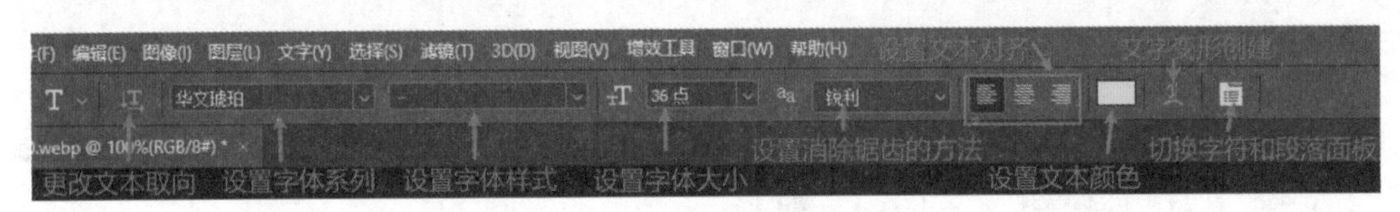

图 7-2　【横排文字工具】选项栏

【横排文字工具】选项栏中的各项含义如下。

（1）更改文本取向【 】：单击该按钮，即可将输入的文字在水平与垂直方向进行转换。

（2）设置字体系列：用于设置文本的字体。在该选项的下拉列表中可以选择安装在计算机上的字体。

（3）设置字体样式：用来对字符设置样式，样式包括Regular（常规）、Italic（斜体）、Bold（粗体）和Biod Italic（粗斜体）。该选项只对部分英文字体有效。在选择不同字体时，【字体样式】下拉列表中会出现该文字字体对应的不同字体样式。

（4）设置字体大小：既可以选择字体的大小，也可以直接输入数值来对字体的大小进行调整。

（5）设置消除锯齿的方法：Photoshop可以通过部分填充边缘像素来产生边缘平滑的文字。图7-3为消除锯齿的方法，该方法只会对当前输入的整个文字起作用，不会对单个字符起作用。

图 7-3　【消除锯齿】选项

（6）设置文本对齐：设置输入文字的对齐方式，包括【左对齐】（【 】）、【居中对齐】（【 】）和【右对齐】（【 】）。

（7）设置文本颜色：单击颜色块，可以打开【拾色器（文本颜色）】对话框设置文字的颜色。

（8）文字变形创建【 】：单击该按钮，可以在弹出的【变形文字】对话框中对输入的文字添加变形样式，从而创建变形文字，如图7-4所示。

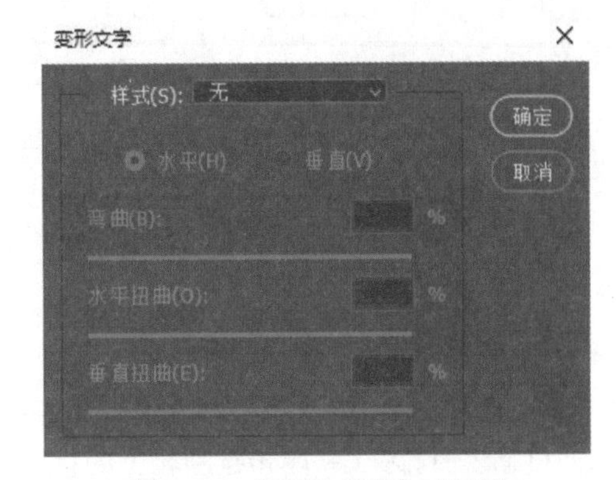

图 7-4　【变形文字】对话框

（9）切换字符和段落面板【 】：单击该按钮，可以显示或隐藏【字符】和【段落】面板。

7.2　输入文字

文字的划分方式有很多种。如果从排列方式上划分，可以将文字分为横排文字和直排文字；如果从创建的内容上划分，可以将其分为点文字、段落文字和路径文字；如果从样式上划分，则可将其分为普通文字和变形文字。其中，【横排文字工具】和【直排文字工具】用来创建点文字、段落文字和路径文字,【横排文字蒙版工具】和【直排文字蒙版工具】用来创建文字选区。

7.2.1 横排文字工具

单击工具箱中的【横排文字工具】(【T】)按钮,再拖动鼠标指针到画布中要输入文字的地方,单击插入输入点,如图7-5所示,即可输入横排文字。输入完成后,单击选项栏中的【提交当前所有编辑】按钮【✓】,或按【Ctrl+Enter】组合键提交文字。如图7-6所示。此时,在【图层】面板中将会自动创建一个文字图层来存放文字,如图7-7所示。想要修改文字时,可以双击图层进行修改。

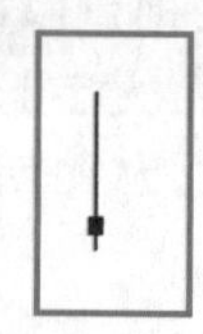

图7-5 插入输入点

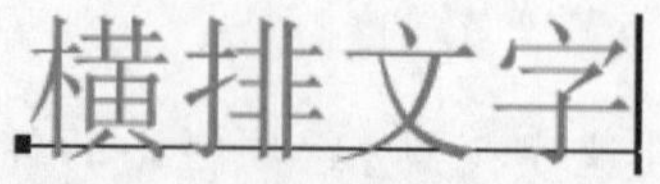

横排文字

图7-6 输入横排文字

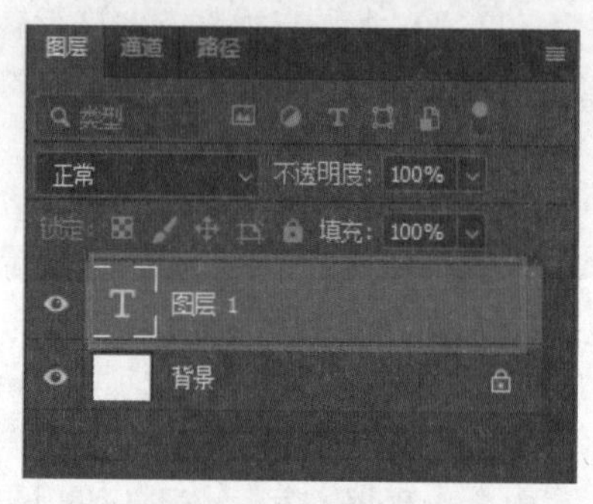

图7-7 【图层】面板

注:当文字处于编辑状态时,可以输入并编辑文本。但是想要执行其他操作时,要先提交当前文字。

7.2.2 直排文字工具

输入直排文字时,选择工具箱中的【直排文字工具】(【IT】),然后在文档中单击插入输入点,即可输入直排文字。单击选项栏上的【提交当前所有编辑】按钮【✓】提交文字,效果如图7-8所示。

图7-8 输入直排文字

7.2.3 横排文字蒙版工具

选择工具箱中的【横排文字蒙版工具】(【 】),在选项栏中设置字体、字号等相关参数,然后在画面中单击，画面被半透明的蒙版所覆盖，如图 7–9 所示，即可在水平方向输入文字。如图 7–10 所示，文字输入完成后，单击【提交当前所有编辑】按钮【✓】，文字将以选区的形式出现，如图 7–11 所示。在使用文字蒙版工具输入文字时，将光标移动到文字以外的区域，光标会变为移动状态。按住鼠标左键拖动光标，可以移动文字蒙版的位置。

图 7–9　被半透明蒙版覆盖的画面

图 7–10　输入文字

图 7–11　提交文字完成后的画面

在文字选区中，可进行填充前景色、背景色、渐变色、图案等，如图 7–12 所示。

图 7–12　在文字选区中填充颜色

7.2.4　直排文字蒙版工具

使用【直排文字蒙版工具】(【 】)，可以在垂直方向上创建文字选区。该工具的使用方法与【横排文字蒙版工具】基本相同，只有创建文字的方向有所不同。图 7–13 是使用【直排文字蒙版工具】创建文字选区后的效果图。

图 7-13　使用【直排文字蒙版工具】的效果图

注：使用【横排文字蒙版工具】或【直排文字蒙版工具】创建选区时，属性栏中的设置只有在输入文字时才起作用，转换为选区后就不起作用了。

7.2.5　输入段落文字

段落文字就是在文本框中输入字符串。在创建段落文字前，需要先绘制定界框，以定义段落文字的边界，如图7-14所示。在定界框中输入段落文字时，文字会基于文本框的大小自动换行，如图7-15所示。

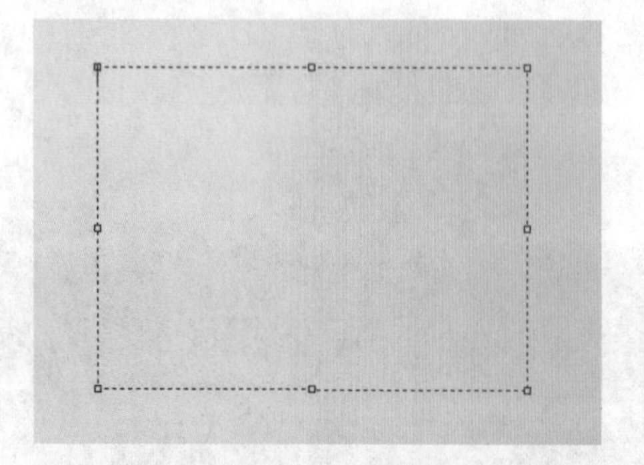

图 7-14　绘制定界框

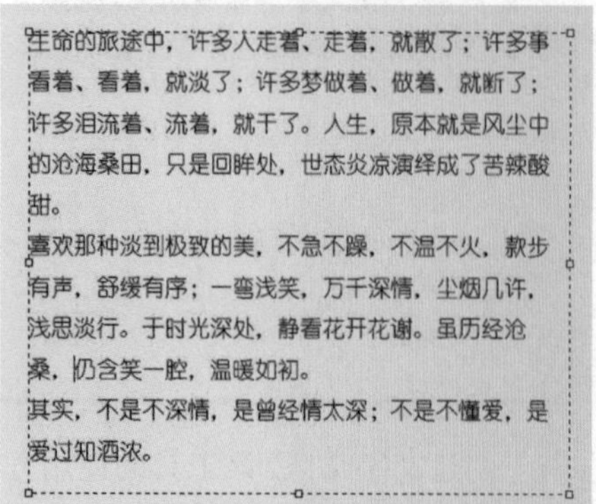

生命的旅途中，许多人走着、走着，就散了；许多事看着、看着，就淡了；许多梦做着、做着，就断了；许多泪流着、流着，就干了。人生，原本就是风尘中的沧海桑田，只是回眸处，世态炎凉演绎成了苦辣酸甜。
喜欢那种淡到极致的美，不急不躁，不温不火，款步有声，舒缓有序；一弯浅笑，万千深情，尘烟几许，浅思淡行。于时光深处，静看花开花谢。虽历经沧桑，仍含笑一腔，温暖如初。
其实，不是不深情，是曾经情太深；不是不懂爱，是爱过知酒浓。

图 7-15　输入段落文字

输入完成后，将光标移动到定界框的控制点上并拖动鼠标即可缩放文字，如图7-16所示。

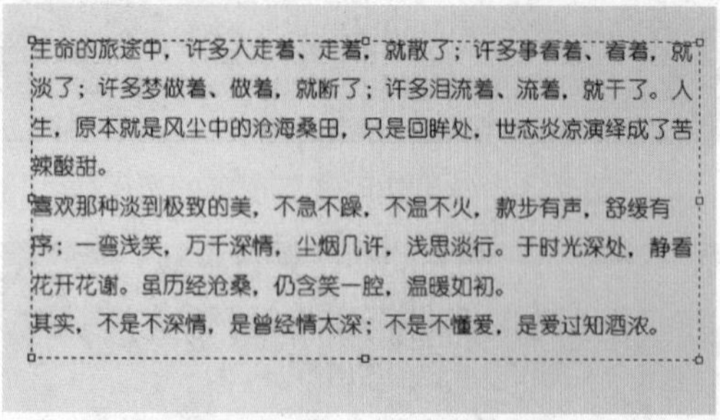

生命的旅途中，许多人走着、走着，就散了；许多事看着、看着，就淡了；许多梦做着、做着，就断了；许多泪流着、流着，就干了。人生，原本就是风尘中的沧海桑田，只是回眸处，世态炎凉演绎成了苦辣酸甜。
喜欢那种淡到极致的美，不急不躁，不温不火，款步有声，舒缓有序；一弯浅笑，万千深情，尘烟几许，浅思淡行。于时光深处，静看花开花谢。虽历经沧桑，仍含笑一腔，温暖如初。
其实，不是不深情，是曾经情太深；不是不懂爱，是爱过知酒浓。

图 7-16　缩放文本框

当定界框较小，而文字较多超出界定框的范围时，在右下角的定界框控制点的图标会变成⊞，且超出的范围不会显示出来，如图7-17所示。

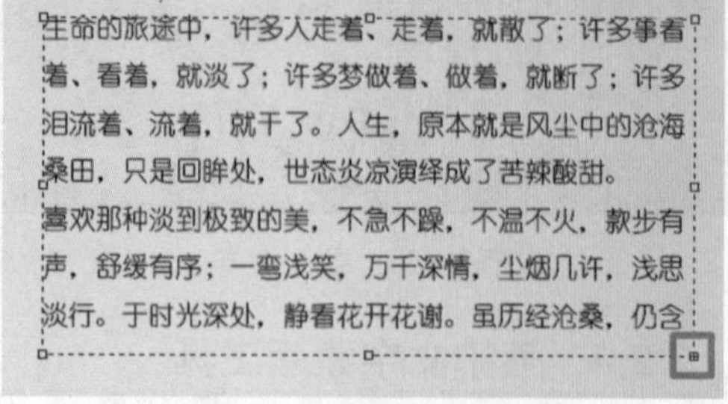

生命的旅途中，许多人走着、走着，就散了；许多事看着、看着，就淡了；许多梦做着、做着，就断了；许多泪流着、流着，就干了。人生，原本就是风尘中的沧海桑田，只是回眸处，世态炎凉演绎成了苦辣酸甜。
喜欢那种淡到极致的美，不急不躁，不温不火，款步有声，舒缓有序；一弯浅笑，万千深情，尘烟几许，浅思淡行。于时光深处，静看花开花谢。虽历经沧桑，仍含

图 7-17　文字超出定界框

将光标移动到定界框外，当光标变为↩形状时，拖动鼠标可以旋转文字，如图7-18所示。

将文本框调整至合适位置和大小时，单击选项栏上的【提交所有当前编辑】按钮【✓】，完成段落文字的输入，如图 7–19 所示。

生命的旅途中，许多人走着、走着，就散了；许多事看着、看着，就
淡了；许多梦做着、做着，就断了；许多泪流着、流着，就干了。人
生，原本就是风尘中的沧海桑田，只是回眸处，世态炎凉演绎成了苦
辣酸甜。
喜欢那种淡到极致的美，不急不躁，不温不火，款步有声，舒缓有
序；一弯浅笑，万千深情，尘烟几许，浅思淡行。于时光深处，静看
花开花谢。虽历经沧桑，仍含笑一腔，温暖如初。
其实，不是不深情，是曾经情太深；不是不懂爱，是爱过知酒浓。

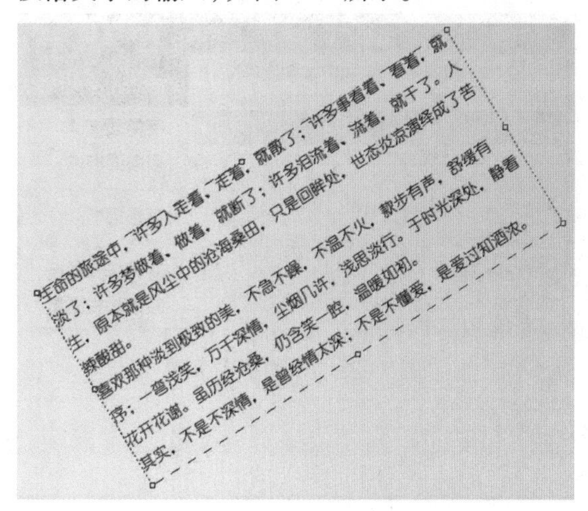

图 7–18　旋转文本框

生命的旅途中，许多人走着、走着，就散了；许多事看着、看着，就淡了；许多梦做着、做着，就断了；许多泪流着、流着，就干了。人生，原本就是风尘中的沧海桑田，只是回眸处，世态炎凉演绎成了苦辣酸甜。
喜欢那种淡到极致的美，不急不躁，不温不火，款步有声，舒缓有序；一弯浅笑，万千深情，尘烟几许，浅思淡行。于时光深处，静看花开花谢。虽历经沧桑，仍含笑一腔，温暖如初。
其实，不是不深情，是曾经情太深；不是不懂爱，是爱过知酒浓。

图 7–19　提交所有当前编辑

注： 在定界框内输入文本内容后，按快捷键【Ctrl+Enter】可以创建段落文本。如果按住【Ctrl】键不放，然后将光标移至文本框内，此时，光标会变成▶形状，拖动光标即可移动该定界框。按下【Ctrl】键的同时，拖动控制点可以等比例缩放文本框。在旋转文本框时，同时按下【Shift】键，可以以15°角为增量进行旋转。

点文本与段落文本可以相互转换，若当前为段落文本，执行菜单栏的【文字】下的【转换为点文本】命令，如图 7–20 所示，就可以将其转换为点文本。段落文字转换为点文字的效果如图 7–21 所示。同样的，如果当前文本为点文本，执行菜单栏的【文字】下的【转换为段落文本】命令，可以将其转换为段落文本。

文字(Y)　选择(S)　滤镜(T)　3D(D)　视图(V
来自 Adobe Fonts 的更多字体(M)...
面板
消除锯齿
文本排列方向
OpenType
创建 3D 文字(D)
创建工作路径(C)
转换为形状(S)
栅格化文字图层(R)
转换为点文本(P)
文字变形(W)...
匹配字体...
字体预览大小
语言选项
更新所有文字图层(U)
管理缺失字体(F)
粘贴 Lorem Ipsum(P)
载入默认文字样式
存储默认文字样式

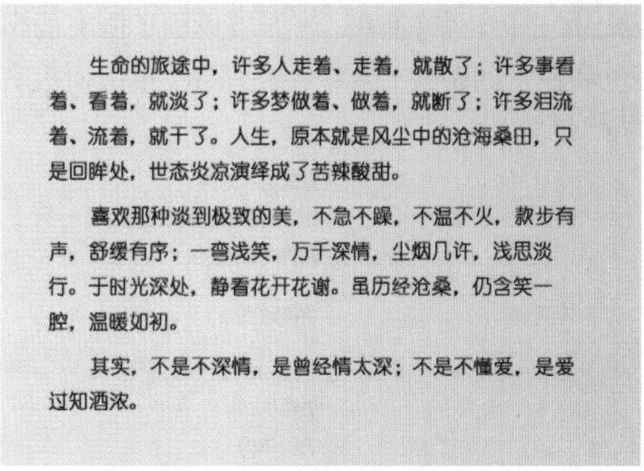

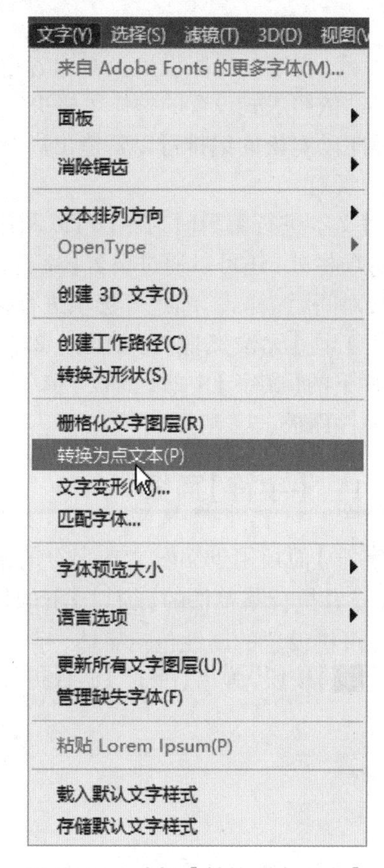

图 7–20　选择【转换为点文本】

生命的旅途中，许多人走着、走着，就散了；许多
事看着、看着，就淡了；许多梦做着、做着，就断了；
许多泪流着、流着，就干了。人生，原本就是风尘中的
沧海桑田，只是回眸处，世态炎凉演绎成了苦辣酸甜。
喜欢那种淡到极致的美，不急不躁，不温不火，款
步有声，舒缓有序；一弯浅笑，万千深情，尘烟几许，
浅思淡行。于时光深处，静看花开花谢，虽历尽沧桑，
仍含笑一腔温暖如初。
其实，不是不深情，是曾经情太深；不是不懂爱，
是爱过知酒浓。

图 7–21　转换为点文本的效果

注： 将段落文本转换为点文本时，所有溢出定界框的字符都会被删除。因此，为了避免丢失文字，在转换之前，应先调整定界框，使所有文字在转换前都显示出来。

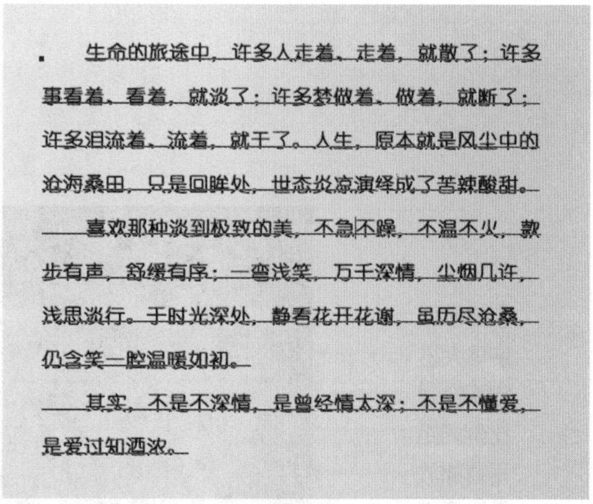

7.3 文字属性面板

对段落、文字的排版设置及对内容边界的安排，都必须依照版式设置的整体风格决定。例如，大量的留白、宽松的编排可以营造出高级感或者高格调的氛围。

在对文本进行编辑时，除了可以利用【文字工具】选项栏外，还可以通过设置【字符】和【段落】面板对间距、样式、缩进等选项进行设置，这是【文字工具】无法实现的。如图7-22所示，执行菜单栏下的【文字】中的【面板】选项，选择所需要的属性面板。

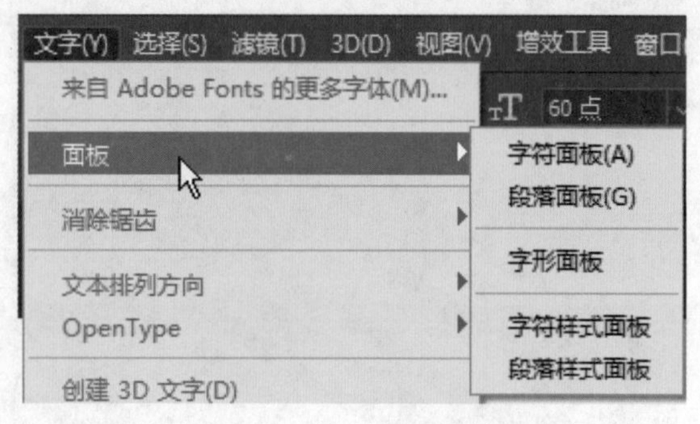

图7-22 【面板】菜单

7.3.1 【字符】面板

【字符】面板用于编辑文本字符的格式。单击工具选项栏中的【切换字符和段落面板】按钮【 】，或者执行菜单栏的【窗口】下的【字符】命令，打开【字符】面板。该面板集成了所有的字符属性，可供设置的属性包括字体、字号、字距、颜色和比例间距等，如图7-23所示。单击面板右上角的【 】按钮，弹出【字符】面板扩展菜单，如图7-24所示。

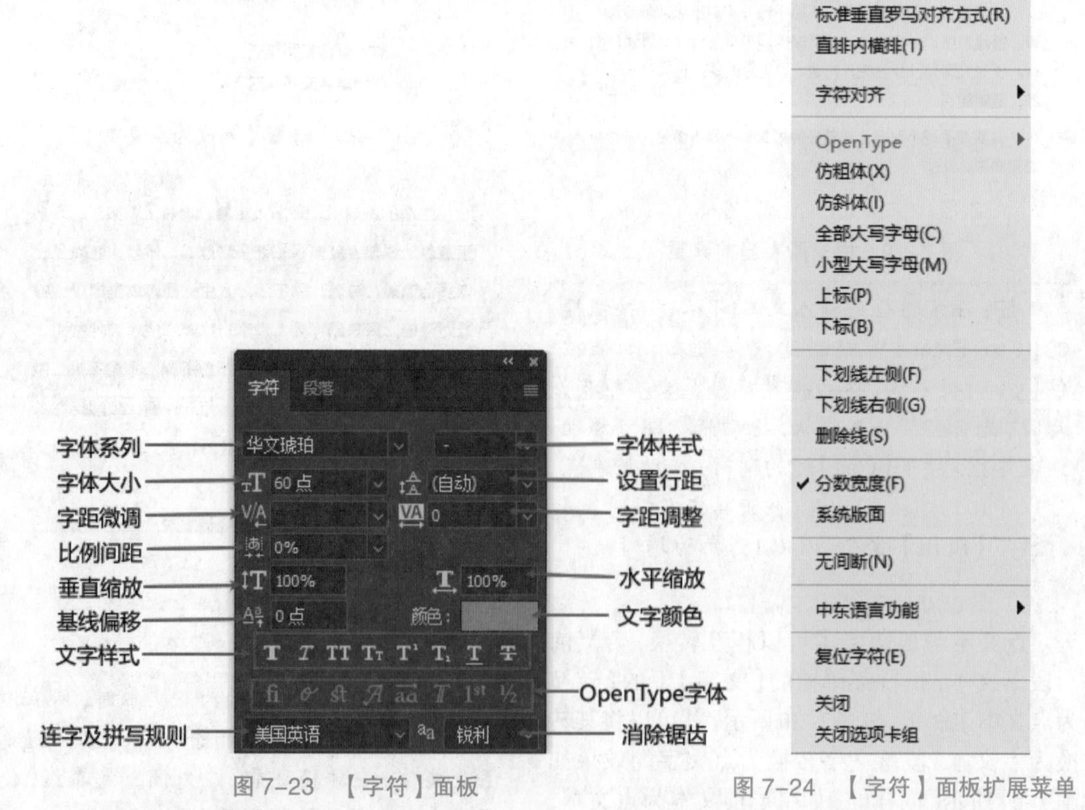

图7-23 【字符】面板　　图7-24 【字符】面板扩展菜单

（1）设置行距【 】：行距指文本中各个文字行之间的垂直间距。可以通过该项对多行文字的行距进行设置。用户可以在下拉列表中为文本设置行距，也可以在数值框中输入数值来设置行距。按快捷键【Alt+↑/↓】可快速增大或减小行距。

（2）字距微调【V/A】：用于微调两字符之间的间距。在操作时，先在需要调整的两个字符之间单击，设置插入点，然后调整数值。取值范围为 -1 000～1 000。

（3）字距调整【VA】：用于设置所选字符之间的字距。输入正值，字距变大；输入负值，字距变小。使用快捷键进行设置时，双击图层并选择文字，按快捷键【Alt+←】，可以减小字符间距；按快捷键【Alt+→】，可以增加字符间距。

（4）比例间距：用于设置字符间的比例间距。设置比例间距后，字符本身不被挤压或伸展，而是字符之间的间距被挤压或伸展。

（5）水平缩放/垂直缩放：用于对所选字符进行水平或垂直缩放。【水平缩放】调整字符的宽度，【垂直缩放】调整字符的高度。

（6）基线偏移：用于设置文字与文字基线之间的距离。基线偏移的值为正值时，文字上移；为负值时，文字下移。

（7）文字样式：对文本设置装饰效果，共包括八个按钮，分别为仿粗体【T】、仿斜体【T】、全部大写字母【TT】、小型大写字母【Tт】、上标【T¹】、下标【T₁】、下划线【T】和删除线【T】。单击对应的按钮即可应用样式。应用一种样式后，再单击另一种样式，在其样式上进行叠加，但全部大写字母的设置和小型大写字母的设置除外。

（8）OpenType 字体：用于设置文字的各种特殊效果，包含当前 PostScript 和 TrueType 字体不具备的功能，主要是针对英文起作用。

（9）连字及拼写规则：对所选字符进行有关连字符和拼写规则的语言设置。

> 注：如何复位【字符】面板中的参数？
>
> 单击【字符】面板右上角的【☰】按钮，在弹出的扩展菜单中选择【复位字符】命令，可以将面板中的设置恢复至原始状态，同时会使画布中的文本也恢复到原始的输入状态。

7.3.2　【段落】面板

段落指的是在输入文本时，末尾带有回车符的文字。对于点文字来说，也许一行就是一个单独的段落；而对于段落文字来说，一段可能有多行。因此，对段落格式的设置主要通过【段落】面板来进行。

【段落】面板主要用于设置文本的对齐方式和缩进方式等。单击工具选项栏中的【切换字符和段落面板】按钮【▤】，或者执行菜单栏的【窗口】下的【段落】命令，打开【段落】面板，如图 7-25 所示。单击面板右上角的【☰】按钮，弹出【段落】面板扩展菜单，如图 7-26 所示。

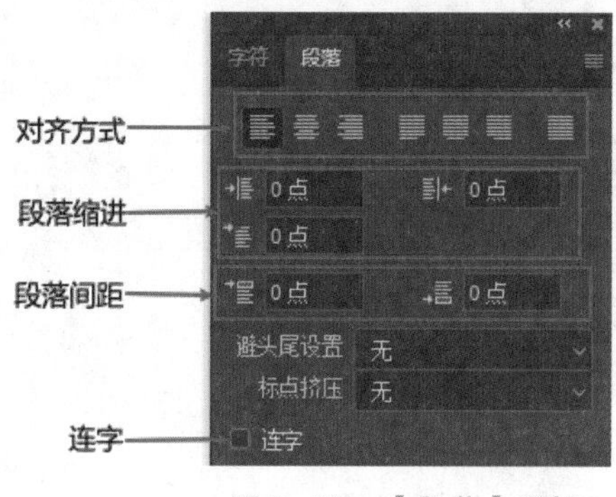

图 7-25　【段落】面板

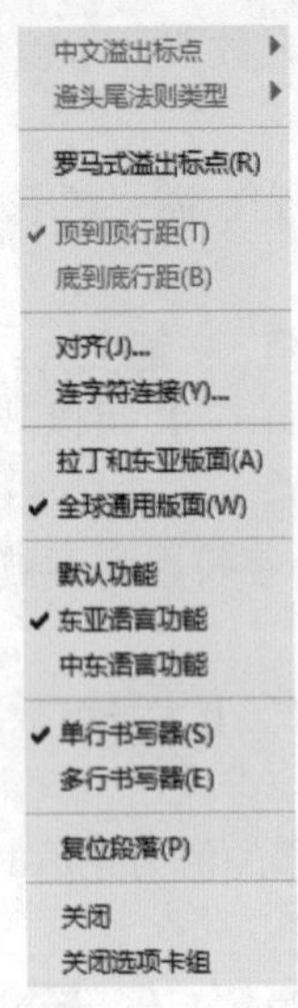

图 7-26　【段落】面板扩展菜单

（1）对齐方式：设置段落的对齐方式，包括左对齐【】、居中对齐【】、右对齐【】、最后一行左对齐【】、最后一行居中对齐【】、最后一行右对齐【】和全部对齐【】。

（2）段落缩进：设置段落文字与文本框之间的距离，或者段落首行缩进的文字距离。进行段落缩进处理时，只会影响选中的段落区域。

①左缩进【】：横排文字从段落左边缩进，直排文字从段落顶端缩进。

②右缩进【】：横排文字从段落右边缩进，直排文字从段落底端缩进。

③首行缩进【】：设置首行文字的缩进。

（3）段落间距：用于指定当前段落与上一段落或下一段落之间的距离。

①段前添加空格【】：设置选择的段落与前一段落的距离，图7-27为段前空10点的效果。

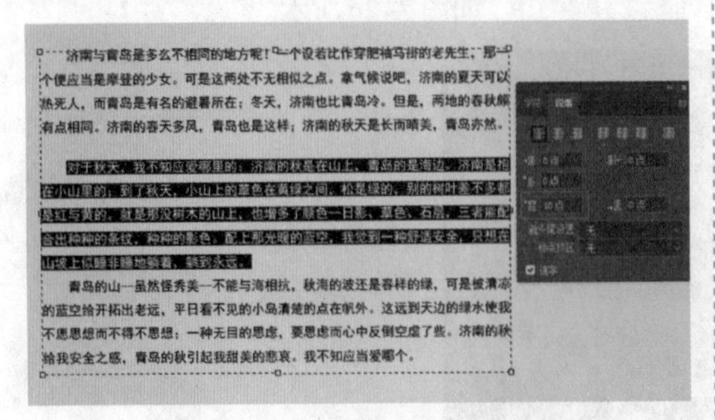

图 7-27　段前空 10 点的效果

②段后添加空格【】：设置选择的段落与后一段落的距离。图7-28为段后空10点的效果。

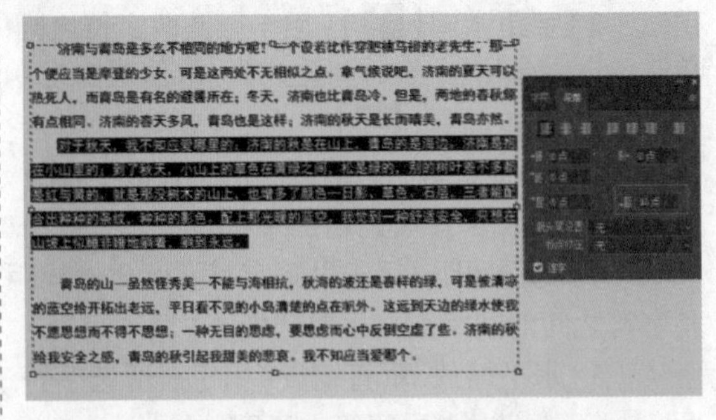

图 7-28　段后空 10 点的效果

（4）避头尾设置：避免第一行显示标点符号的规则。选取换行集为无、JS宽松、JS严格。

（5）连字符：将文本强制对齐时，有时会将某一行末端的单词断开至下一行，这时需要使用连字符在断开的单词之间显示标记。勾选该复选框，可以将文字的最后一个外文单词拆开，形成连字符号，使剩余的部分自动换到下一行。前后对比效果分别如图7-29和图7-30所示。

图 7-29　未使用【连字符】

图 7-30　使用【连字符】

在【段落】面板的扩展菜单中，选择【对齐

符】选项，打开【对齐】对话框，如图 7–31 所示，在此处可设置字间距、字符间距和字形缩进对齐方式。【连字符连接】选项是在选择【连字】复选框后，单击扩展菜单中的【连字符连接】选项，打开【连字符连接】对话框，如图 7–32 所示，可以在此设置连字符的相关信息。

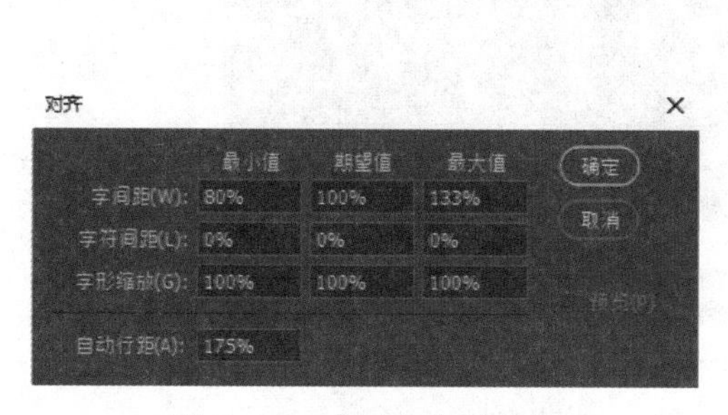

图 7–31　【对齐】对话框

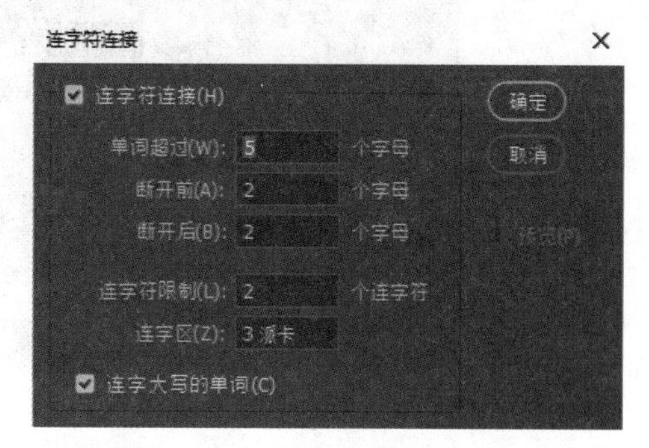

图 7–32　【连字符连接】对话框

7.3.3　【字符样式】面板和【段落样式】面板

【字符样式】和【段落样式】面板可以保存文字样式，并可以快速应用于其他文字、线条或文本段落，从而极大地提高用户的工作效率。

执行菜单栏的【窗口】下的【字符样式】命令，或者执行菜单栏的【文字】下的【面板】选项，可以打开【字符样式】面板或者【段落样式】面板。此处以【字符样式】面板为例，图 7–33 为【字符样式】对话框，单击面板右上角的【☰】按钮，打开面板扩展菜单，如图 7–34 所示。

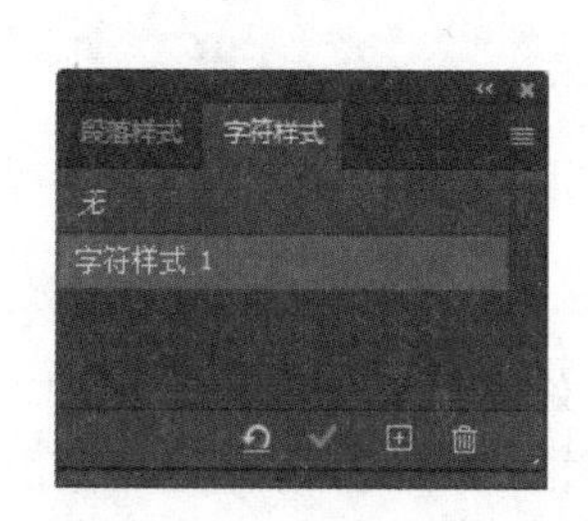

图 7–33　【字符样式】对话框

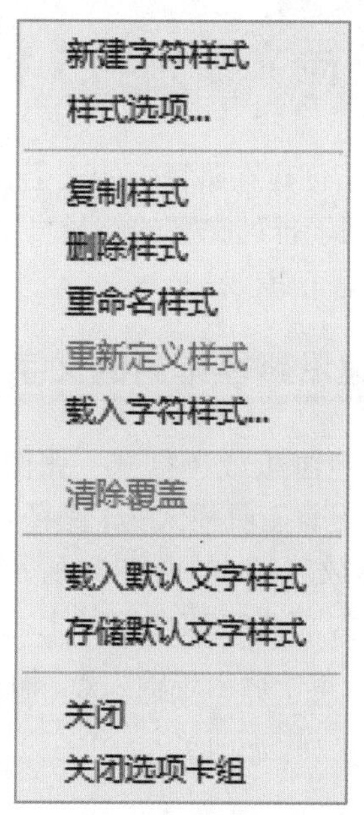

图 7–34　【字符样式】面板扩展菜单

在【字符样式】面板扩展菜单中，主要选项的作用如下。

（1）新建字符样式：单击该选项，可创建新的字符样式。

（2）样式选项：选择该选项，弹出【字符样式选项】对话框，在对话框中可对当前字符样式进行修改，如图 7–35 所示。

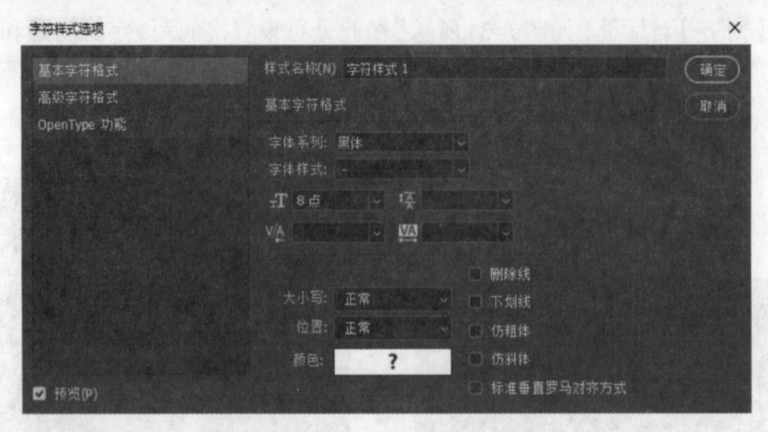

图 7-35 【字符样式选项】对话框

（3）复制样式：用于复制当前字符的样式。

（4）载入字符样式：选择该选项，可载入外部文件的字符样式。

（5）清除覆盖：如果对使用了某种字符样式的文字进行了更改，可使用该按钮恢复原有样式。

注：使用【字符样式】和【段落样式】的优势如下。

当字符或段落使用了【字符样式】或【段落样式】后，如果需要对文字的样式进行更改，只需在【字符样式】面板或【段落样式】面板中更改某个样式，即可将使用该样式的所有文字的样式统一更新，避免了大量的重复操作，节省了工作时间。

7.4 路径文字

路径文字是指创建在路径上的文字，文字会沿着路径排列。改变路径形状时，文字的排列方式也会随之改变。用于排列文字的路径可以是开放式的，也可以是闭合式的。在Photoshop中创建路径文字需结合钢笔工具。

7.4.1 创建沿路径排列的文字

新建一个白色画板或者打开一张图像，选择【钢笔工具】，设置工具模式为【路径】，在图像中绘制一条开放路径，如图7-36所示。使用【横排文字工具】，将光标放在路径上，当光标变成 形状时，单击后出现输入点，输入的文字即可沿着路径排列，如图7-37所示。

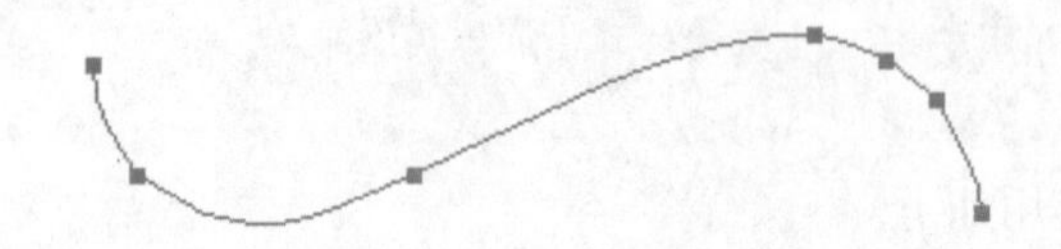

图 7-36 绘制开放式路径

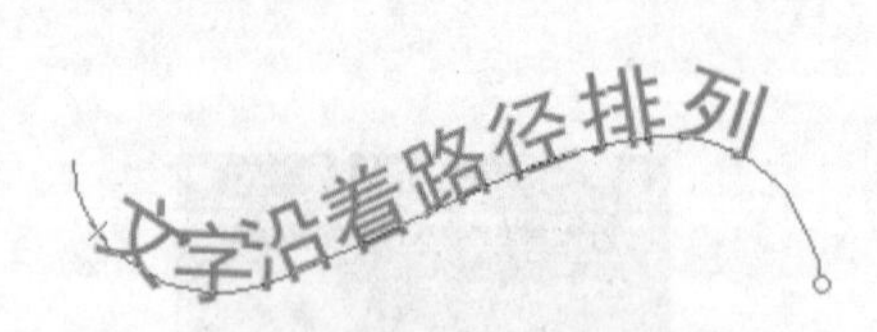

图 7-37 输入文字沿着路径排列

提交文字后，单击【路径】面板的空白处或按快捷键【Ctrl+H】，可将路径隐藏，如图7-38所示。

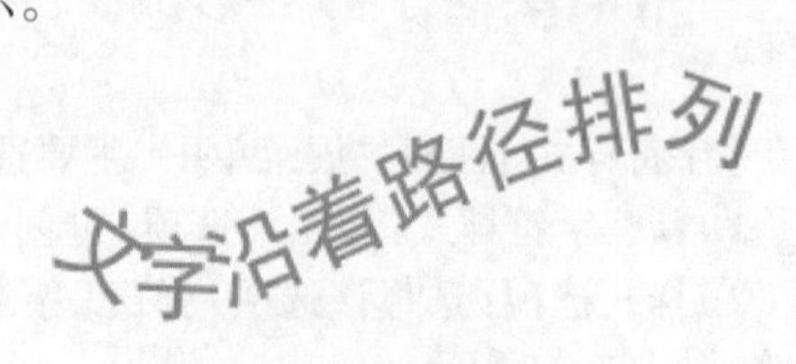

图 7-38 隐藏路径

注：在闭合路径中，当光标变成Ⓘ形状时，可以输入段落文字，如图 7-39 所示。

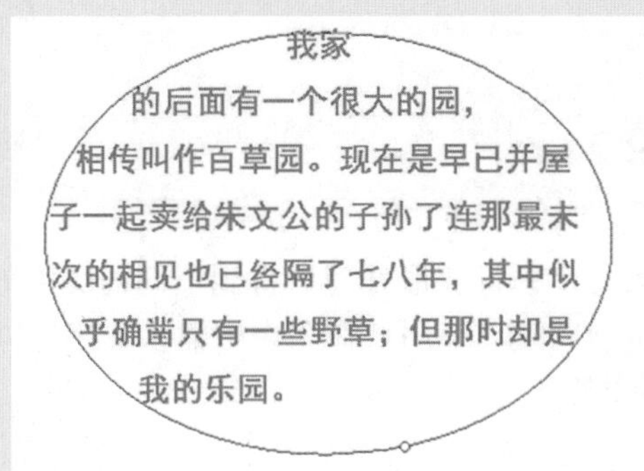

图 7–39　输入段落文字

7.4.2　移动与翻转路径文字

路径文字创建完成后，还可以随时对其进行修改和编辑。由于路径文字的排列方式受路径的形状控制，所以移动或编辑路径就会影响到文字的排列。

在【图层】面板中选中文字所在的图层，画面中会显示对应的文字，如图 7–40 所示。

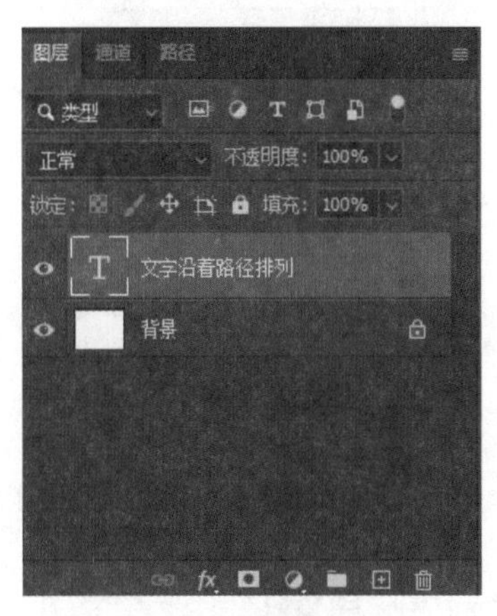

图 7–40　【图层】面板

在工具箱中选择【路径选择工具】或【直接选择工具】，移动光标至文字上方，当光标显示为形状时，单击并拖动光标，即可改变文字在路径上的起始位置，如图 7–41 所示。单击鼠标并向路径的另一侧拖动文字，可将文字翻转，如图 7–42 所示。

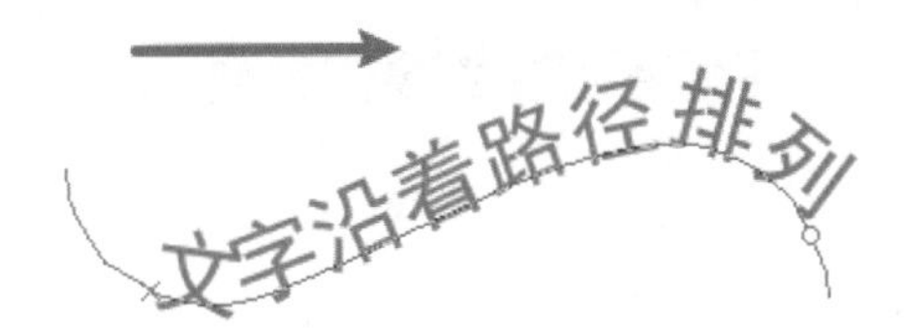

图 7–41　移动文字

图 7–42　翻转文字

7.4.3　编辑文字路径

创建路径文字后，可以通过修改路径来改变文字的排列。使用【直接选择工具】单击路径可以显示锚点，移动锚点或者调整方向线，可以修改路径的形状，使文字沿着修改后的路径排列，如图 7–43 所示。

图 7–43　修改文字路径

注：若要删除文字路径，则要在【图层】面板中删除文字路径对应的图层。无法在【路径】面板中直接删除路径文字。

7.5 变形文字

变形文字是指对创建的文字进行变形处理后得到不同的文字效果，使文字更加具有观赏感。Photoshop中提供了多种变形文字选项，用户在图像中输入文字后，便可进行变形操作。变形后的文字仍然具有文字所具有的共性。

7.5.1 变形选项设置

想要创建变形文字，首先要输入文字。因此使用【横排文字工具】或【直排文字工具】在图像中输入文字，然后执行菜单栏的【文字】下的【文字变形】命令，如图7-44所示。或者单击工具栏上的【创建文字变形】按钮【 】弹出【变形文字】对话框，如图7-45所示。对话框中显示了多种变形选项，包括文字的变形样式和变形程度。在【样式】下拉列表中有多种系统预设的变形样式，如图7-46所示。设置相关参数值，即可创建变形文字。

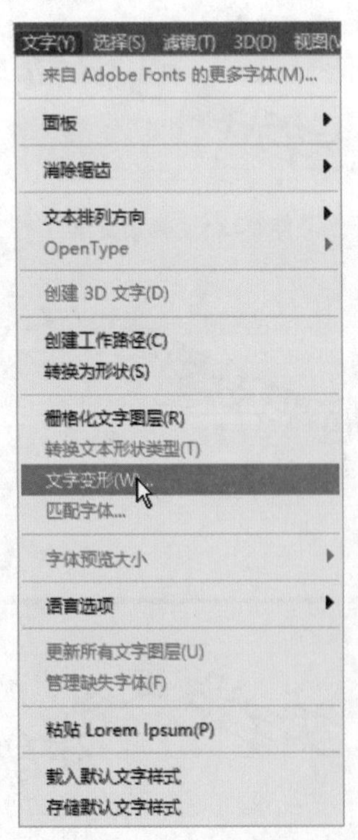

图7-44 执行【文字变形】命令

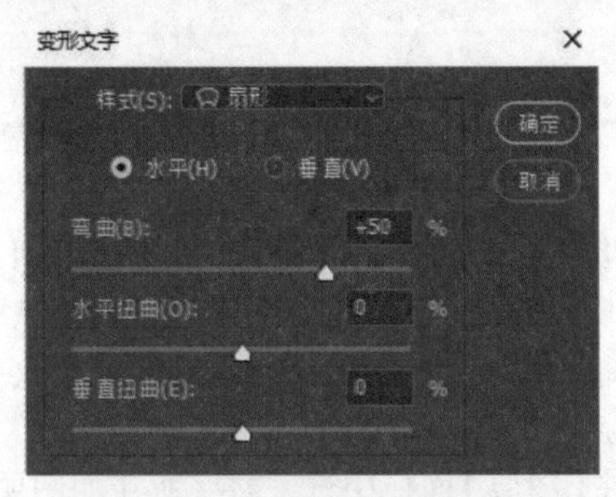

图7-45 【变形文字】对话框

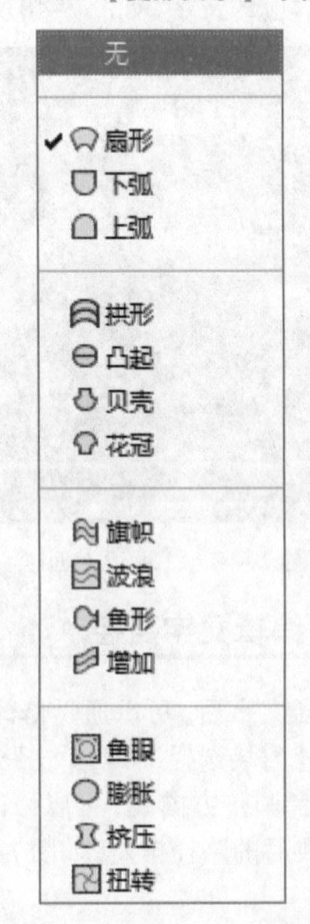

图7-46 【样式】下拉列表

（1）样式：在下拉列表中有15种系统预设变形样式，图7–47为不同样式的文字变形效果。

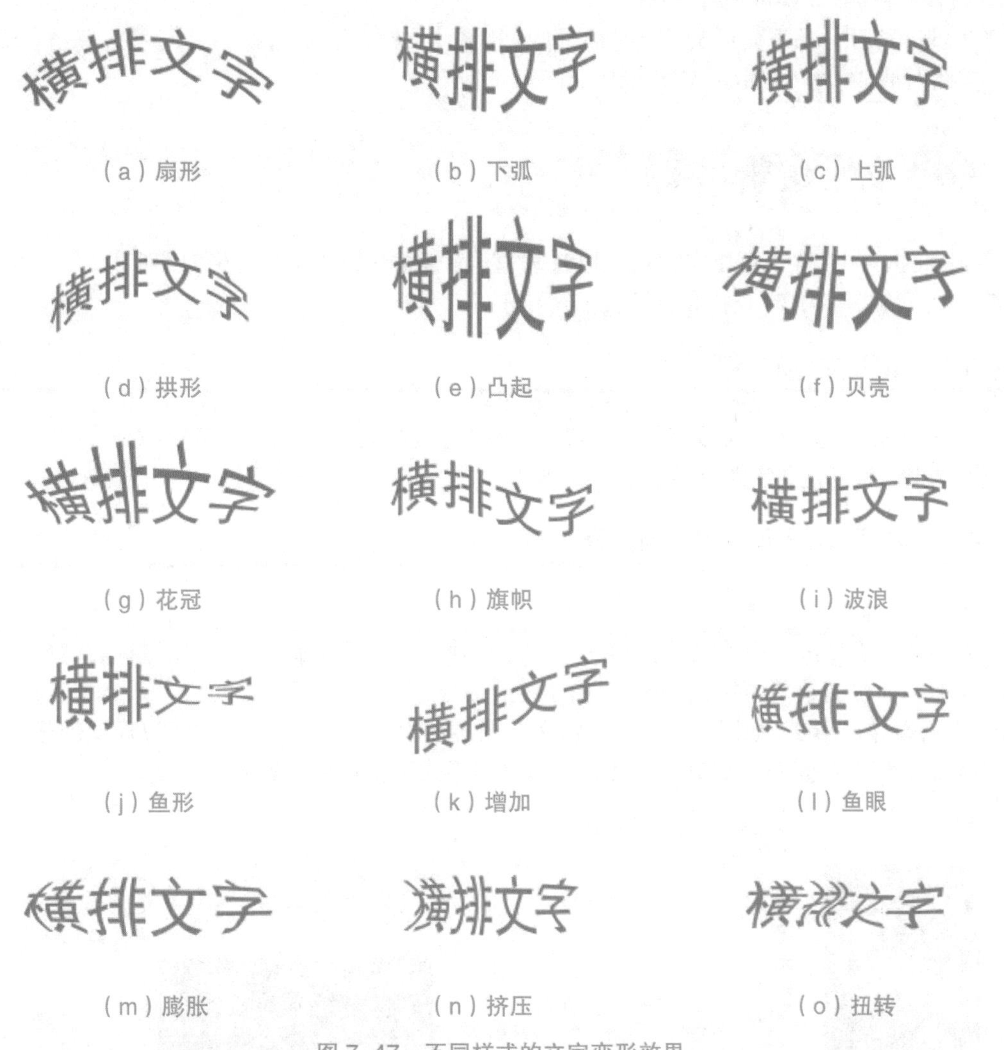

图 7–47　不同样式的文字变形效果

（2）水平/垂直：用于指定文本应用扭曲的方向。选择【水平】选项，文本扭曲的方向为水平；选择【垂直】选项，文本的扭曲方向为垂直。

（3）弯曲：设置文字变形的弯曲程度，正值为向上弯曲，负值为向下弯曲。

（4）水平扭曲/垂直扭曲：用于指定文本在水平和垂直方向的扭曲程度。

注：用户在【变形】对话框中设置参数时，可以在画布中移动文字的位置，但是并不改变参数值。而在【图层样式】对话框中，在画布中拖动控制点不改变图像或图形的位置，而是改变对话框中的参数，这两个的不同点要注意分辨。

7.5.2　重置变形与取消变形

对于使用【横排文字工具】或【直排文字工具】创建的文本，在没有将其栅格化或转换为形状前，随时可以重置变形或取消变形。

（1）重置变形：选择一种文字工具，单击选项栏中的【创建变形文字】按钮，或者执行菜单栏的【文字】下的【文字变形】命令，打开【变形文字】对话框，修改变形参数，或在【样式】下拉列表中选择另外一种样式，即可重置变形样式。

（2）取消变形：在【变形文字】对话框的【样式】下拉列表中选择【无】，然后单击【确定】按钮，关闭对话框，就可以取消文字变形。

7.6 文字编辑

在Photoshop中，除了可以在【字符】和【段落】面板中编辑文本外，还可以通过命令进一步编辑文字，如进行拼写检查、查找和替换文本等操作。

7.6.1 载入文字选区

载入文字选区的方法与载入图层选区的方法相同。选择文字图层，然后按【Ctrl】键并单击文字图层缩览图，可以把文字图层的文字载入选区。

7.6.2 将文字转换为路径和形状

1. 将文字转换为路径

选择文字图层，执行菜单栏的【文字】下的【创建工作路径】命令，或者用鼠标右键单击文字图层，在弹出的快捷菜单中执行【创建工作路径】命令，如图7-48所示，可以基于文字创建路径，且原文字属性保持不变，如图7-49所示。从文字图层创建工作路径后，用户可以像处理任何其他路径一样，对该路径进行存储和操作，不能再以文本形式编辑路径中的字符。

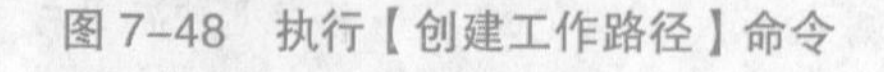
图7-48 执行【创建工作路径】命令

图7-49 将文字转换为路径

2. 将文字转换为形状

选择文字图层，执行菜单栏的【文字】下的【转换为形状】命令，如图7-50所示，或者用鼠标右键单击文字图层，在弹出的快捷菜单中执行【转换为形状】命令，可以将文字图层转换为形状图层。转换后的文字边缘增加了许多锚点，选择【钢笔工具】可以通过移动锚点改变字体的形状，如图7-51所示。需要注意的是，进行此操作后，原文字图层将不会保留。

（a）执行【转换为形状】命令　　　　（b）转换后的形状图层

图 7–50　将文字转换为形状

图 7–51　改变字体形状

注：文字一旦转换为形状，就成了矢量对象。因此，在改变字形的过程中，字体是不会变模糊的。

7.6.3　拼写检查

【拼写检查】命令可以对当前文本的英文单词拼写进行检查，确保单词的拼写正确。若想要检查当前文本中的英文单词拼写是否有误，可以选中相应的文本图层，执行菜单栏的【编辑】下的【拼写检查】命令，打开【拼写检查】对话框，如图 7–52 所示。系统会自动进行检查，当检查到有错误时，Photoshop 会提供修改意见，单击【更改】或【全部更改】按钮，就可以自动更正拼写错误。

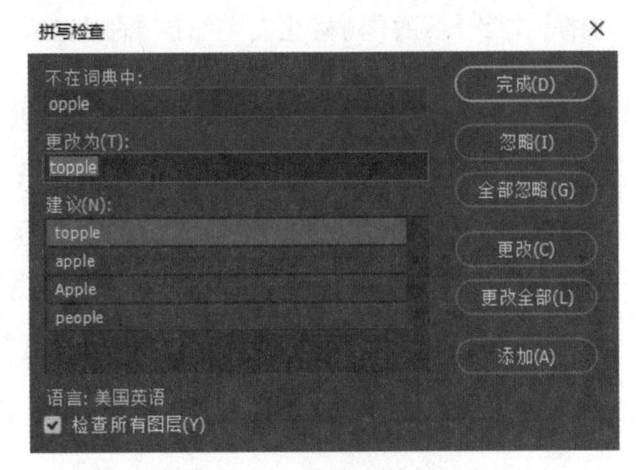

图 7–52　【拼写检查】对话框

（1）不在词典中：Photoshop 会把查出的错误单词显示在【不在词典中】列表框内。

（2）更改为：显示用来替换错误文本的正确单词，也可以在【建议】列表框中选择要替换的文本，或者直接输入正确的单词。

（3）建议：在检查到错误单词后，系统会在此显示修改的建议。

（4）语言：“语言”可在【字符】面板中进行调整。

（5）检查所有图层：勾选该复选框后，能够自动检测所有图层中的文本；取消勾选该复选框后，只会检查当前所选图层中的文本。

（6）完成：单击该按钮，可以结束检查并关闭对话框。

（7）忽略/全部忽略：单击【忽略】按钮，忽略当前的检查结果；单击【全部忽略】按钮，则忽略所有的检查结果。

（8）更改：单击该按钮，可使用【建议】列表中提供的单词替换文本中的错误单词。

（9）更改全部：单击该按钮，可使用正确的单词替换文本中所有的错误单词。

（10）添加：把检测到的词条添加到词典中。若被查找到的单词拼写正确，则可单击该按钮，将其添加到Photoshop词典中。以后查找到该单词时，Photoshop会将其视为正确的拼写形式。

注：拼写检查功能只对选中的文本图层起作用，因此，在使用此功能前，应先选中文本图层，再使用拼写检查功能。

7.6.4 查找与替换文字

在Photoshop中处理文字时，若文本内容较多，且包含大量的同类拼写错误，可使用【查找和替换文本】功能进行替换。需要注意的是，已经栅格化的文字不能进行查找和替换。

执行菜单栏的【编辑】下的【查找和替换文本】命令，打开【查找和替换文本】对话框，如图7-53所示。用户通过该对话框可以查找当前文本中需要修改的文字、单词、标点或字符，并将其替换为指定的内容。

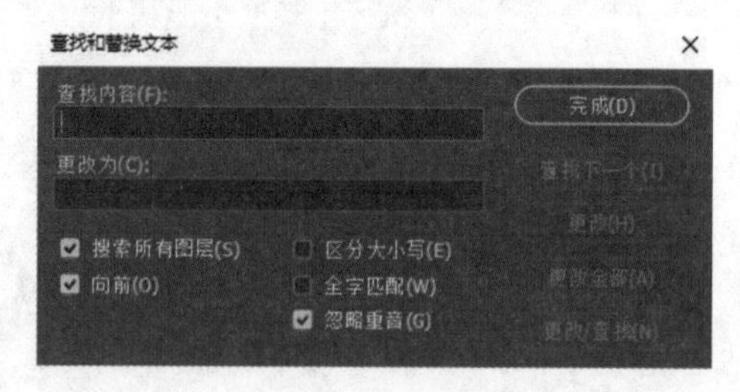

图7-53 【查找和替换文本】对话框

在【查找内容】中输入要查找的内容，在【更正为】内输入用来替换的内容，单击【更改】按钮，可以替换查找到的文本内容。

7.6.5 栅格化文字

在【图层】面板中选择文字图层，执行菜单栏的【文字】下的【栅格化文字图层】命令，或者执行菜单栏的【图层】下的【栅格化】选项，打开【栅格化】级联菜单，选择【文字】，如图7-54所示，将文字图层栅格化，使文字图层转换为普通的像素图层。栅格化后的文字可以用【画笔工具】和滤镜等进行编辑，但不能对文字内容进行修改。

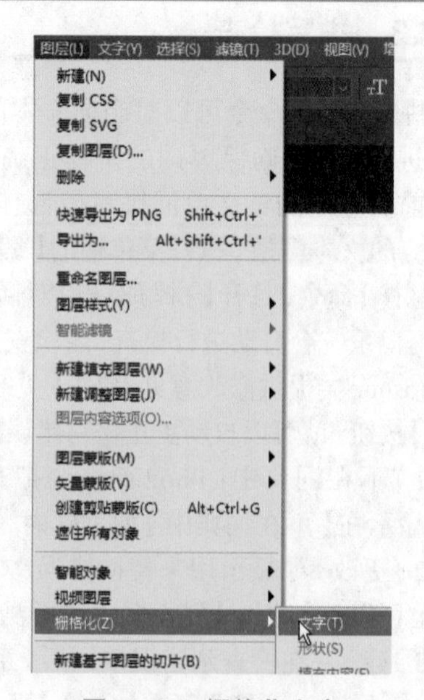

图7-54 栅格化文字

7.7　【文字】菜单

【文字】菜单中有一些与文本输入、编辑有关的命令，本书前面的内容已经对该菜单的一些命令做过讲解，以下是对其他命令的功能的讲解。

（1）创建3D文字：将文字转化为3D模型。

（2）字体预览大小：用于更改【文字工具】选项栏，以及【字符】面板中【字体系列】选项的字体样式预览大小。

（3）语言选项：更改文本引擎和文本行内对齐方式等属性。

（4）更新所有文字图层：将文档中丢失的文字自行更新为可用数据。

（5）替换所有欠缺字体：若文档中的文字使用了系统没有的字体，可以用该命令使用系统中安装的字体替换文档中欠缺的字体。

（6）粘贴：在文字处于编辑状态下执行该命令时，可粘贴一篇名为*Lorem ipsum*的文章，以供测试不同的文字排版效果。

（7）载入默认文字样式：将默认样式载入到【字符样式】或【段落样式】面板中以供使用。

（8）存储默认文字样式：将【字符样式】或【段落样式】面板中的指定样式存储为默认样式，这些样式会自动应用于新文档和尚未包含文字样式的现有文档。

8.1 认识蒙版

8.1.1 蒙版简介及分类

1. 什么是蒙版

蒙版是一种遮罩工具，用于保护被遮蔽的区域不受任何操作的影响，控制着图层或图层组中的不同区域的隐藏和显示，可以让用户轻松合成图像。通俗地说，蒙版就是在不损坏原图层的基础上新建的一个活动图层。用户可以在蒙版上进行许多操作，从而改变原图层的显示效果。将蒙版隐藏或删除后，原图层内容不会发生任何改变。在Photoshop中，蒙版的默认颜色是红色。蒙版将不同的灰度色值转化为不同的透明度，黑色为完全透明，白色为完全不透明。通过更改蒙版，可以对图层应用各种特殊效果，而不会影响该图层上的实际像素。蒙版是作为8位灰度通道存放的，用户可以使用所有绘画和编辑工具对蒙版进行调整和编辑。

在【图层】面板中，蒙版显示为图层缩览图右边的附加缩览图，如图8-1所示。只有单击图层蒙版缩览图，选中需要操作的图层蒙版，才能够针对该图层蒙版进行操作。对图像所做的任何更改将不会对蒙版区域产生影响。

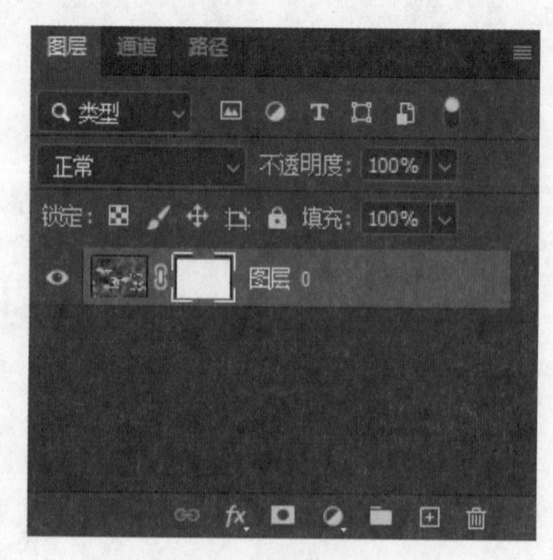

图 8-1 蒙版图层

2. 蒙版的分类

Photoshop提供了3种蒙版，分别是图层蒙版、矢量蒙版和剪贴蒙版。图层蒙版通过灰度图像控制图层的显示与隐藏，可以用绘画工具或选择工具创建和修改；矢量蒙版通过路径和矢量形状控制图层的显示区域，但它与分辨率无关，可以用钢笔工具或形状工具创建；剪贴蒙版是一种比较特殊的蒙版，它是通过一个对象的形状来控制其他图层的显示区域。虽然蒙版的分类不同，但是蒙版的工作方式大体相似。

8.1.2 蒙版【属性】面板

蒙版【属性】面板用于调整所选图层中的图层蒙版或矢量蒙版的不透明度和羽化范围。选中图层蒙版缩略图后，执行菜单栏的【窗口】下的【属性】命令，可以打开【属性】面板，如图 8–2 所示。此外，使用【光照效果】滤镜、创建调整图层时，也会用到【属性】面板。

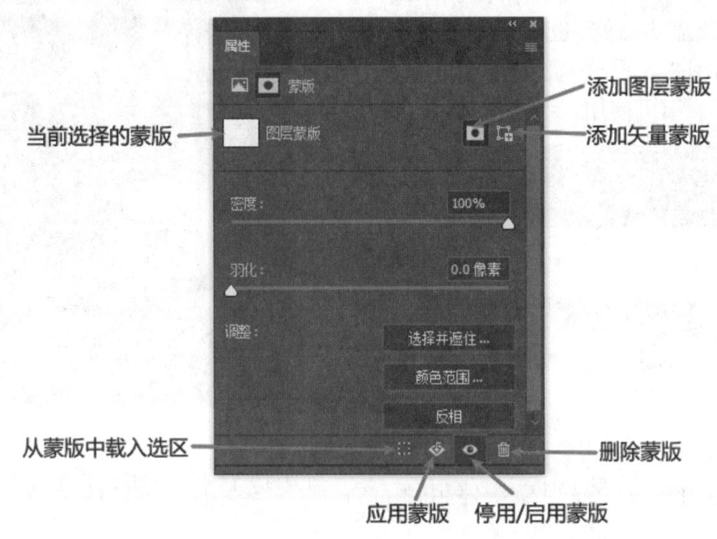

图 8–2 蒙版【属性】面板的释义

（1）当前选择的蒙版：显示当前在【图层】面板中选择的蒙版。

（2）添加图层蒙版：为当前图层添加图层蒙版。

（3）添加矢量蒙版：为当前图层添加矢量蒙版。

（4）密度：控制蒙版的不透明度，即蒙版的遮罩强度。

（5）羽化：控制蒙版边缘的柔化程度。

（6）选择并遮住：单击该按钮，可以打开【属性】面板，对蒙版边缘进行修改，并针对不同的背景查看蒙版，如图 8–3 所示。

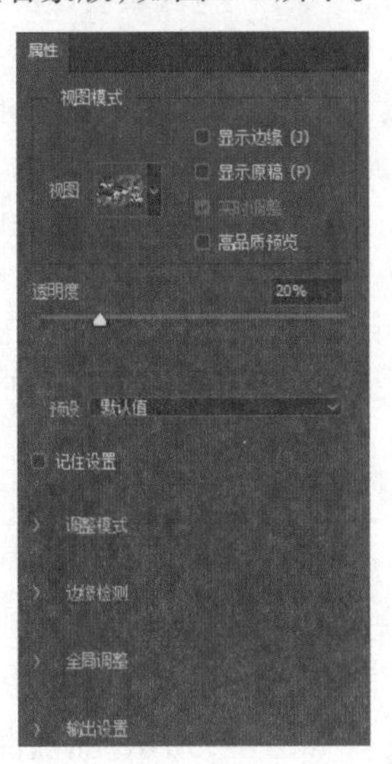

图 8–3 单击【选择遮住】按钮后的【属性】面板

（7）颜色范围：单击该按钮，弹出【色彩范围】对话框，用户通过该对话框可以在图像上取样并调整颜色容差修改蒙版范围，如图 8–4 所示。

图 8–4 【色彩范围】对话框

（8）反相：可以反转蒙版的遮盖区域，将蒙版中的白色与黑色进行对换。

（9）从蒙版中载入选区【】：载入蒙版中包含的选区。

（10）应用蒙版【】：将蒙版应用到图像中，同时删除蒙版遮盖的图像，也就是将蒙版与图层进行合并，如图8–5所示。需要注意的是，该选项在滤镜蒙版下不可使用。

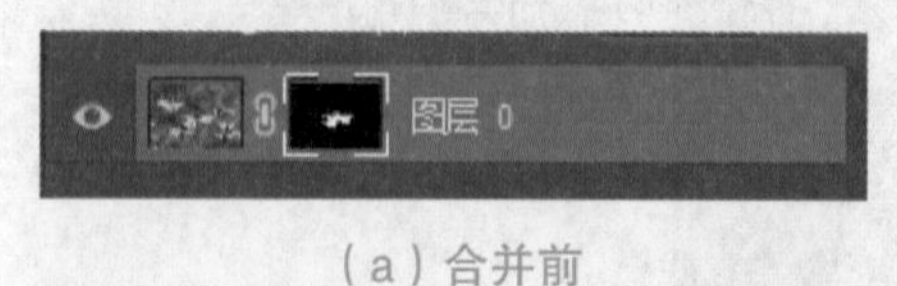

（a）合并前

（b）合并后

图 8–5　蒙版与图层合并前后对比

（11）停用/启用蒙版【】：蒙版停用时，蒙版缩览图上会出现一个红色的“×”标志，如图8–6所示。除了可以通过点击该按钮停用/启用蒙版外，还可以按住【Shift】键并单击蒙版缩览图，停用/启用蒙版。

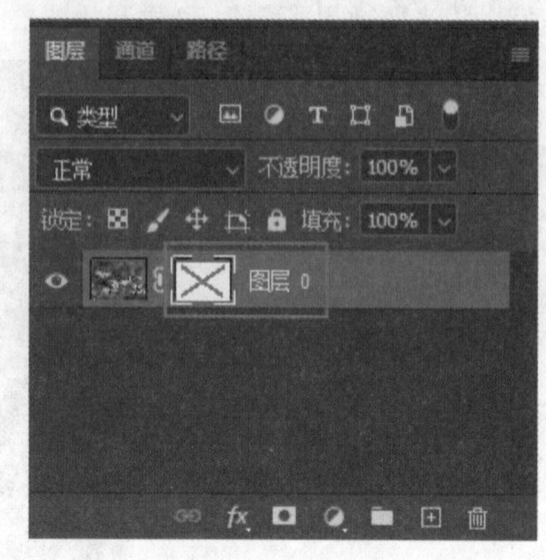

图 8–6　停用蒙版

（12）删除蒙版【】：删除当前蒙版。

8.2　图层蒙版

8.2.1　认识图层蒙版

图层蒙版可以被理解为在当前图层上覆盖一层玻璃片，它覆盖在图层上面起到遮罩图层的作用，然而其本身并不可见。图层蒙版是非破坏性的，用户可以返回并重新编辑蒙版，而不会丢失蒙版隐藏的像素。

在图层蒙版中，纯白色对应的图像是可见的，纯黑色会遮盖图像，灰色区域会使图像呈现出一定程度的透明效果，且灰色越浅，图像越透明。基于以上原理，用户可以根据需要创建不同的图层蒙版。若想要隐藏图像的某些区域时，可以为其添加一个蒙版，将相应的区域涂黑。同样地，如果要完全显示某些区域，可为其添加白色蒙版；如果想使图层内容呈现半透明效果，可为其添加灰色蒙版；如果想要图层内容呈现渐隐效果，可以为蒙版填充渐变。此外，用户也可使用绘画工具添加多种颜色或渐变搭配的蒙版，实现更多效果。

图层蒙版是位图图像，它可以被几乎所有的绘画工具编辑。图层蒙版可以被用来在图层与图层之间创建无缝合成的图像效果，并且不对图层中的图像进行破坏。图层蒙版包括多种类型，如普通图层蒙版、调整图层蒙版、快速蒙版、滤镜蒙版等。

8.2.2　创建图层蒙版

（1）打开一张素材图片，在【图层】面板中单击【】，将背景图层变成普通图层。

（2）执行菜单栏的【图层】下的【图层蒙版】选项，在【图层蒙版】下的级联菜单中选择【显示全部】命令，或者在【图层】面板中单击【添加蒙版】按钮【】，如图8–7所示。添加白色蒙版后，图层正常显示，如图8–8所示。

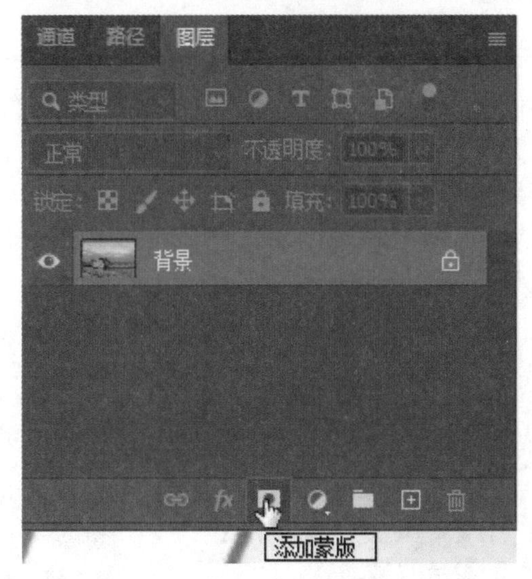

图 8–7　添加蒙版

图 8–8　添加白色蒙版

将前景色分别变为黑色和浅灰色，再选择画笔工具，在白色蒙版图层上分别进行涂抹，图层看上去被删除了一部分，但是图片在实际上并没有被损坏，如图 8–9 所示。

图 8–9　灰色和黑色画笔涂抹

> 注：添加黑色蒙版时可以执行菜单栏的【图层】下的【图层蒙版】选项，在【图层蒙版】下的级联菜单中选择【隐藏全部】命令，或者按住【Alt】键并单击【添加蒙版】按钮。

用户也可以为蒙版添加渐变效果，将当前图像逐渐融入另一个图像中。为蒙版添加渐变效果时，图像之间的融合效果自然且平滑。图 8–10 为原素材图像，图 8–11 为渐变填充创建图层蒙版。

图 8–10　为蒙版添加渐变效果前的原素材图像

（a）在图层蒙版中添加渐变效果

（b）添加渐变效果后的蒙版

图 8–11　为蒙版添加渐变效果

> 注：在对图层蒙版进行操作时，必须单击图层蒙版缩览图。只有选中需要操作的图层蒙版，才能够针对图层蒙版进行操作。

8.2.3 从选区中生成图层蒙版

若当前图层中存在选区，则添加蒙版时，会以选区的范围生成蒙版。

打开一张原素材图像，将其转换为普通图层，如图8–12所示。选择【快速选择工具】，在中间本子区域单击以创建选区，如图8–13所示。

图 8–12 原素材图像

图 8–13 在本子区域中创建选区

单击【图层】面板中的【添加蒙版】按钮，就可以从选区中自动生成蒙版，此时，选区外的图像被蒙版隐藏，画面只能显示选区内的图像。在蒙版【属性】面板中单击【反相】按钮，或者按反相快捷键【Ctrl+I】，可以反转蒙版的遮盖区域，如图8–14所示。直接在选区内添加黑色蒙版，也能达到上述效果。

图 8–14 选区中生成蒙版

将另一张素材图像拖入文档中，并调整为合适的大小，效果如图8–15所示。

图 8–15 从选区中生成图层蒙版的效果图

8.2.4 编辑图层蒙版

图层蒙版可以在不同的图层之间进行复制和移动。想要将蒙版移动到另一个图层，在【图层】面板中选中蒙版缩略图，将图层蒙版拖曳至要移动的图层即可，如图8–16所示。

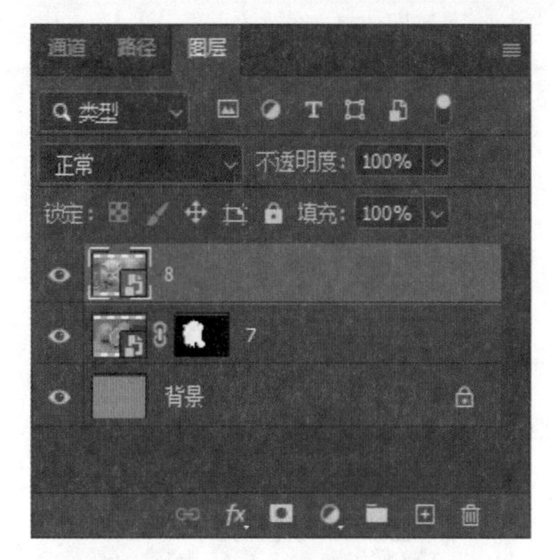

（a）移动前

（b）移动后

图 8-16 移动图层蒙版前后

想要复制图层蒙版，需要在【图层】面板中选中蒙版缩略图，按住【Alt】键后将其拖曳到要复制的图层即可，如图8-17所示。

图 8-17 复制图层蒙版

8.2.5 管理蒙版

在【图层】面板中选中蒙版缩略图，单击鼠标右键，在弹出的菜单中可以选择各个选项来管理蒙版，如图8-18所示。

（1）添加蒙版到选区：将蒙版的区域载入选区，与通道的【载入选区】命令类似，快捷键是【Ctrl+单击蒙版缩略图】。

（2）从选区中减去蒙版：若当前有选区，选择该选项可以从现有的选区中减去蒙版显示的区域，快捷键为【Ctrl+Alt+单击蒙版缩略图】。

（3）蒙版与选区交叉：单击该选项，可以得到蒙版显示的区域与现有选区交叉的部分，快捷键为【Ctrl+Shift+Alt+单击蒙版缩略图】。

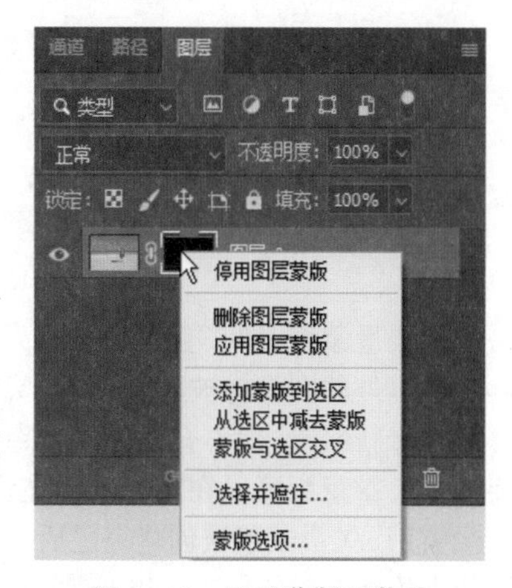

图 8-18 图层蒙版子菜单

8.2.6 链接和取消链接蒙版

图层蒙版缩览图与图像缩览图之间有一个链接图标【 】，当使用【移动工具】移动图层或其蒙版时，它们将会作为一个单元在文档中一起移动。若想要单独移动其中一个，需要将图层蒙版缩览图与图像缩览图之间的链接图标取消掉。

执行菜单栏的【图层】下的【图层蒙版】选项，在【图层蒙版】下的级联菜单中选择【取消链接】命令，如图8-19所示，或单击链接图标，可取消链接。

想要重新建立链接，可以执行【图层】下的【图层蒙版】选项，在【图层蒙版】下的级联菜单中选择【链接】命令，或单击链接图标，可使图层和蒙版重新链接。

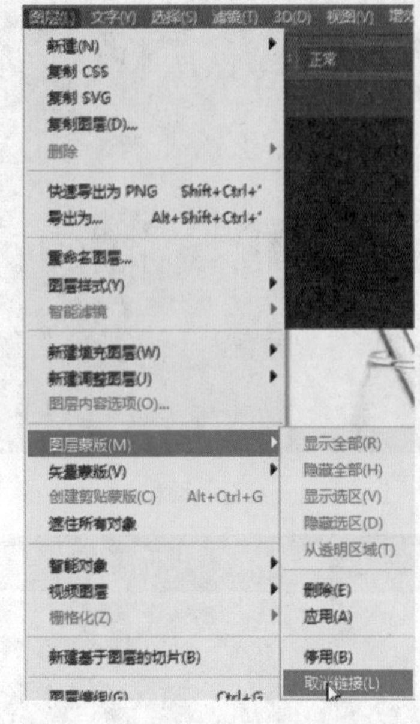

图 8-19 取消链接蒙版操作

8.2.7 删除图层蒙版

删除图层蒙版时，选择要删除的图层蒙版之后，直接单击【图层】面板上面的【 】按钮，或者用鼠标右键单击图层蒙版，在弹出的菜单中，选中【删除图层蒙版】，就可以将选中的图层蒙版删去，如图8-20所示。

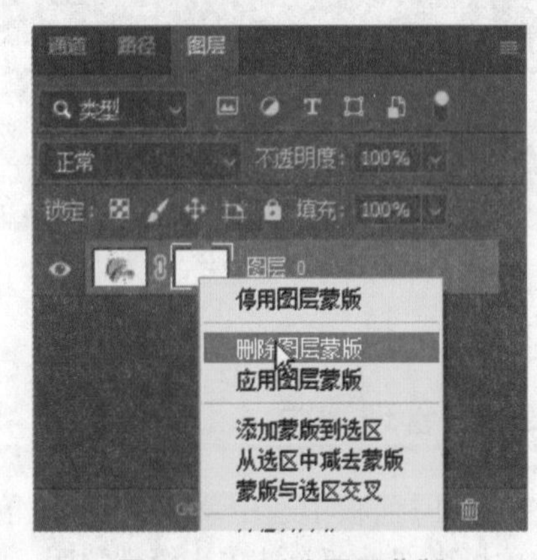

图 8-20 删除图层蒙版

8.3 矢量蒙版

矢量蒙版又叫“路径蒙版”，是配合路径一起使用的蒙版。路径覆盖的区域为图像显示区域，路径以外的图像将被隐藏。矢量蒙版与分辨率无关，可使用钢笔或形状工具创建。矢量蒙版可以返回并重新编辑，而不会丢失蒙版隐藏的像素。

矢量蒙版可以在图层上创建锐变形状。在需要添加边缘清晰分明的图像时，用户可以使用矢量蒙版。矢量蒙版被创建完之后，可以向该图层应用一个或者多个图层样式。通常在需要修改的图像上添加矢量蒙版就可以修改蒙版的路径，从而修改图像的形状。

8.3.1　创建矢量蒙版

矢量蒙版的创建方式与图层蒙版的创建方式一样，单击菜单栏的【图层】下的【矢量蒙版】选项，在弹出的列表中选择【隐藏全部】命令，或者同时按住【Ctrl】和【Alt】按键，并单击图层面板中的按钮【 】，即可添加隐藏矢量蒙版；单击菜单栏的【图层】下的【矢量蒙版】选项，在弹出的列表中选择【显示全部】命令，或者按住【Ctrl】按键并单击图层面板中的按钮【 】，即可添加显示矢量蒙版。

（1）选择并打开一张素材图片，单击菜单栏的【图层】下的【矢量蒙版】选项，在弹出的列表中选择【隐藏全部】命令，即可添加如图 8–21 所示的隐藏矢量蒙版。

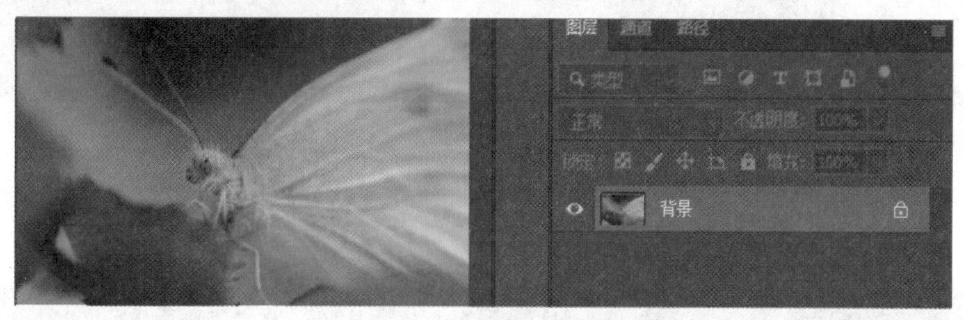

（a）添加矢量蒙版前

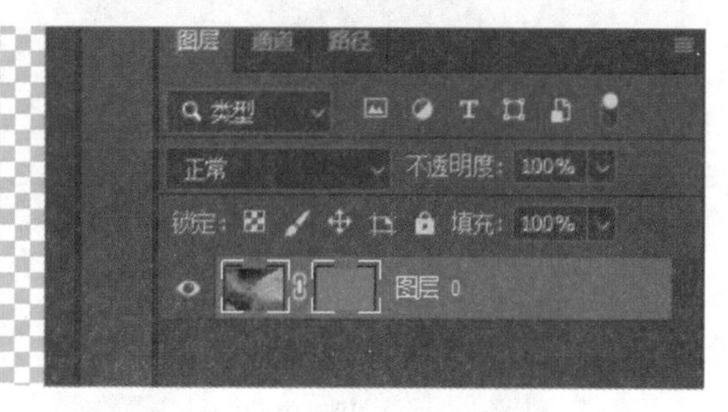

（b）添加矢量蒙版后

图 8–21　添加矢量蒙版前后

（2）在选中矢量蒙版的状态下，在界面左侧的工具箱中选择【矩形工具】按钮，在选项栏中将绘制模式改为【路径】，然后在画布上用鼠标拖动随意绘制一个矩形。矩形绘制完成之后，所选路径之内的区域会被显示，路径之外的区域则被隐藏，如图 8–22 所示。用户可以使用路径选择工具对其进行调整，调整之后的效果如图 8–23 所示。

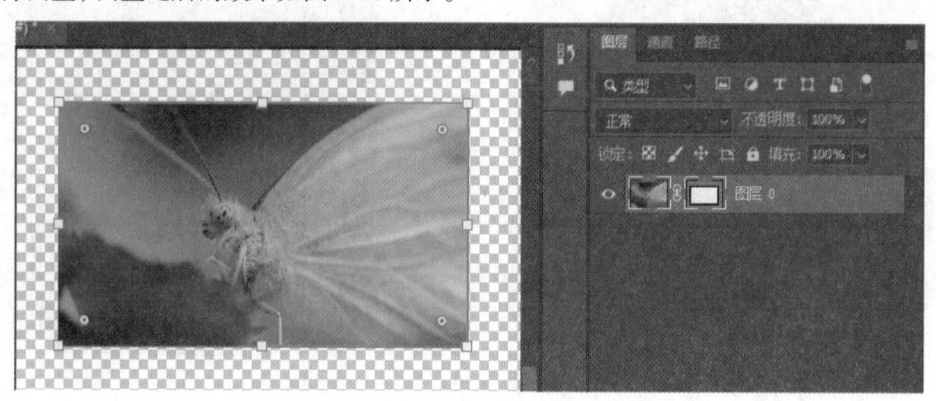

图 8–22　绘制矩形路径

图 8-23 调整路径

（3）矢量蒙版可以和图层蒙版配合使用。单击【图层】面板中的【 】按钮，可以增加一个图层蒙版，如图8-24所示。随后，在界面左侧的工具箱中选择【画笔工具】按钮，将前景色改为黑色，在图层蒙版涂抹，会得到如图8-25所示的效果。

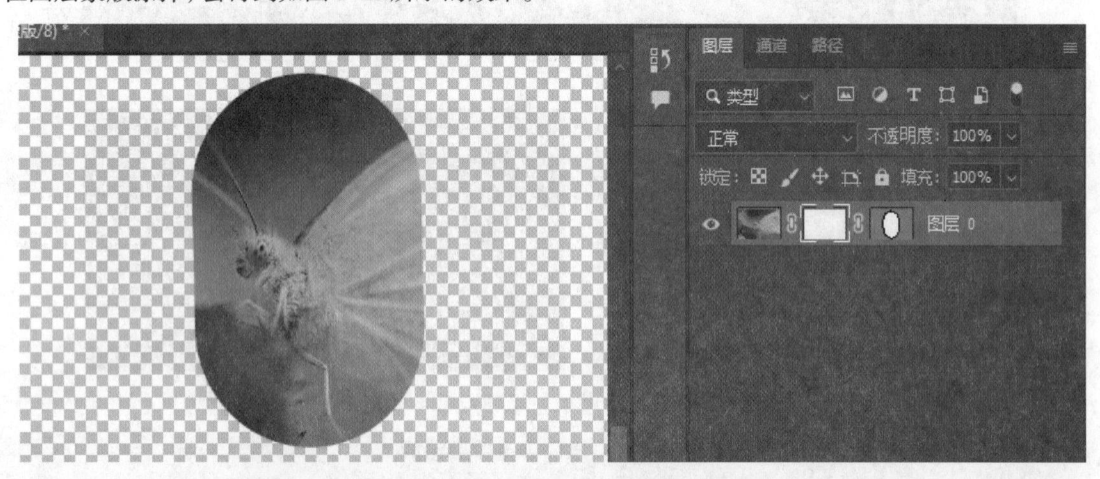

图 8-24 增加图层蒙版

图 8-25 使用【画笔工具】对图层蒙版涂抹

8.3.2　栅格化矢量蒙版

栅格化矢量蒙版就是将矢量蒙版转化成图层蒙版。选中矢量蒙版，单击鼠标右键，在弹出的列表中选择【栅格化矢量蒙版】命令，如图 8-26 所示。栅格化之后的矢量蒙版的缩览图会由灰色变成黑色，如图 8-27 所示。

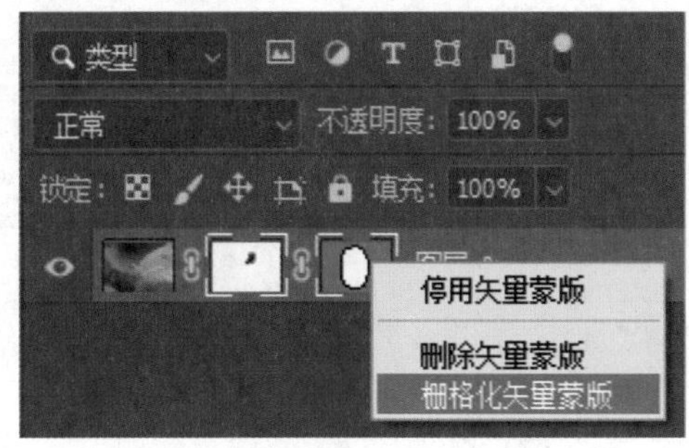

图 8-26　选择【栅格化矢量蒙版】命令

图 8-27　矢量蒙版的缩览图由灰色变成黑色

注：如果在栅格化矢量蒙版之前，图层包含图层蒙版和矢量蒙版，那么在栅格化之后，两个蒙版的交集中会生成新的图层蒙版。

8.3.3　矢量蒙版的变换

单击【图层】面板中的矢量蒙版缩览图，选择矢量蒙版，随后单击菜单栏的【编辑】下的【变换】选项，可以在弹出的列表中选择各项命令，从而对矢量蒙版进行各种变换操作，如图 8-28 所示。

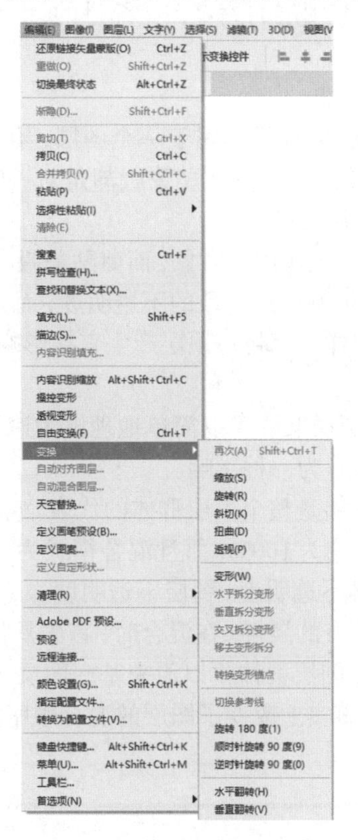

图 8-28　矢量蒙版的【变换】命令

矢量蒙版缩览图和图像缩览图之间有一个链接图标【】，该图标表示蒙版与图像处于链接状态。如果用户在此时要进行变换操作，则蒙版和图像都会一起变换。单击菜单栏的【图层】下的【矢量蒙版】选项，在弹出的列表中选择【取消链接】命令，或者直接单击【】图标可直接取消链接，即可单独对图像或者蒙版进行变换操作。

8.3.4 删除矢量蒙版

如果想要删除矢量蒙版，可以单击蒙版的缩览图，在弹出的列表中点击【删除矢量蒙版】按钮，或者用鼠标左键单击并将矢量蒙版拖动到【图层】面板下边的【】按钮，松开鼠标即可删除蒙版。

8.4 剪贴蒙版

8.4.1 认识剪贴蒙版

1. 剪贴蒙版的介绍

剪贴蒙版是Photoshop CC中的特殊图层，它利用下边图层的图像形状对上方图层中的图像进行剪切，从而限制上方图层的显示范围，最终实现特殊的效果。它可以通过一个图层来控制多个图层的可见内容，而图层蒙版和矢量蒙版都只能控制一个图层。

在剪贴蒙版组中，下面的图层为基底图层，其图层名称带有下划线，上面的图层为内容图层，内容图层的缩览图是缩进的，并显示【】图标，如图8-29所示。

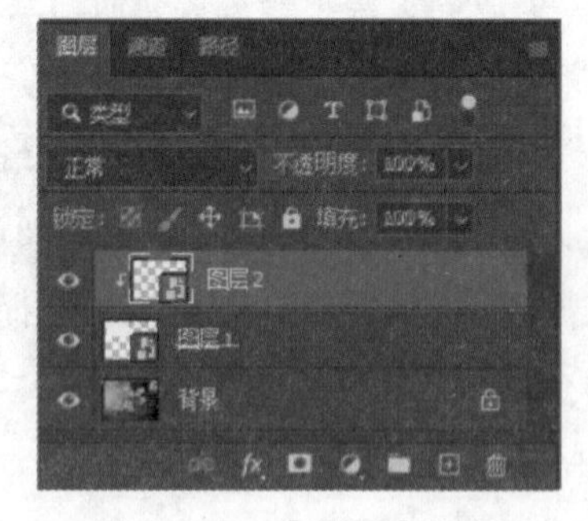

图8-29 【图层】面板

2. 剪贴蒙版与图层蒙版的区别

（1）从形式上看，普通的图层蒙版只作用于一个图层，给人的感觉好像是在图层上面进行遮挡一样。但剪贴蒙版却是对一组图层进行影响，而且是位于被影响图层的下面。

（2）普通的图层蒙版本身不是被作用的对象，而剪贴蒙版本身是被作用的对象。

（3）普通的图层蒙版仅仅是影响作用对象的不透明度，而剪贴蒙版除了影响所有顶层的不透明度外，其自身的混合模式及图层样式都将对顶层产生直接影响。

3. 剪贴蒙版的作用机理

剪贴蒙版的作用不像一般的图层蒙版可以简单地理解为遮挡或蒙盖。剪贴蒙版的作用范围比一般的图层蒙版更宽泛，故应该理解为一种影响。

剪贴蒙版的作用机理：基底图层是整个图层群体的代表。它本身没有什么属性（即图层不透明度、填充不透明度、像素不透明度均为100%，而且混合模式为正常、没有应用图层效果）。剪贴蒙版上面所标记的各种属性（如像素不透明度、图层不透明度、填充不透明度、混合模式及图层效果等）都是基底图层和内容图层所共有的属性。在混合时，首先是各个顶层及基底图层按照其自身的混合属性彼此相互混合，然后整个图层群体再以原来基底图层所标记的各种混合属性与下面的图层进行混合。也就是说，剪贴蒙版事实上改变了图层的混合顺序。

8.4.2 创建剪贴蒙版

（1）选择并打开“城堡”素材图像，如图8-30所示。

图 8–30　“城堡”素材图像

（2）单击菜单栏的【选择】下的【主体】选项，待虚线选中图像后，按下【Ctrl+J】快捷键即可将选中的主体元素提取到一个新的图层上，然后取消勾选背景图层前边的【 】按钮，则上方图层只剩下被提取出来的主体元素，如图 8–31 所示。

图 8–31　提取出来的主体元素

（3）单击菜单栏的【文件】下的【置入嵌入对象】选项，置入准备好的“烟花”素材图像，如图 8–32 所示，同时让“烟花”素材图像完全覆盖到之前提取的主体元素上。

图 8–32　置入“烟花”素材图像

（4）选择“烟花”素材图像所在图层，单击菜单栏的【图层】下的【创建剪贴蒙版】选项，或者按住【Alt】按键，将光标移动到“烟花”图层和提取的主体元素所在图层之间，待图标状态发生变化时，单击鼠标左键，即可为“烟花”图层创建剪贴蒙版，此时该图层缩览图前有剪贴蒙版标识【 】，如图 8–33 所示。再重新勾选背景图层前边的【 】按钮，得到的效果如图 8–34 所示。

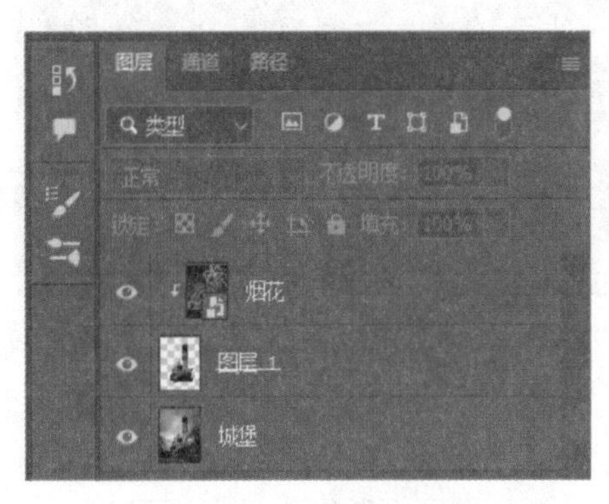

图 8–33　创建剪贴蒙版

图 8–34　勾选“城堡”图层的【】按钮之后的效果

8.4.3 设置不透明度

剪贴蒙版组中的所有图层都使用基底图层的不透明度属性，当改变基底图层的不透明度时，整个图层群体的不透明度都会改变；当改变内容图层的不透明度时，只会改变当前内容图层的不透明度，而其他图层不会受到影响。图 8-35 是改变基底图层的不透明度之后得到的效果。

图 8-35 改变基底图层的不透明度

8.4.4 设置混合模式

与剪贴蒙版的不透明度属性一样，剪贴蒙版组中的所有图层都使用基底图层的混合属性。当改变基底图层的混合模式时，整个图层群体都会使用基底图层模式与下面的图层混合；当改变内容图层的混合模式时，只会改变当前内容图层的混合属性，而其他图层不会受到影响。

8.4.5 图框工具

图框工具与剪贴蒙版有着相似的效果。在工具箱中选择【图框工具】(【 】)，或者按快捷键【K】，在画布中画一个矩形，可以快速建立矩形选框或圆形的类似剪贴蒙版的遮罩效果，如图 8-36 所示。

(a) 矩形选框

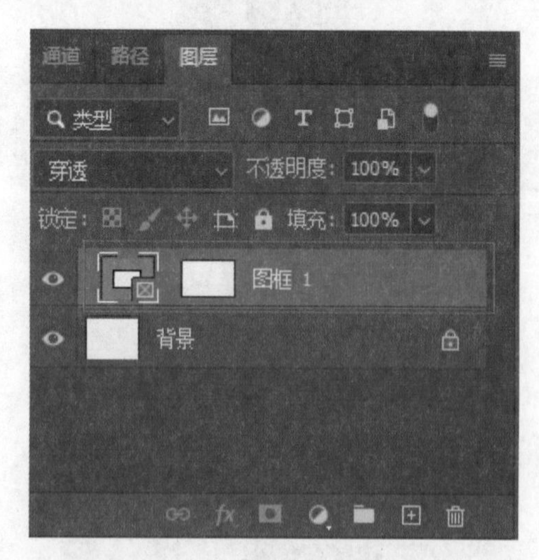

(b)【图框工具】

图 8-36 使用【图框工具】

将素材图像直接拖入图框里面，如图 8-37 所示，图像只在图框范围内显示。可以分别调节图框和图像的大小以达到想要的图像效果，如图8–38所示，但是在调节前，要在图层面板中选中相应的图框或图像。

（a）将素材图像拖入图框里

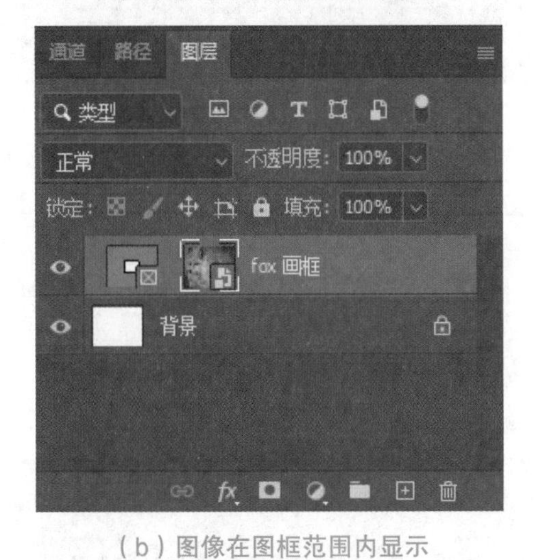

（b）图像在图框范围内显示

图 8–37　将素材图像拖入图框后的效果

图 8–38　调节图框和图像大小

按照同样的方法，可以做出圆形的效果。图8–39为画出的圆形图框，图8–40为用圆形图框得到的效果图。

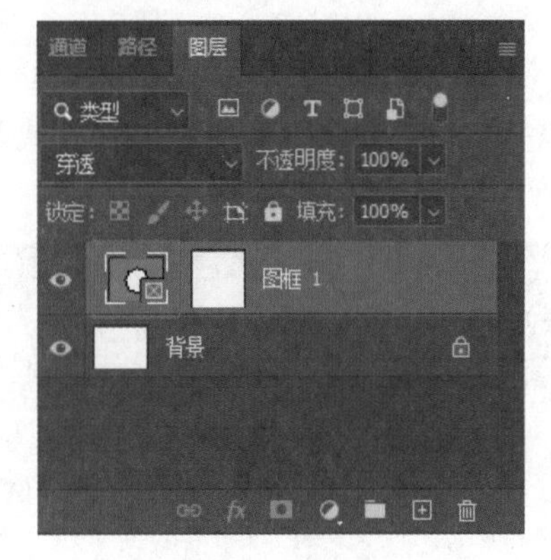

图 8–39　圆形图框

图 8–40　圆形图框的效果图

8.5　快速蒙版

快速蒙版通常与选区配合使用，用户可以通过快速蒙版来定位选区的范围，区分哪些区域可以被改动，哪些区域不可被改动，其功能有些类似于快速选择工具。

（1）打开一张素材图像，在工具箱中选择【以快速蒙版模式编辑】按钮【 】，或者按快捷键【Q】，进入快速蒙版模式，如图 8-41 所示。此时，图层面板上的图层会变成红色，这暗示当前图层处于快速蒙版模式。

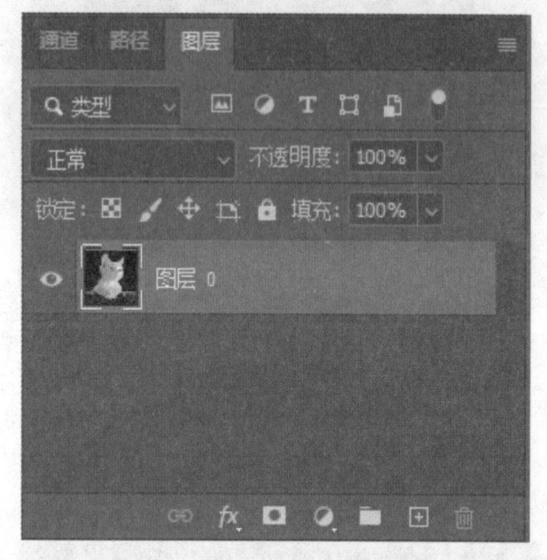

图 8-41 进入快速蒙版模式

（2）进入快速蒙版模式后，【以快速蒙版模式编辑】按钮会变成【以标准模式编辑】按钮。在图层上用绘图工具在想创建选区的地方进行涂抹，如图 8-42 所示。完成涂抹之后，单击【以标准模式编辑】按钮退出快速蒙版模式。此时，被涂抹的区域会自动形成一个选区，选区的位置正好是被选中的区域，如图 8-43 所示。

图 8-42 涂抹之后的图像

图 8-43 生成选区

若选区选中的是红色涂抹范围以外的区域时，可以用鼠标双击【以快速蒙版模式编辑】按钮，弹出【快速蒙版选项】对话框，如图 8-44 所示。随后，在色彩指示中选择【所选区域】即可，或者执行快捷键【Ctrl+Shift+I】进行反选，也可以将选区的位置修改为被选中的区域。

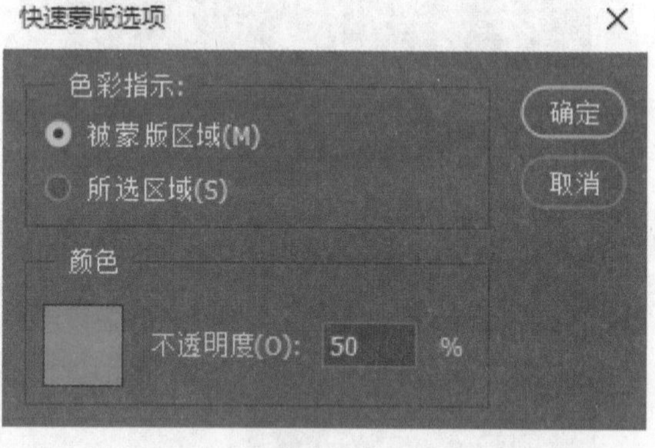

图 8-44 【快速蒙版选项】对话框

第9章　通　道

9.1　认识通道

9.1.1　什么是通道

通道的概念是由遮板演变而来的，也可以说，通道就是选区。在通道中，以白色代替透明表示需要处理的部分（选择区域）；以黑色表示不需要处理的部分（非选择区域）。因此，通道也与遮板一样，没有其独立的意义，而只有在依附于其他图像（或模型）存在时，才能体现其作用。而通道与遮板的最大区别，也是通道最大的优越之处，在于通道可以完全由计算机来进行处理，也就是说，它是完全数字化的。

9.1.2　通道面板

在Photoshop CC中，可以通过【通道】面板来创建、保存和管理通道，如图9-1所示。颜色通道在打开新图像时会自动创建。单击【通道】面板右上角的按钮【▤】，弹出【通道】面板菜单，如图9-2所示。

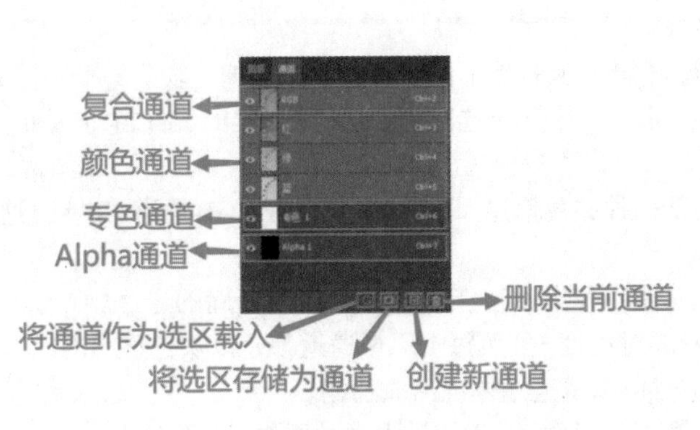

图9-1　【通道】面板

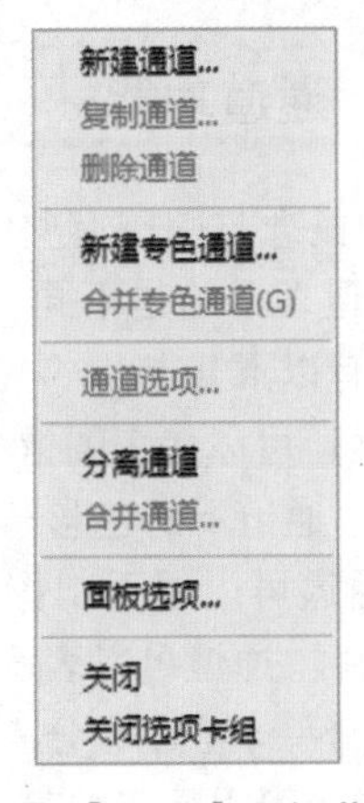

图9-2　【通道】面板菜单

（1）复合通道：在复合通道下，可以同时预览和编辑所有颜色通道。

（2）颜色通道：此通道用于记录图像颜色信息。

（3）专色通道：此通道用于保存专色油墨。

（4）Alpha 通道：此通道用于保存选区。

（5）将通道作为选区载入：单击按钮，可以载入所选通道的选区。

（6）将选区存储为通道：单击按钮，可以将图像中的选区保存在通道中。

（7）创建新通道：单击按钮，可以创建 Alpha 通道。

（8）删除当前通道：单击按钮，可以将选中的通道删除。

（9）复制通道：选择该选项后，会弹出“复制通道”对话框，复制指定的通道，如图 9–3 所示。

（10）分离/合并通道：分离通道是将原素材文件关闭，将通道中的图像以 3 个灰度图像窗口显示；合并通道是将多个灰度图像合并成一个图像通道。

（11）面板选项：用于设置【通道】面板中每个通道的显示状态。选择该选项后，会弹出【通道面板选项】对话框，在该对话框中，可以设置通道缩览图的大小，如图 9–4 所示。

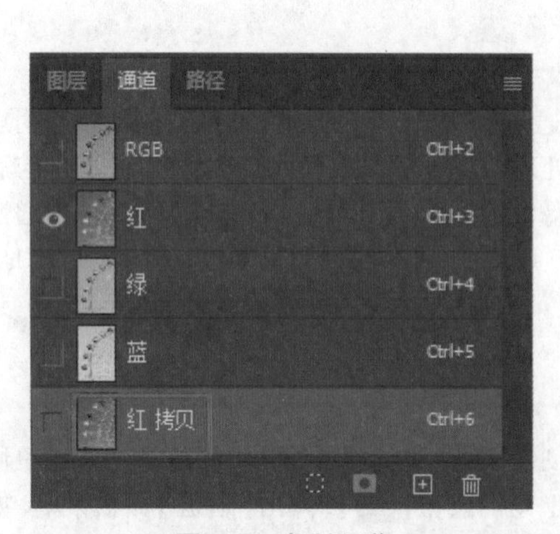

图 9–3　复制通道

图 9–4【通道面板选项】对话框

9.1.3　通道功能

通道的概念与图层有些相似，图层表示的是不同图层像素的信息，显示一个图像的各种合成成分。而通道表示的是不同通道中的颜色信息或选区。通道在 Photoshop CC 中也是很重要的一部分，其功能有以下几点。

（1）通道可以代表图像中的某一种颜色信息。图 9–5 是图像在 RGB 通道、R（红）通道、G（绿）通道、B（蓝）通道下的色彩通道。

（2）通道可以用于制作选区。使用分离通道能选择一些比较精确的选区。在通道中，白色代表的就是选区。通道可以表示色彩的对比度。虽然每个原色通道都是以灰色显示的，但不同的通道的对比度是不一样的，在分离通道时可以清楚地体现出该功能。

（3）通道可以用于修复扫描失真的图像。对于扫描失真的图像，不要在整个图像上进行修改，而是要先对图像的每个通道进行对比，然后对有瑕疵的通道单独进行修改。

（4）通道可以制作特殊效果。通道不局限于图像的混合通道和原色通道，还可以创建出倒影文字、3D图像和若隐若现等效果。

（a）RGB 通道

（b）R（红）通道

（c）G（绿）通道

（d）B（蓝）通道

图 9-5　图像在 RGB 通道、R 通道、G 通道、B 通道下的色彩通道

9.2　通道的分类

通道作为图像的组成部分，是与图像的格式密不可分的。图像颜色、格式的不同决定了通道的数量和模式，这在通道面板中可以直观地看到。通道不同，其命名也不同，以下就是通道的分类。

1. Alpha 通道

Alpha通道是计算机图形学中的术语，指的是特别的通道。有时，它特指透明信息，但通常的意思是“非彩色”通道。Alpha通道是为保存选择区域而专门设计的通道，在生成一个图像文件时，并不是一定产生Alpha通道。通常，它是由用户在图像处理过程中人为生成的。因此在输出制版时，Alpha通道会因为与最终生成的图像无关而被删除。在三维软件最终渲染输出的时候，会附带生成一张Alpha通道，用在平面处理软件中作后期合成。

除了Photoshop CC的文件格式PSD外，GIF与TIFF格式的文件都可以保存Alpha通道。而GIF文件还可以用Alpha通道作图像的去背景处理。因此，可以利用GIF文件的这一特性制作任意形状的图形。

2. 颜色通道

一个图片被建立或者打开以后会自动创建颜色通道。在Photoshop CC中编辑图像时，实际上就是在编辑颜色通道。这些通道把图像分解成一个或多个色彩成分，图像的模式决定了颜色通道的数量。RGB图像有R（红）、G（绿）、B（蓝）三个颜色通道和一个复合通道，如图9-6所示；CMYK图像有C（青色）、M（洋红）、Y（黄色）、K（黑色）四个颜色通道和一个复合通道，如图9-7所示；Lab图像有明度、a、b和一个复合通道，如图9-8所示。而灰度图像只有一个颜色通道，它们包含了所有将被打印或显示的颜色。当用户查看单个通道的图像时，图像窗口中显示的是没有颜色的灰度图像。用户通过编辑灰度级的图像，可以更好地掌握各个通道原色的亮度变化。

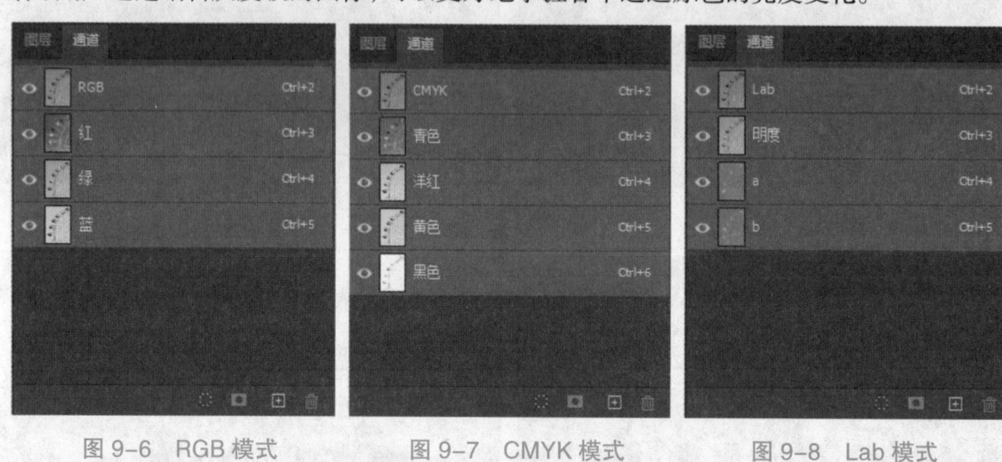

图 9-6　RGB 模式　　图 9-7　CMYK 模式　　图 9-8　Lab 模式

3. 复合通道

复合通道是由蒙版概念衍生而来的，是用于控制两张图像叠盖关系的一种简化应用。复合通道不包含任何信息，实际上它只是同时预览并编辑所有颜色通道的一个快捷方式。它通常被用在单独编辑完一个或多个颜色通道后，使通道面板返回到它的默认状态。对于不同模式的图像，其通道的数量是不一样的。

4. 专色通道

专色通道是一种特殊的颜色通道，它可以使用除了青色、洋红、黄色、黑色以外的颜色来绘制图像。在印刷中，为了让印刷作品与众不同，往往要做一些特殊处理，如增加荧光油墨或夜光油墨、套版印制无色系（如烫金）等，这些特殊颜色的油墨（我们称其为“专色”）都无法用三原色油墨混合而成，这时就要用到专色通道与专色印刷了。

在图像处理软件中，都存有完备的专色油墨列表。我们只需选择需要的专色油墨，就会生成与其相应的专色通道。但在处理时，专色通道与原色通道恰好相反，用黑色代表选取（喷绘油墨），用白色代表不选取（不喷绘油墨）。由于大多数专色无法在显示器上呈现效果，所以其制作过程也带有相当大的经验成分。

5. 矢量通道

为了减小数据量，人们将逐点描绘的数字图像再一次解析，运用复杂的计算方法将其上的点、线、面与颜色信息转化为数学公式，这种公式化的图形被称为“矢量图形”，而公式化的通道则被称为“矢量通道”。矢量图形虽然能够成百上千倍地压缩图像信息量，但其计算方法过于复杂，转化效果也往往不尽如人意。因此，它只有在表现轮廓简洁、色块鲜明的几何图形时才有用武之地，而在处理真实效果（如照片）时则很少用。Photoshop中的“路径”、3D中的几种预置贴图、Illustrator、Flash等矢量绘图软件中的蒙版，都是属于这一类型的通道。

9.3　通道的创建与编辑

通过【通道】面板和面板菜单中的各种命令，可以创建不同的通道以及不同的选区，并且还可以实现复制、删除、分离与合并通道等操作。

9.3.1　选择并查看通道

选择并打开一张素材图片，选择【窗口】下的【通道】命令，打开【通道】面板。在【通道】面板中，可以通过单击鼠标左键选择不同的通道，通道选择完毕之后，文档窗口会显示所选通道的灰度图像，如图 9-9 所示。

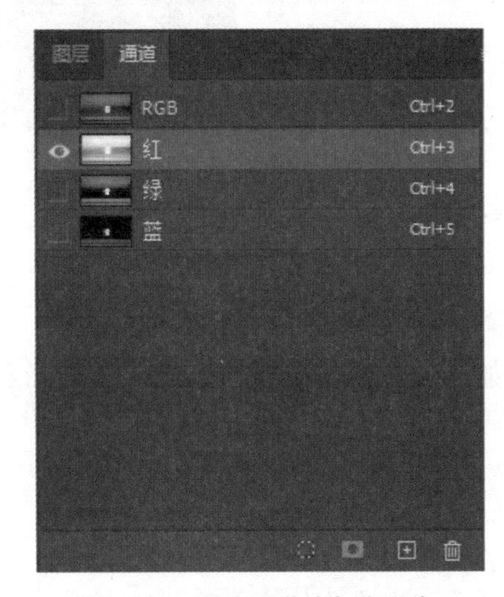

图 9-9　所选通道的灰度图像

按住【Shift】键并多次单击鼠标左键，可以选择多个不同的通道，选择完毕之后，文档窗口会相应地显示所选颜色通道的复合通道。通道名称左侧则会显示该处通道内容的灰度图像的缩览图。在编辑通道时，复合通道会随着通道的改变而自动更新。

注：在【通道】面板中，每个通道的右侧都显示了快捷键。例如，在 RGB 模式下按下【Ctrl+3】快捷键，可以快速地选择【红】通道。

9.3.2　创建 Alpha 通道

创建通道的方法主要包括在【通道】面板中创建通道、使用选区创建通道和使用【贴入】命令创建通道。

单击【通道】面板中的【创建新通道】按钮，即可创建一个 Alpha 通道。按住【Alt】键并单击【创建新通道】按钮，可弹出【新建通道】对话框，如图 9-10 所示。在该对话框中，可以设置通道的名称、颜色和不透明度等参数。其中，通过选择【色彩指示】选项栏中的【被蒙版区域】和【所选区域】，可以决定新建通道的颜色显示方式。若选中【所选区域】，则新建通道中没有颜色的区域代表被遮蔽的区域，有颜色的区域代表选择区，若选中【被蒙版区域】，则与之相反。

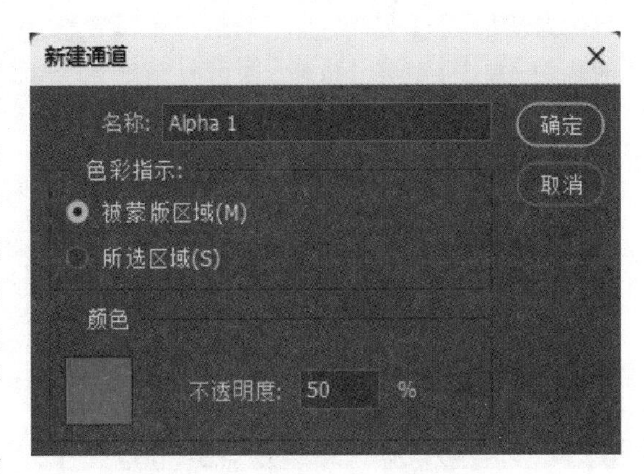

图 9-10　【新建通道】对话框

如果在文档窗口中创建选区，单击【通道】面板中的【将选区存储为通道】按钮，即可完成对 Alpha 通道的创建。

除此之外，还可以执行【选择】选项下的【存储选区】命令，在弹出的【存储选区】对话框中设置通道的名称，如图9-11所示。

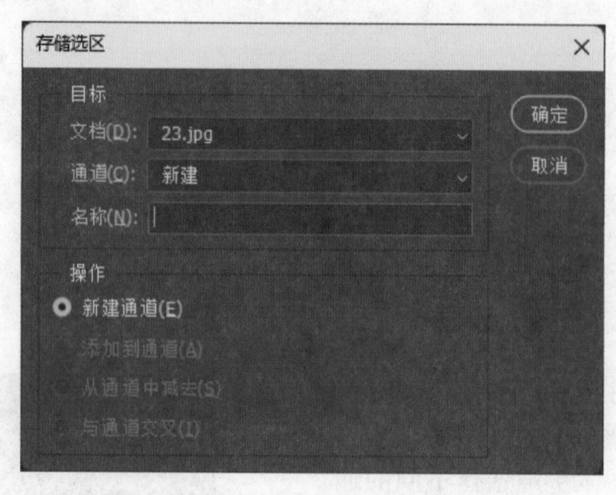

图9-11 【存储选区】对话框

9.3.3 重命名、复制和删除通道

1. 重命名通道

如果想要对通道重命名，则需要双击对应通道的名称，在显示的文本框中输入新的通道名称。但是，颜色通道和复合通道不能进行重命名。

2. 复制通道

当选区范围被保存之后，如果想要对该选区范围进行编辑，一般需要将该通道的内容复制后再进行编辑，防止编辑后不能复原。复制通道的具体操作如下所示。

在【通道】面板中任意选择一个通道，单击面板右上角的【☰】按钮，在弹出的下拉菜单中选择【复制通道】命令，会弹出如图9-12所示的对话框。在【复制通道】对话框中设置合适的参数，单击【确定】按钮，即可复制出一个新的通道，如图9-13所示。

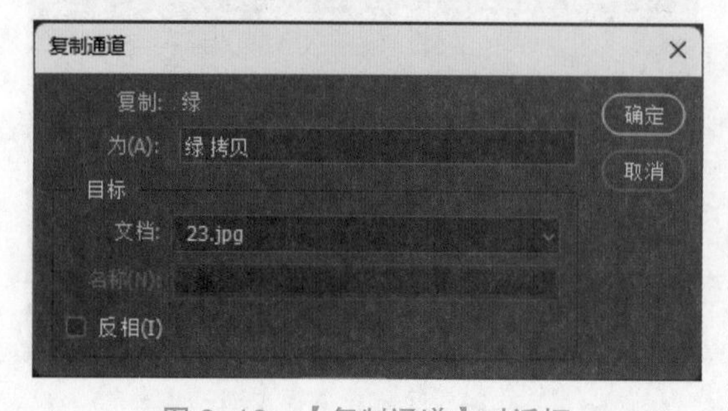

图9-12 【复制通道】对话框

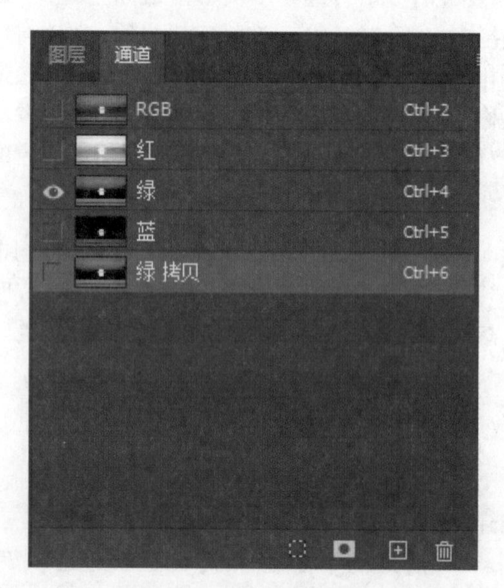

图9-13 复制之后的通道

注：将光标移动到任意一个通道上边，按住鼠标左键不放，将其拖动到面板中的【创建新通道】按钮上，松开鼠标即可实现快速复制通道。

3. 删除通道

若要删除通道，则将需要删除的通道拖动到【删除当前通道】按钮上，松开鼠标即可将通道删除，也可以单击选择该通道，单击【删除当前通道】按钮将其删除。

9.3.4　编辑与修改专色

创建专色通道之后，可以使用绘图或者编辑工具在图像中编辑。用黑色绘画可以添加更多不透明度为100%的专色，用灰色可以添加不透明度较低的专色。绘画工具或者编辑工具的选项栏中的【不透明度】选项决定了打印输出的实际油墨浓度。

如果要修改专色，可以双击专色通道的缩览图，在打开的【专色通道】对话框中进行设置。

9.3.5　用原色显示通道

在默认情况下，【通道】面板中的原色通道均以灰度显示，但也可以根据需求将通道以原色进行显示，即“红”通道用红色显示，“绿”通道用绿色显示。

单击菜单栏的【编辑】下的【首选项】选项，在弹出的列表中选择【界面】命令，打开【首选项】对话框，勾选【用彩色显示通道】复选框，如图9–14所示。单击【确定】按钮退出对话框，即可在【通道】面板中看到用原色显示的通道。图9–15为原“通道”面板和彩色显示“通道”面板的对比效果。

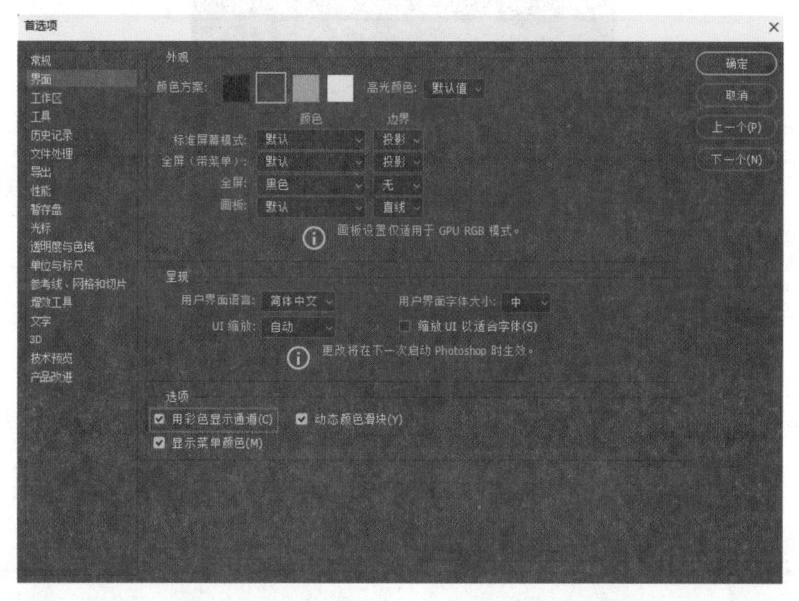

图 9–14　勾选【用彩色显示通道】复选框

（a）原“通道”面板

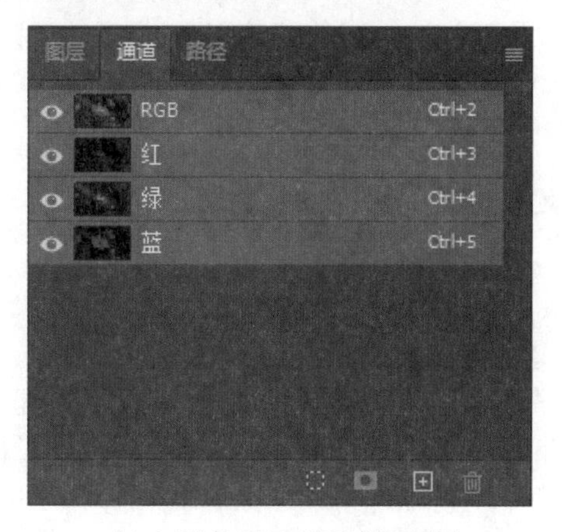

（b）彩色显示“通道”面板

图 9–15　原“通道”面板和彩色显示“通道”面板的对比效果

9.3.6 同时显示Alpha通道和图像

只选择Alpha通道时，图像窗口会显示该通道的灰度图像。如果想要同时查看图像和通道内容，可以在显示Alpha通道后，单击复合通道前的【 】图标。随后Photoshop CC会显示图像，并以一种颜色代替Alpha通道的灰度图像，类似于在快速蒙版模式下的选区。

9.3.7 将通道应用到图层

在对图像进行后期处理时，经常会将某个通道中的信息和原图像进行混合操作，而这就需要将通道中的信息提取出来。

选择并打开一张素材图像，在【通道】面板中选择通道，按下【Ctrl+A】快捷键全选通道，然后再按下【Ctrl+C】快捷键复制通道。单击选择复合通道，按下【Ctrl+V】快捷键，将复制的通道粘贴到一个新的图层中，如图9-16所示。

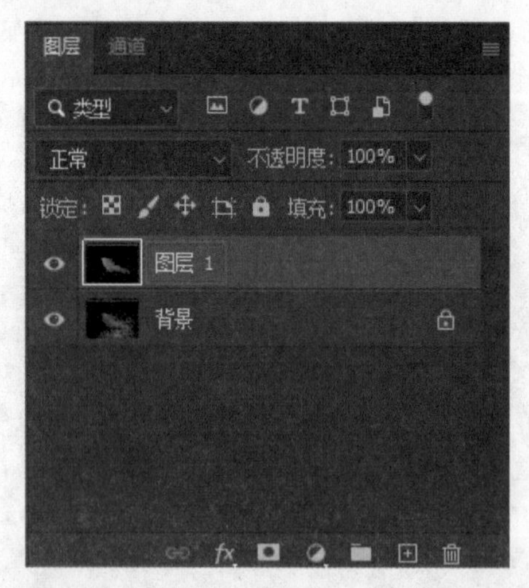

图 9-16 将复制的通道粘贴到一个新的图层中

9.3.8 将图层内容粘贴到通道

将图层内容粘贴到通道的方法和将通道中的图像粘贴到图层的方法类似。选择并打开一张素材图像，按下【Ctrl+A】快捷键全选，然后按下【Ctrl+C】快捷键复制图像，接着在【通道】面板中新建一个Alpha通道，按下【Ctrl+V】快捷键，即可将复制的图像粘贴到通道中。

9.4 【应用图像】命令

【应用图像】命令既可以混合图层或通道，也可以创建特殊的图像合成效果，使用该命令，可以从通道的混合效果中创建更为精确的选区。

在执行【应用图像】命令前，当前图像总是目标对象，而且只能选择一个源图像。Photoshop将获取源和目标混合在一起，并将结果输出到目标图像中。打开素材图像，单击【图像】下的【应用图像】命令，会弹出【应用图像】对话框，如图9-17所示。

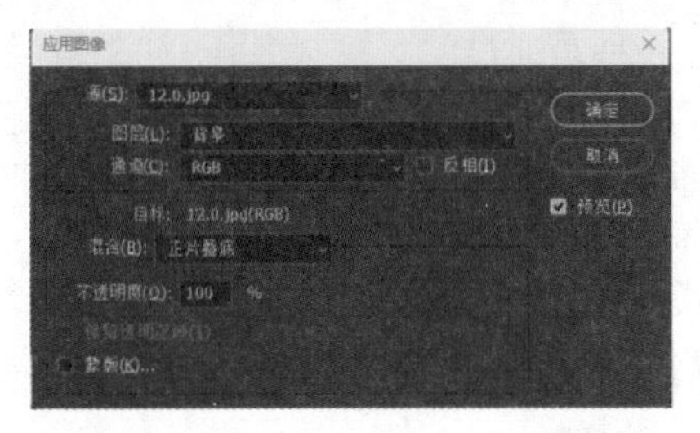

图 9–17　【应用图像】对话框

从图9–17可以看出，【应用图像】对话框共分为“源”“目标”和“混合”三部分。

1.【源】——参与混合的对象

（1）执行【应用图像】命令后，Photoshop会在当前操作的文件中创建混合，即该文件的图层或通道将与其自身混合。

（2）如果窗口打开了多个文件，并且这几个文件中有与当前文件像素尺寸相同的文件，则可以在【源】选项的下拉列表中选择该文件，使其与当前的文件混合。图9–18是用Photoshop CC打开了两个像素尺寸相同的图像文件，因此在【应用图像】下的【源】中有两个选项。

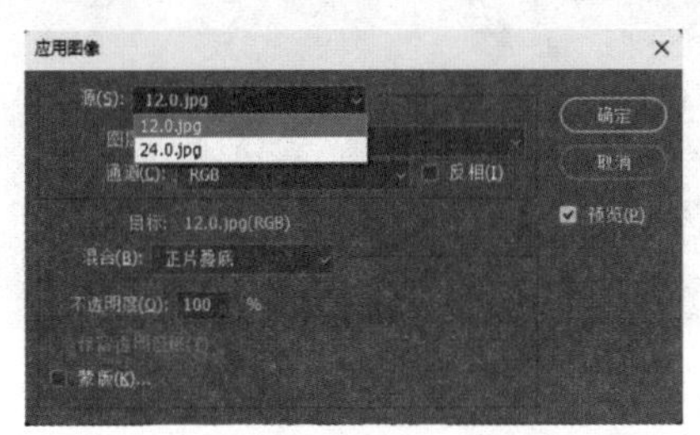

图 9–18　打开了两个图像的【应用图像】对话框

（3）首先在【源】选项中设置好参与混合的文件，然后在【图层】选项中选择参与混合的图层，如果想要让源文件中的所有的图层都参与混合，可以在【图层】的下拉列表中选择【合并图层】选项，如图9–19所示。

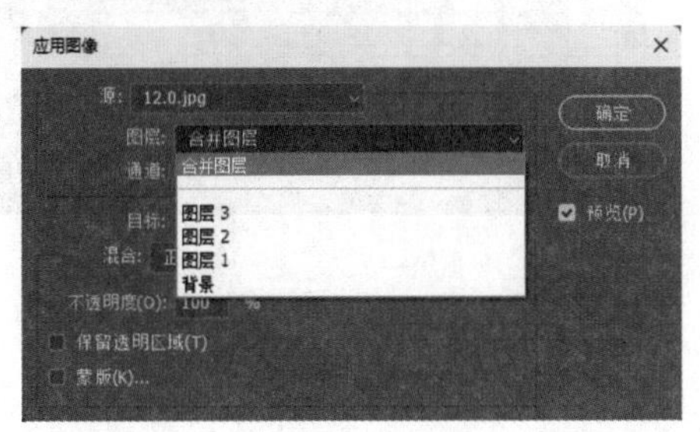

图 9–19　选择【合并图层】选项

（4）最后，通过【通道】选项的下拉列表来设置参与混合的通道。只有前边的选项设置正确了，才能在【通道】选项中找到需要的通道。如果勾选了【反向】按钮，则会将通道反向后再参与混合。

2.【目标】——被混合的对象

当前所选图层或者通道就是目标对象。如果执行命令前选择的是图层，【目标】选项中就会显示当前文件的名称、被选择的图层名称和文件的颜色模式，如图9–20所示；如果执行命令前选择的是通道，【目标】选项中就会显示当前文件的名称、当前图层的名称和被选的通道的名称，如图9–21所示。

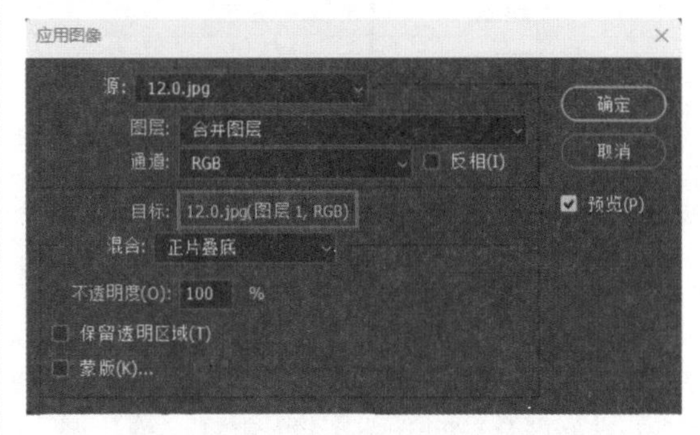

图 9–20　选择图层后的【目标】选项

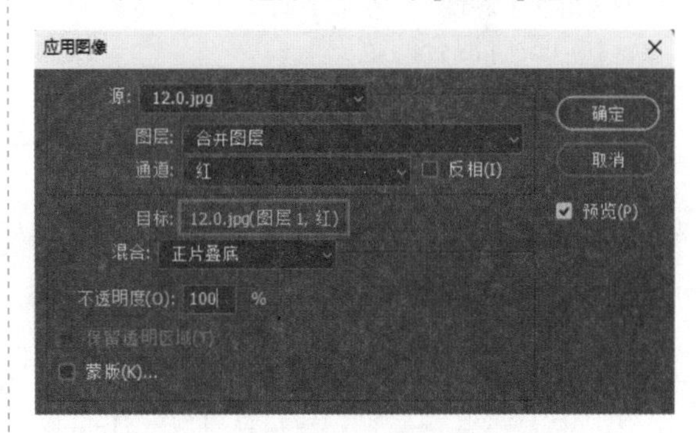

图 9–21　选择通道后的【目标】选项

3.【混合】——控制混合效果

（1）设置混合模式。

【混合】选项下拉列表中包含了如图9–22所示的混合模式，除了Photoshop CC中基本的混合模式外，【应用图像】命令还包含【相加】和【减去】这两个附加混合模式。

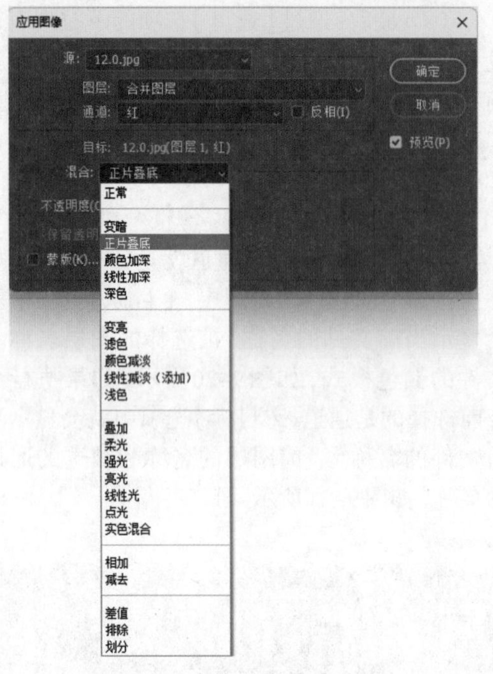

图 9–22 混合模式

（2）设置混合的强度。

【不透明度】选项用于控制参与混合的对象的不透明度。不透明度的值越低，参与混合的对象对被混合的目标对象的影响就越小，混合的强度也就越弱。

（3）设置混合的范围。

在【应用图像】对话框中有两种控制混合范围的方式，一种是通过图层的透明区域控制混合，一种是通过蒙版控制混合。如果被混合的目标对象是一个包含透明区域的图层，勾选【保留透明区域】后，可将混合结果应用到图层的不透明区域，那么图层的透明区域便不会受到影响，如图 9–23 所示。如果要使用蒙版限制混合范围，可勾选【蒙版】选项，如图 9–24 所示。

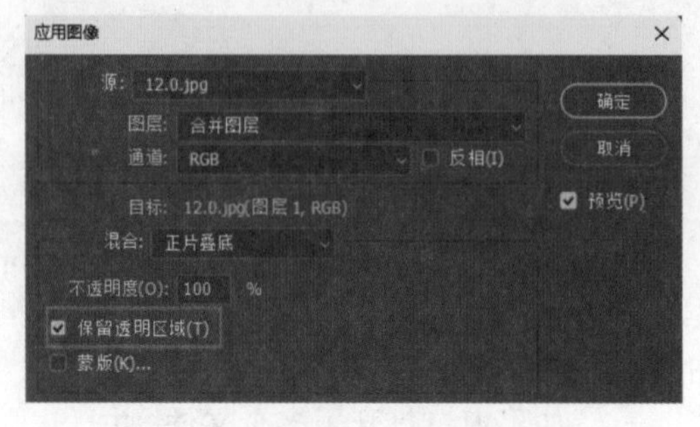

图 9–23 勾选【保留透明区域】

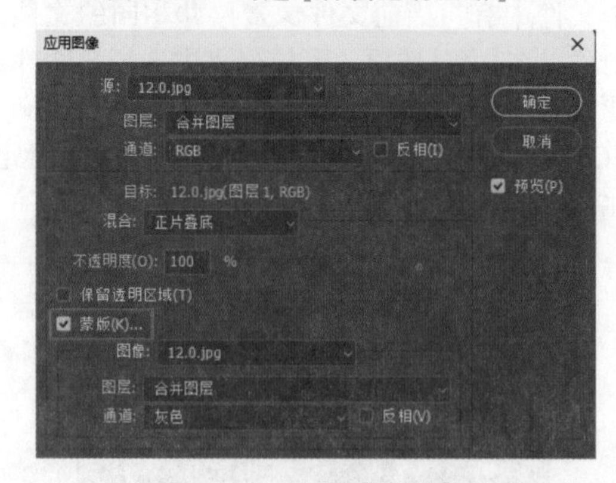

图 9–24 勾选【蒙版】

9.5 【计算】命令

【计算】命令与【应用图像】命令基本相同，它可以混合两个单个通道，这两个单个通道可以来自一个或者多个源图像。执行该命令可以创建新的通道和选区，也可以生成新的黑白图像，但是该命令不能作用于复合通道。选择并打开素材图像，执行【图像】下的【计算】命令，会弹出如图 9–25 所示的对话框。

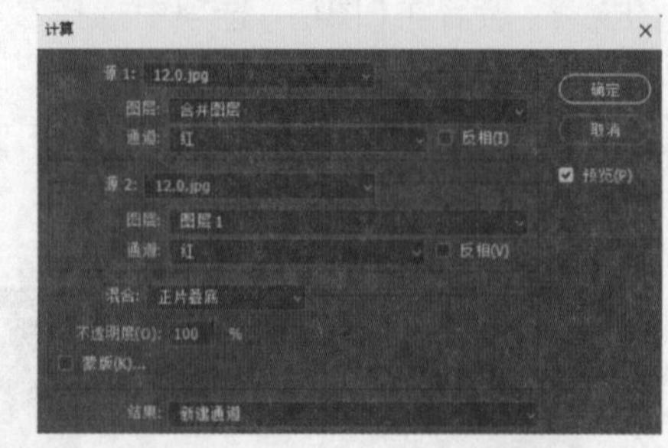

图 9–25 【计算】对话框

（1）源 1：用于选择第一个源图像、图层和通道。

（2）源 2：用于选择与“源 1”混合的第二个源图像、图层和通道，该文件必须是打开的，并且其尺寸和分辨率与“源 1”的图像相同。

（3）结果：可以选择一种结果的生成方式。选择“通道”，可以将计算结果应用到新的通道中，参与混合的两个通道不会受到任何影响；选择“文档”，可以得到一个新的黑白图像；选择“选区”，则可以得到一个新的选区。

9.6　通道的不透明表达度

通道默认是以灰度来显示的，灰度值从100%至0%表示从黑到白。

黑表示选区透明，灰表示选区半透明，白表示选区不透明。当通道上的某区域是0%灰度时，载入选区后，得到的是100%不透明的选区；当通道上某区域是灰度值为35%的浅灰色时，则创建的选区是65%不透明度的半透明选区；当通道上某区域是100%灰度时，则载入选区后得到的是0%不透明的选区，即没有选区，所以选区的不透明度与灰度值是成反比的。

9.7　通道的编辑

1. 分离通道

分离通道可以将彩色图像拆分，分解成单个灰度图像，被拆分的图像以原文件和该通道的缩写命名。拆分结束后，原文件会自动关闭。

打开一张RGB素材图像，如图9-26所示。在【通道】面板中单击【☰】，在下拉列表中选择【分离通道】命令，即可将素材图像拆分为红、绿、蓝通道的灰度图像，拆分结果如图9-27所示。

图 9-26　RGB 素材图像

（a）红通道

（b）绿通道

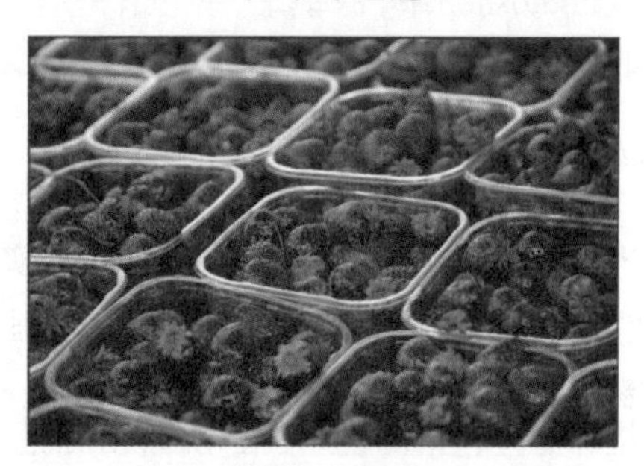

（c）蓝通道

图 9-27　素材图像的分离效果

2. 合并通道

分离通道后，如果想要把分离后的通道再合并到一起，可以执行【合并通道】命令将它们合并到一起，如图9-28所示。

图 9-28　合并通道效果

10.1 认识滤镜

10.1.1 什么是滤镜

在Photoshop中，滤镜是一种插件模块，它可以改变图像中的像素。每一个拥有不同位置和颜色值的像素构成了位图，滤镜就是通过改变像素或者颜色值来生成特效的。

10.1.2 滤镜的种类

当需要对图层或选区进行改变时，如实现模糊、扭曲、波动等效果时，都可以使用特定的滤镜。在Photoshop CC中，滤镜分为特殊滤镜、内置滤镜和外挂滤镜三种。

1. 特殊滤镜

特殊滤镜包括滤镜库、液化滤镜和消失点滤镜。在使用Photoshop CC时，特殊滤镜的使用率较高，而且在滤镜菜单中的位置上，也与其他滤镜有区别。

2. 内置滤镜

内置滤镜多种多样，可分为九种滤镜组，广泛应用于纹理制作、文字效果制作和图像处理等方面。

3. 外挂滤镜

外挂滤镜并不是Photoshop软件自带的滤镜，而是需要用户单独安装，用户可以根据需求来安装自己需要的外挂滤镜。其中，KPT（Kai' s Power Tools）和Eye Candy 3.0等都是经常被用户安装的滤镜。

注：如果有些滤镜在【滤镜】菜单中找不到，则可以点击【编辑】按钮，在【首选项】中选择【增效工具】命令，在对话框中勾选【显示滤镜库所有组和名称】复选框即可。

10.1.3 滤镜的功能

滤镜可以清除和修饰图像，能够为图像提供素描或印象派绘画外观的特殊艺术效果，还可以使用扭曲和光照效果创建独特的变换。Adobe提供的滤镜显示在【滤镜】菜单中。此外，Photoshop CC还允许第三方开发商提供外挂滤镜，用户可以根据自己的需求使用第三方开发商提供的某些外挂滤镜。在外挂滤镜安装完毕之后，这些工具滤镜会出现在【滤镜】菜单的底部。

10.1.4 滤镜的应用范围

Photoshop CC滤镜的应用范围非常广泛，它不仅可以应用于普通的像素图层，还可以应用到选区、图层蒙版和通道等对象上边。用户通过使用滤镜可以获得更加多样的选区或图像效果。

10.2 滤镜的基本操作

10.2.1 应用滤镜

1. 使用规则

（1）使用滤镜处理某个图层中的图像时，需要选择该图层，并且该图层必须是可见状态，即缩览图前显示【👁】图标。

（2）从【滤镜】菜单中选择相应的命令即可使用滤镜。Photoshop CC会对选取区域进行滤镜效果处理；如果没有确定选取区域，则会对整个图像进行滤镜效果处理；如果当前选中的是某个图层或通道，则滤镜只会对当前图层或通道起作用。

（3）滤镜和绘画工具或其他修饰工具一样，只能处理当前选择的图层的图像，不能同时处理多个图层中的图像。

（4）滤镜的处理以像素为单位，因此，经过滤镜处理之后的效果和图像的分辨率有一定的关系。对不同分辨率的图像施加相同参数的处理，产生的效果也会因图像分辨率的不同而不同。

（5）除了“云彩”滤镜以外的其他滤镜都必须应用在包含像素的区域，否则用户将不能使用这些滤镜（外挂滤镜除外）。

（6）只对局部图像进行滤镜效果处理时，可以对选取范围设定羽化值，使处理的区域能够自然地、渐进地与原图相融合。上一次所使用的滤镜会出现在【滤镜】菜单的顶部，单击它可快速重复使用刚才的滤镜操作；也可以按下【Ctrl+Alt+F】快捷键，实现快速重复上一次使用的滤镜操作。在任意一个滤镜对话框中，按住【Alt】键不松，对话框中的【取消】按钮会变成【复位】按钮，此时单击【复位】按钮，可以将滤镜恢复到对话框的原始状态。

（7）在“位图”“索引颜色”“16位”的色彩模式下不能使用滤镜。此外，不同的色彩模式的使用范围也不同，在CMYK和Lab模式下，像“艺术效果”滤镜等则不能使用。

2. 使用技巧

（1）可以对单独的某一层图像使用滤镜，然后通过色彩混合进行图像合成；也可以对单一的色彩通道或是Alpha通道使用滤镜，然后合成图像。

（2）可以将多个滤镜同时混合使用，从而制作出精美的图像或者底纹。

（3）可以将多个滤镜录制成一个“动作”后使用，通过这种方式，用户在以后如果想重复同样的操作时，就可以执行这一个“动作”，即可完成多步操作，省去了前边繁杂的步骤。

10.2.2 使用滤镜库

执行【滤镜】下的【滤镜库】命令，打开【滤镜库】对话框，如图10-1所示。对话框左侧为预览区，中间为6个可供选择的滤镜组，右侧为滤镜参数设置区。

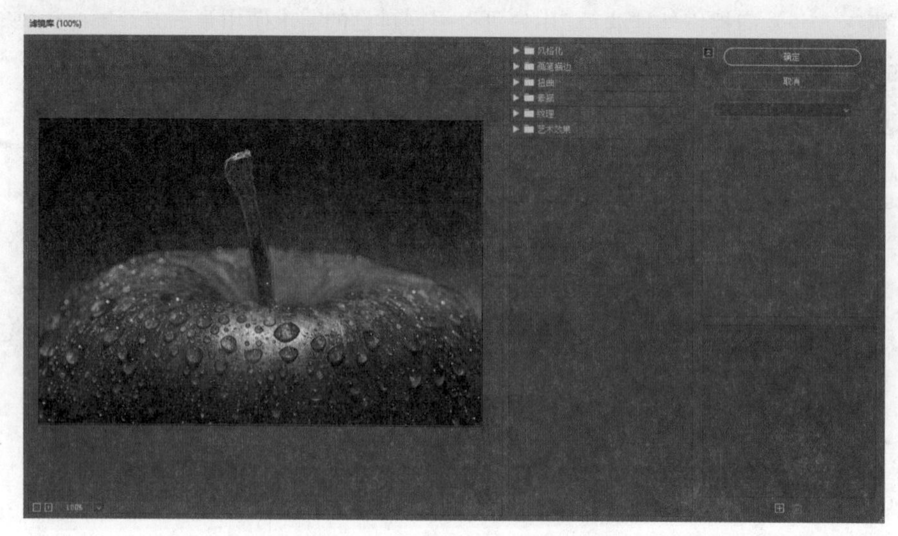

图 10-1 【滤镜库】对话框

（1）预览区：用于预览滤镜的效果。

（2）滤镜组/参数设置区：【滤镜库】包含6个滤镜组，单击滤镜组名称左侧的三角形按钮，可以展开该滤镜组。单击滤镜组的任意一个滤镜就可以使用该滤镜，同时在右侧会显示出该滤镜的参数选项，也叫作“参数设置区”。

（3）新建/删除效果图层：单击【⊞】按钮可以创建一个滤镜效果图层，一个滤镜图层可以使用一种滤镜；如果想要将指定的滤镜图层删除，则可以单击【🗑】按钮。

（4）显示/隐藏滤镜缩览图：单击【⌃】按钮，可以隐藏滤镜组，将窗口空间留给图像预览区，再次单击该按钮，则会显示滤镜组。

（5）滤镜图层：在【滤镜库】中单击任意一个滤镜后，该滤镜就会显示在对话框右下角的图层列表中，如图10-2所示。单击【新建效果图层】按钮，可以创建一个效果图层，创建完效果图层之后，可以选择另一个图层进行叠加，如图10-3所示。可以用鼠标左键拖动效果图层来调整它们的顺序，如图10-4所示。

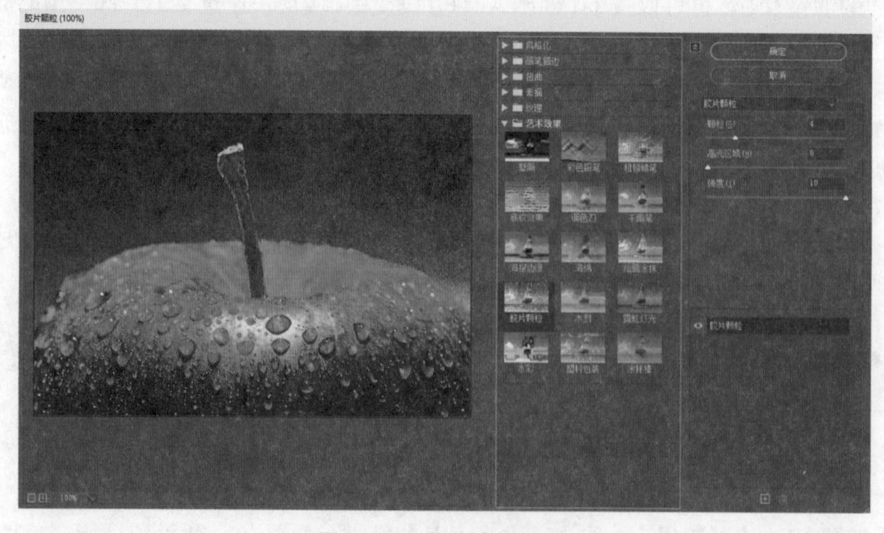

图 10-2 新建滤镜图层

图 10-3　创建效果图层　　　　图 10-4　调整图层顺序

10.3　镜头校正

“镜头校正”滤镜常用于修复常见的镜头缺陷，如枕形失真、桶形失真、色差及晕影等，也可以用来旋转图像，或者修改由相机垂直或者水平倾斜导致的图像透视现象。单击菜单栏的【滤镜】下的【镜头校正】选项，会弹出如图10–5所示的对话框。单击【自定】选项打开【自定】选项卡，如图10–6所示。

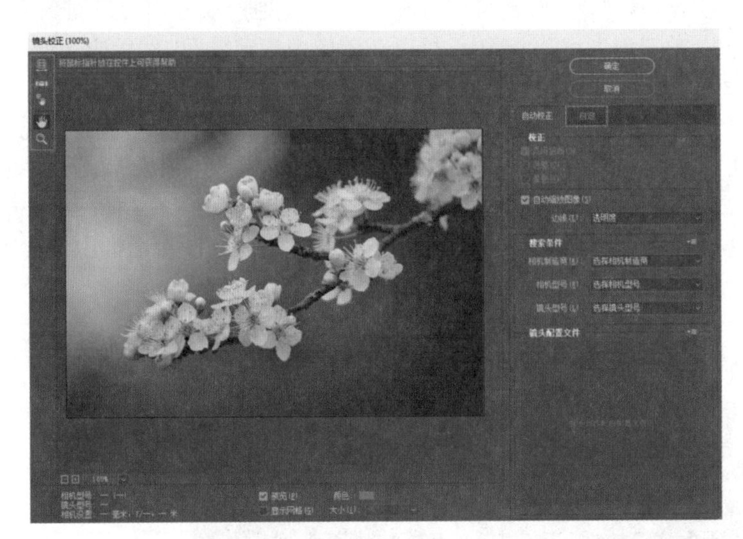

图 10-5　【镜头校正】对话框

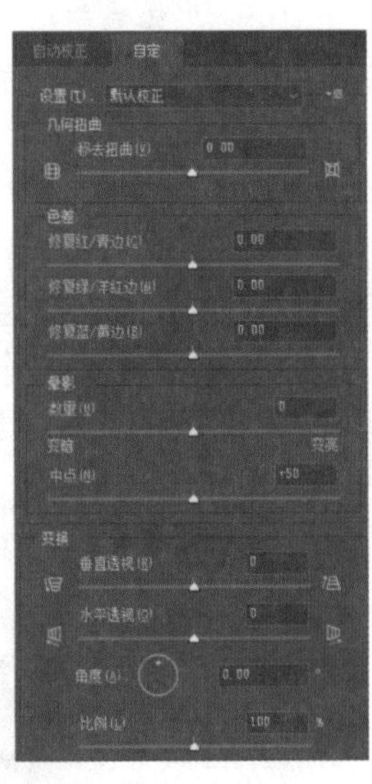

图 10-6　【自定】选项卡

1. 镜头校正工具

（1）移去扭曲工具：用于校正图像拍摄时产生的枕形失真和桶形失真。

（2）拉直工具：用于校正倾斜的图像，与【裁剪工具】选项栏中的【拉直】的作用相同。

（3）移动网格工具：用来移动网格，以便使网格与图像对齐。

（4）抓手工具和缩放工具：用于移动画面和缩放窗口的显示比例。

（5）预览：在对话框中预览校正效果。

（6）显示网格：勾选该复选框后，将在窗口中显示网格。

2. 移去扭曲

该选项与“移去扭曲工具”的作用相同，可以手动校正图像拍摄产生的枕形失真和桶形失真。

3. 色差

通过设置具体的色差数值，校正由于镜头对不同平面颜色的光进行对焦而产生的色边。

4. 晕影

用于校正由镜头缺陷或镜头遮光处理不当而导致的边缘较暗的图像。

5. 变换

（1）垂直透视：用于校正由相机垂直倾斜而导致的图像透视效果。

（2）水平透视：用于校正由相机水平倾斜而导致的图像透视效果。

（3）角度：可以通过旋转图像来校正由相机倾斜而产生的图像倾斜，与“拉直工具”的作用相同。

（4）比例：可以向内侧或外侧调整图像缩放比例，图像的像素尺寸不会改变。该选项的主要作用是移去由枕形失真、旋转或透视校正而产生的图像空白区域。

注：如果需要对大量图像进行镜头校正，可以在【镜头校正】对话框中选择相应的图像，并选择合适的镜头校正配置文件和“校正选项”。Photoshop CC会快速完成所有图像的镜头校正。

10.4 消失点

“消失点”滤镜可以简化在包含透视平面（如建筑物的侧面、墙壁、地面或任何矩形对象）的图像中进行的透视校正编辑的过程。在“消失点”滤镜中，可以在图像中指定平面，然后应用绘画、仿制、拷贝、粘贴或变换等编辑操作。所有编辑操作都将采用所处理平面的透视。当修饰、添加或移除图像中的内容时，结果将更加逼真，因为可以确定这些编辑操作的方向，并将其缩放到透视平面。完成在消失点中的工作后，可以继续在Photoshop CC中编辑图像。如要在图像中保留透视平面信息，则需要将文档存储为PSD、TIFF或JPEG格式的文档。

单击菜单栏的【滤镜】下的【消失点】选项，弹出如图10-7所示的对话框。该对话框中包含用于定义透视平面的工具、用于编辑图像的工具和图像预览区域。

图10-7 【消失点】对话框的释义

（1）编辑平面工具：选择、编辑、移动平面和调整平面大小。

（2）创建平面工具：定义平面的四个角节点、调整平面的大小和形状，并拖出新的平面。

（3）选框工具：建立方形或矩形选区，同时移动或仿制选区。

（4）图章工具：使用图像的一个样本绘画。与仿制图章工具不同，“消失点”滤镜中的图章工具不能仿制其他图像中的元素。

（5）画笔工具：在平面中绘制选定的颜色。

（6）变换工具：通过移动外框手柄来缩放、旋转和移动浮动选区。它的作用类似于在矩形选区上使用“自由变换”命令。

（7）吸管工具：在预览图像时单击该按钮，选择一种用于绘画的颜色。

（8）测量工具：在平面中测量项目的距离和角度。

（9）缩放工具：在预览窗口中放大或缩小图像的视图。

（10）抓手工具：在预览窗口中移动图像。

10.4.1 放大或缩小预览图像

以下四种操作都可以完成对预览图像的放大或缩小。

（1）在【消失点】对话框中，首先选择缩放工具，然后在预览图像中单击或拖动进行放大；按住【Alt】按键并单击或拖动，可以进行缩小。

（2）在对话框底部的“缩放”文本框中指定放大级别。

（3）单击加号（+）或减号（-）按钮分别进行放大或缩小。

（4）如果要临时在预览图中缩放，可以按住【X】按键（这一点对在定义平面时放置角节点和处理细节很有效）。

10.4.2 在预览窗口中移动图像

在预览窗口中移动图像，可以通过以下两种方法完成。

（1）在【消失点】对话框中选择抓手工具，并在预览图像中拖动。

（2）在选择任何工具之后按住空格键，然后在预览图像中拖动。

10.5 自适应广角

使用“自适应广角”滤镜，可以校正由广角镜头而造成的镜头扭曲，也可以快速拉直在全景图或采用鱼眼镜头和广角镜头拍摄的照片中看起来弯曲的线条。例如，建筑物在使用广角镜头拍摄时，会看起来向内倾斜。

单击菜单栏的【滤镜】下的【自适应广角】选项，弹出如图10-8所示的对话框。该对话框中包含用于定义透视的选项卡、用于编辑图像的工具，以及一个可预览图像工作区和一个细节查看的预览区。

图 10-8 【自适应广角】对话框

1. 选取校正类型

（1）鱼眼：校正由鱼眼镜头所引起的极度弯曲。

（2）透视：校正由视角和相机倾斜角所引起的会聚线。

（3）自动：自动检测合适的校正。

（4）完整球面：校正360°全景图，全景图的长宽比必须为2：1。

2. 其他设置

（1）缩放：指定值以缩放图像。使用此值最小化在应用滤镜之后引入的空白区域。

（2）焦距：指定镜头的焦距。如果在照片中检测到透镜信息，则此值会自动填充。

（3）裁剪因子：指定值以确定如何裁剪最终图像。将此值与“缩放”配合使用，以补偿应用滤镜时引入的任何空白区域。

（4）原照设置：启用此选项，以使用镜头配置文件中定义的值。如果没有找到镜头信息，则禁用此选项。

3. 自适应广角工具

（1）约束工具：单击图像或拖动端点可添加或编辑约束，按住【Alt】键可删除约束。

（2）多边形约束工具：单击图像或拖动端点可添加或编辑多边形约束。

10.6 油 画

“油画”滤镜可以将照片转换为具有经典油画视觉效果的图像。借助几个简单的滑块，可以调整描边样式的数量、画笔比例、描边清洁度和其他参数。

单击菜单栏的【滤镜】下的【风格化】选项，在弹出的列表中选择【油画】选项，如图10-9所示。该对话框中包含用于定义油画效果的选项区，以及一个图像预览工作区。

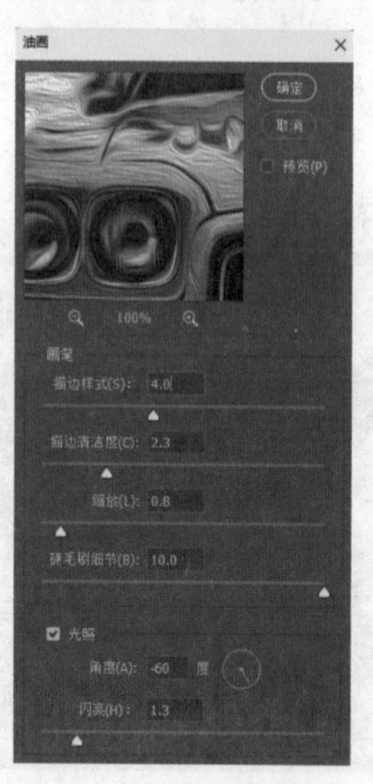

图 10-9 【油画】对话框

1. 画笔滑块

（1）描边样式：调整描边样式，其范围为0.1～10。

（2）描边清洁度：调整描边长度，范围为0～10。

（3）缩放：调整绘画的凸现程度或表面粗细，范围为0.1～10，以实现具有强烈视觉效果的印象派绘画品质。

（4）硬毛刷细节：调整毛刷画笔压痕的明显程度，范围为0～10。

2. 光照滑块

（1）角度：调整光照（而非画笔描边）的入射角。如果要将油画合并到另一个场景中，则此设置非常重要。

（2）闪亮：调整光源的亮度和油画表面的反射量。

应用该滤镜前后的效果如图10-10所示。

（a）原素材图像

（b）添加“油画”滤镜的效果

图 10-10 应用“油画”滤镜的前后对比

10.7 液 化

“液化”滤镜可用于推、拉、旋转、反射、折叠和膨胀图像的任意区域。创建的扭曲可以是细微的或剧烈的，这就使“液化”命令成为修饰图像和创建艺术效果的强大工具。液化滤镜提供了多种工具，每种工具都有特定的功能。

单击菜单栏的【滤镜】下的【液化】选项，弹出【液化】对话框，如图 10–11 所示。

图 10–11 【液化】对话框

1. 液化工具

（1）向前变形工具：在拖动时向前推动像素。

（2）重建工具：在按住鼠标按钮并拖动时，可反转已添加的扭曲。

（3）顺时针旋转扭曲工具：在按住鼠标按钮或拖动时，可顺时针旋转像素。要逆时针旋转像素，则需在按住鼠标按钮并拖动时按住【Alt】按键。

（4）褶皱工具：在按住鼠标按钮并拖动时，使像素朝着画笔区域的中心移动。

（5）膨胀工具：在按住鼠标按钮并拖动时，使像素朝着离开画笔区域中心的方向移动。

（6）左推工具：当垂直向上拖动该工具时，像素向左移动（如果向下拖动该工具，像素会向右移动）。也可以围绕对象顺时针拖动以增加其大小，或逆时针拖动以减小其大小。要在垂直向上拖动时向右移动像素（或者要在向下拖动时向左移动像素），需要在拖动时按住【Alt】按键。

（7）冻结蒙版区域：可以冻结涂抹区域，以保护该区域不受其他操作的影响。

（8）解冻蒙版区域：涂抹冻结区域可以解除冻结。

2. 工具选项

（1）画笔大小：设置用来扭曲图像的画笔的宽度。

（2）画笔密度：控制画笔如何在边缘羽化，产生的效果是：画笔中心的效果最强，边缘处的效果最轻。

（3）画笔压力：设置在预览图像中拖动工具时的扭曲速度，使用低画笔压力时，可减慢更改速度。

（4）画笔速率：设置工具（如旋转扭曲工具）在预览图像中保持静止时扭曲所应用的速度。该值设置得越大，应用扭曲的速度就越快。

（5）光笔压力：使用光笔绘图板中的压力读数（只有在使用光笔绘图板时，此选项才可用）。选定“光笔压力”后，工具的画笔压力为“光笔压力”与“画笔压力”值的乘积。

应用该滤镜前后的效果如图 10-12 所示。

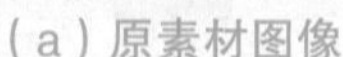

（a）原素材图像　　（b）添加“液化”滤镜的效果

图 10-12　应用“液化”滤镜的前后对比

10.8　模糊滤镜

模糊滤镜是Photoshop中使用频率最高的滤镜之一。在制作底纹、特效文字或者处理图像等时，都会用到模糊滤镜，所以模糊滤镜在修饰图像的过程中发挥了很重要的作用。模糊滤镜组中包含了平均、模糊、进一步模糊、高斯模糊、径向模糊、动感模糊、镜头模糊、特殊模糊、表面模糊、形状模糊、方框模糊这 11 种滤镜，它们的主要作用是削弱相邻像素之间的对比度，使图像产生模糊的效果。

1. 平均

“平均”滤镜可以找出图像或者选区的平均色，并使用该颜色填充图像或选区，从而产生一种平滑的效果。

2. 模糊

“模糊”滤镜可以用来平滑边缘过于清晰或者对比度过于强烈的区域，通过产生模糊效果来柔化边缘。

3. 进一步模糊

“进一步模糊”滤镜和“模糊”滤镜所需要进行的操作和产生的效果相同，但是操作之后所产生的模糊程度不同。“进一步模糊”滤镜产生的模糊效果通常是“模糊”滤镜的3~4倍。

4. 高斯模糊

“高斯模糊”滤镜是利用高斯曲线的分布模式，有选择性地给图像施加模糊滤镜。高斯模糊应用的是中心高斯曲线，其特点是曲线呈尖峰状，具体而言就是中间高、两边低。前边的“模糊”滤镜和“进一步模糊”滤镜是对所有的像素都进行模糊处理，但是“高斯模糊”滤镜可以控制模糊程度和修饰图像。例如，某个图像上面的杂点很多，就可以使用“高斯模糊”滤镜对图像进行处理，从而使图像更加平滑。在“高斯模糊”滤镜对话框中，提供了一个可以调整模糊程度的滑块，其可调节的范围是0.1～1 000像素，其值越大，模糊效果越强。

5. 径向模糊

径向模糊是一种从中心向外呈辐射状的逐渐模糊的效果。图10–13是“径向模糊”滤镜的各项参数的意义。

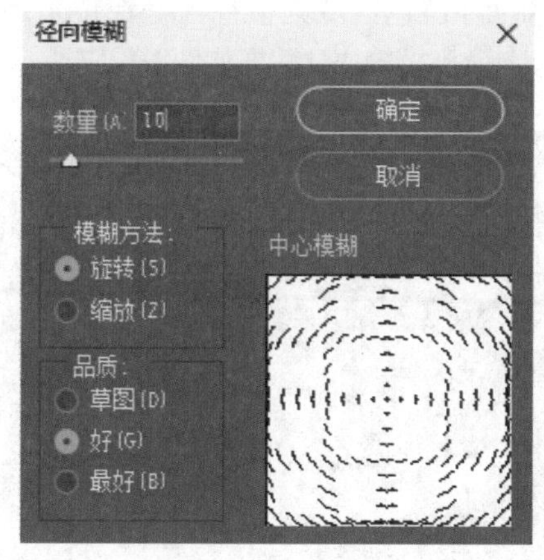

图 10–13 【径向模糊】对话框

（1）数量：用于设置径向模糊的强度，其设置范围是1～100之间的正数，数值越大，则径向模糊的效果越强。

（2）模糊方法：有“旋转”和“缩放”两种方式。当选择“旋转”时，图像经过径向滤镜处理之后，会产生旋转的效果；当选择“缩放”时，图像经过径向滤镜处理产生的效果是放射状的，这两种方式产生的效果如图10–14所示。

（a）原素材图像

（b）旋转模式效果

（c）缩放模式效果

图 10–14 “径向模糊”滤镜的应用效果

（3）品质：该选项用于设置“径向模糊”滤镜处理图像的质量。当使用“径向模糊”滤镜处理图像时，需要进行大量的运算。Photoshop CC有“草图”“好”“最好”三个不同品质层次的处理，用户对品质的要求越高，则处理的速度就越慢。

（4）中心模糊：设置径向模糊从哪点开始，哪点就是模糊区域的中心位置。将光标移动到预览框中，单击即可选择模糊中心。

6. 动感模糊

“动感模糊”滤镜就是在某个方向上对图像进行线性位移，产生沿某个方向运动的模糊效果。使用该滤镜，可以将一个静态的图像转变为一个动态的图像。图10–15是“动感模糊”滤镜的属性面板，“角度”用于控制动感模糊的方向；“距离”用于设置像素移动的距离，它的变化范围是1～2 000像素，数值越大，模糊效果越强。图10-16为原图像和使用“动感模糊”滤镜后的效果。

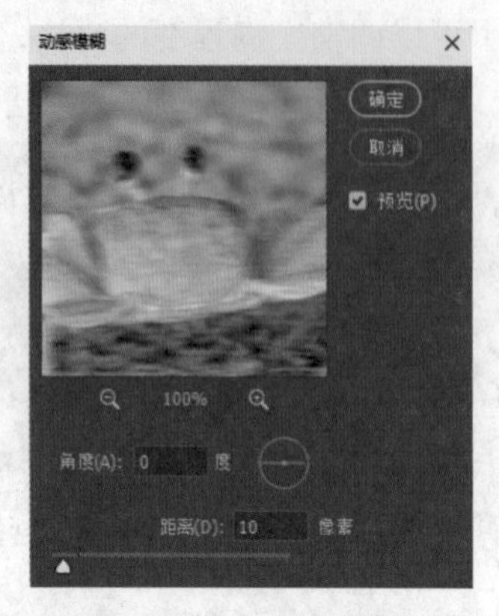

图 10-15 【动感模糊】对话框

（a）原素材图像

（b）“动感模糊”滤镜下的效果

图 10-16 应用“动感模糊”滤镜的前后对比

7. 镜头模糊

镜头模糊可以向图像中添加模糊以产生更窄的景深效果，使图像中的一些对象在焦点内，而使其他区域变模糊。可以利用选区来确定要使哪些区域变模糊，或者可以提供单独的Alpha通道深度映射来准确描述如何增加模糊。

“镜头模糊”滤镜使用深度映射来确定像素在图像中的位置。在选择了深度映射的情况下，也可以使用十字线光标来给定模糊的起点。可以使用Alpha通道和图层蒙版来创建深度映射；Alpha通道中的黑色区域被视为好像位于照片的前面，白色区域则被视为好像位于远处的位置。【镜头模糊】对话框如图10-17所示。

图 10-17 【镜头模糊】对话框

（1）更快：该选项可以提高预览速度。

（2）更加准确：该选项可以查看图像的最终效果，但是会增加预览时间。

（3）深度映射：在【源】下拉列表中，可以选择使用Alpha通道和图层蒙版来创建深度映射。如果图像包含Alpha通道并勾选了该项，则Alpha通道中的黑色区域被视为位于照片的前面，白色区域则被视为位于远处的位置。在【模糊焦距】中设置的像素值是画面的焦点。如果勾选了【反相】复选框，可以反转蒙版和通道，然后再将其应用。

（4）光圈：用于设置模糊的显示方式，在【形状】下拉列表中可以设置光圈的形状。改变【半径】的数值可以调整模糊的数量，【叶片弯度】用于调整叶片的曲线形状，【旋转】用于旋转光圈。

（5）镜面高光：【亮度】用于设置高光的亮度，【阈值】用于设置亮度截止点，像素值比截止点高的地方被视为镜面高光。

（6）杂色：用于给画面添加杂色。

（7）分布：用于设置杂色的分布方式，包括“平均”和“高斯分布”。

（8）单色：在不影响颜色的情况下，为图像增加杂色。

8. 特殊模糊

应用“特殊模糊”滤镜对图像进行更为精确且可控制的模糊处理，可以减少图像中的褶皱模糊，或除去图像中多余的边缘。【特殊模糊】对话框如图10–18所示。

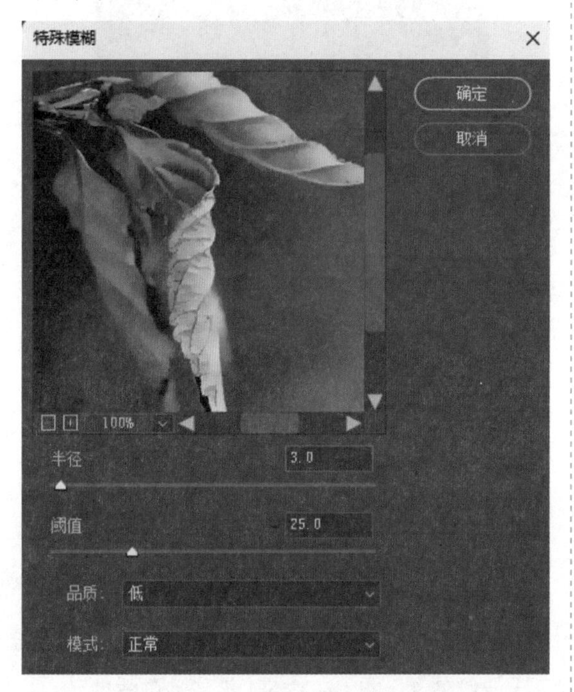

图10–18　【特殊模糊】对话框

（1）半径：【半径】的可调节范围是0.1～100，数值越高，模糊效果越明显。

（2）阈值：【阈值】的可调节范围是0.1～100，只有当相邻像素间的量度差值不超过【阈值】的数值时，像素才会被特殊模糊。

（3）品质：在品质的下拉列表中，可以选择“低”“中”“高”三种方式。

（4）模式：在模式的下拉列表中有“正常”“仅限边缘”“叠加边缘”三种模式。选择的模式不同，产生的效果也不相同。当选择“正常”模式时，模糊后产生的效果与其他模糊滤镜产生的效果基本相同；当选择“仅限边缘”模式时，Photoshop CC以黑色显示背景图像，以白色描绘出图像的边缘像素亮度值变化的区域；当选择“叠加边缘”时，处理之后产生的效果相当于将“正常”模式和“仅限边缘”模式处理产生的效果叠加在一起。

9. 表面模糊

“表面模糊”滤镜可以在图像的表面产生一种半透明的模糊图像，从而使整个图像看起来模糊中又带有一点清晰的效果。【表面模糊】对话框如图10–19所示。该对话框中的两个设置参数的选项与“特殊模糊”滤镜中的参数设置类似。

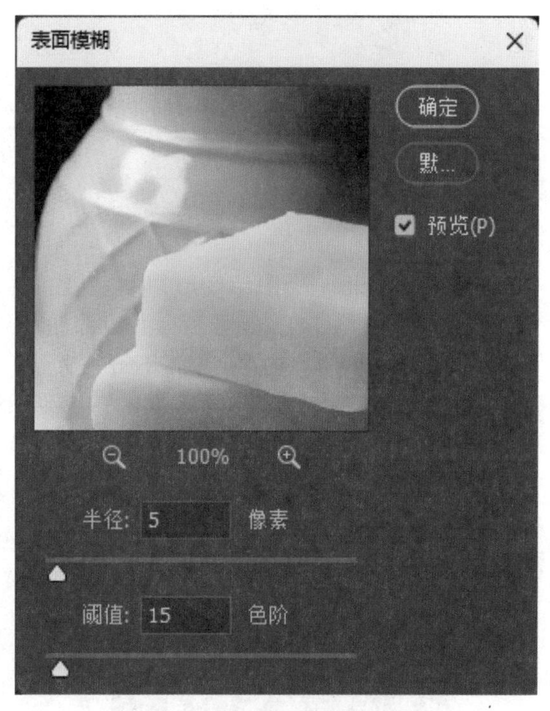

图10–19　【表面模糊】对话框

10. 形状模糊

“形状模糊”滤镜是根据图像的形状进行模糊操作，经过操作之后，图像产生一种具有纹理的效果。图10–20是【形状模糊】对话框。【半径】可设置的范围是5～1 000，设置的数值应适当，否则就无法体现出模糊的效果。【半径】选项下边是形状列表框，可以通过给图像选择不同的形状来模糊图像。

图 10-20　【形状模糊】对话框

11. 方框模糊

“方框模糊”滤镜是在“平均”滤镜和“高斯模糊”滤镜的基础上新增加的模糊滤镜，相对于“平均”滤镜，“方框模糊”滤镜增加了可调性。图 10-21 是【方框模糊】对话框。【半径】的设置范围是 1~2 000。

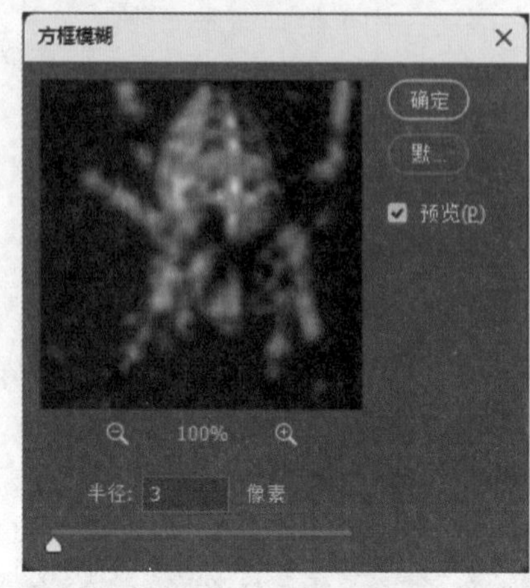

图 10-21　【方框模糊】对话框

10.9　扭曲滤镜

扭曲滤镜是把一个图像变形，以创造出三维效果或其他的整体变化，每一个滤镜都能产生一种或多种特殊效果，但都离不开一个共同的特点：对图像中所选择的区域进行变形、扭曲。

1. 波浪

“波浪”滤镜可以使图像产生波浪扭曲的效果，图 10-22 是【波浪】对话框。

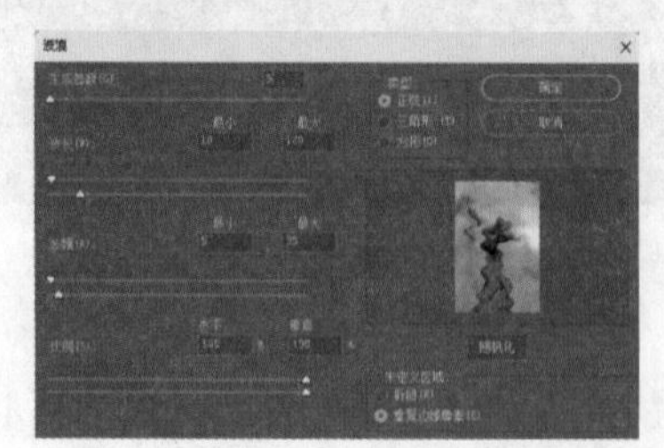

图 10-22　【波浪】对话框

（1）生成器数：控制产生波的数量，范围是 1~999。

（2）波长：波长的最大值与最小值决定相邻波峰之间的距离，最大值与最小值相互制约，并且最大值不能比最小值小。

（3）波幅：波幅的最大值与最小值决定波的高度，两值相互制约，最大值不能比最小值小。

（4）比例：控制图像在水平或者垂直方向上的变形程度。

（5）类型：有“正弦”“三角形”和“方形”三种类型可以选择。

（6）随机化：每单击一下此按钮，都可以为波浪指定一种随机效果。

2. 波纹

使用“波纹”滤镜，可以使图像产生普通的海洋波纹效果，图 10-23 是【波纹】对话框。

图 10-23　【波纹】对话框

（1）数量：用于控制波纹的幅度。

（2）大小：用于设置波纹大小，其列表框中有“大”“中”“小”三个选项可以选择。

3. 挤压

“挤压”滤镜可以使图像的中心产生凸起或者凹陷的效果。在【滤镜】中选择【扭曲】选项，执行【扭曲】中的【挤压】命令，会弹出如图 10–24 所示的【挤压】对话框。【数量】参数可以控制挤压的强度，正值为向内挤压，负值为向外挤压，其可调节的范围为 –100%～100%。

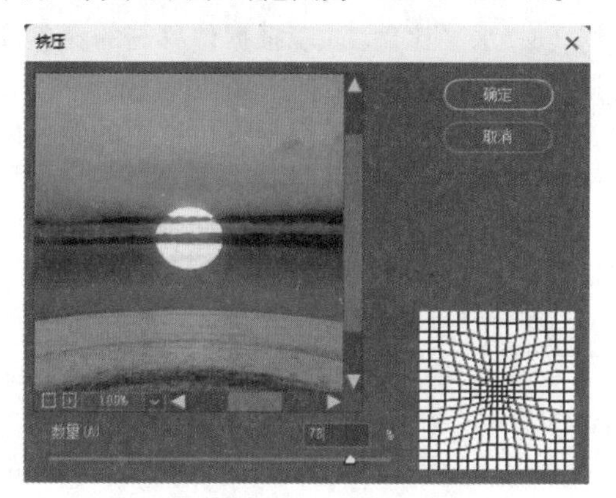

图 10–24　【挤压】对话框

4. 切变

“切变”滤镜可以通过控制指定的点来弯曲图像。【切变】对话框如图 10–25 所示。

图 10–25　【切变】对话框

（1）折回：将变形后超出图像边缘的部分反卷到图像的对边。

（2）重复边缘像素：将图像中因为弯曲变形超出图像的部分分布到图像的边界上。

5. 球面化

“球面化”滤镜可以使选区中心的图像产生凸出或凹陷的球体效果，类似挤压滤镜的效果。图 10–26 是【球面化】对话框，相对于“挤压”滤镜，【球面化】滤镜多了一个【模式】选项列表框，用于选择挤压方式，它们分别为“正常”“水平优先”“垂直优先”。

图 10–26　【球面化】对话框

6. 水波滤镜

“水波”滤镜可以使图像产生同心圆状的波纹效果。该滤镜的对话框如图 10–27 所示。

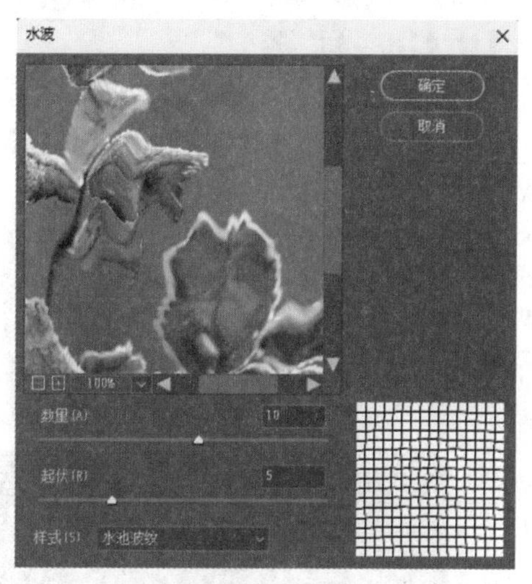

图 10–27　【水波】对话框

（1）数量：用于设置波纹的大小。当该值设置为负值时，会产生下凹的波纹；当该值设置为正值时，则会产生上凸的波纹。

（2）起伏：控制波纹的密度。

（3）围绕中心：将图像的像素绕中心旋转。

（4）从中心向外：靠近或远离中心置换像素。

（5）水池波纹：将像素置换到中心的左上方和右下方。

7. 旋转扭曲

“旋转扭曲”滤镜可以使图像产生旋转扭曲的效果。该滤镜的对话框如图10–28所示。

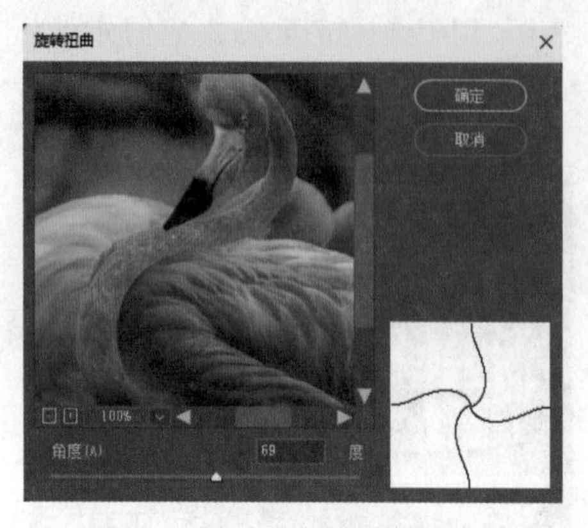

图10–28 【旋转扭曲】对话框

可以通过改变【角度】选项数值的大小来调节旋转的角度，范围为–999～999。

8. 置换

“置换”滤镜可以产生弯曲、碎裂的图像效果。对于置换滤镜，比较特殊的是设置完毕后，还需要选择一个图像文件作为位移图，滤镜会根据位移图上的颜色值移动图像像素。该滤镜的对话框如图10–29所示。

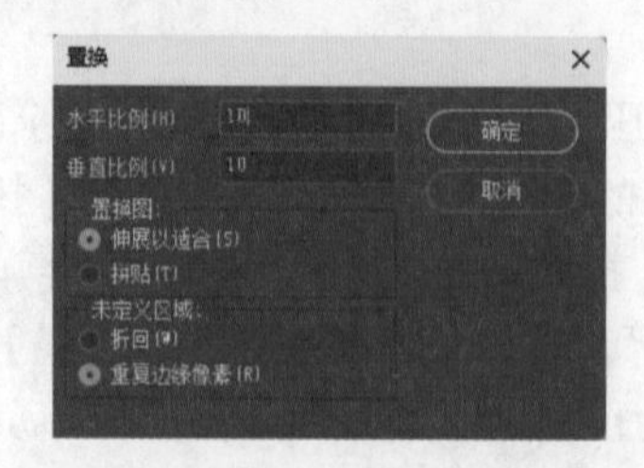

图10–29 【置换】对话框

（1）水平比例：滤镜根据位移图的颜色值将图像的像素在水平方向上移动。

（2）垂直比例：滤镜根据位移图的颜色值将图像的像素在垂直方向上移动。

（3）伸展以适合：变换位移图的大小以匹配图像的尺寸。

（4）拼贴：将位移图重复覆盖在图像上。

（5）折回：将图像中未变形的部分反卷到图像的对边。

（6）重复边缘像素：将图像中未变形的部分分布到图像的边界上。

10.10 像素化

“像素化”滤镜组包括彩块化、彩色半调、点状化、晶格化、马赛克、碎片、铜版雕刻，共七种滤镜。这类滤镜可以使单元格中颜色值相近的像素结成块，以清晰地定义一个选区，可用于创建彩块、点状、晶格和马赛克等特殊效果。

1. 彩块化

该滤镜通过将纯色或相似颜色的像素结为彩色像素块，而使图像产生类似宝石刻画的效果。执行完彩块化之后，用户要放大图像才可以看到应用“彩块化”滤镜的效果，它会把图像从规律的像素块变成无规律的彩块化。图10–30是素材图像应用“彩块化”滤镜前后的效果。

（a）原素材图像

（b）添加“彩块化”滤镜的效果

图10–30 应用“彩块化”滤镜的前后对比

2. 彩色半调

该滤镜可模仿产生铜版画的效果，即在图像的每一个通道扩大网点在屏幕上的显示效果。图10–31为【彩色半调】对话框，其中的各个选项设置的意义如下。

（1）最大半径：决定产生网点的大小。

（2）网角（度）：它决定图像每一个原色通道的网点角度。灰度模式只能使用“通道1”，RGB模式可以使用三个通道，而CMYK模式可以使用所有通道。图10–32为应用“彩色半调”滤镜前后的效果。

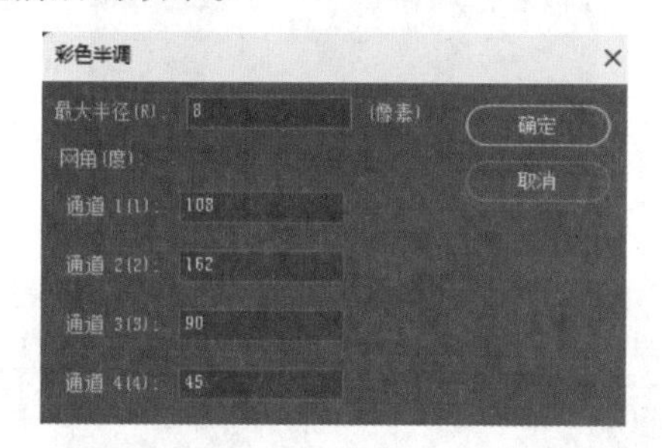

图 10–31 【彩色半调】对话框

（a）原素材图像

（b）添加“彩色半调”滤镜的效果

图 10–32 应用“彩色半调”滤镜的前后对比

3. 点状化

该滤镜可将图像分解为随机的彩色小点，点内使用平均颜色填充，点与点之间使用背景色填充，从而生成一种点画派作品效果，其对话框如图10–33所示。

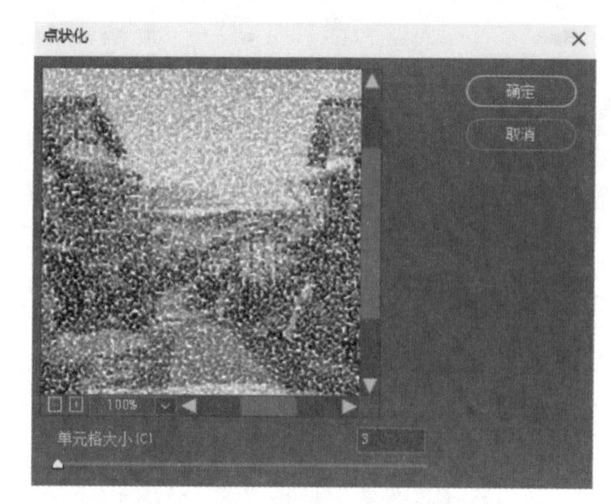

图 10–33 【点状化】对话框

（1）单元格大小：该数值的范围是3～300，拖动鼠标可以改变单元格的大小。图10–34为应用“点状化”滤镜前后的效果。

（a）原素材图像

（b）添加“点状化”滤镜的效果

图 10–34 应用“点状化”滤镜的前后对比

4. 晶格化

“晶格化”滤镜可以将图像中颜色相近的像素集中到一个多边形网格中，从而把图像分割成许多个多边形的小色块，产生晶格化的效果，其对话框如图10–35所示。

图 10–35 【晶格化】对话框

(1)单元格大小：用户可以通过拖动滑块来改变晶格化程度的大小。数值越大，单元格越大；数值越小，单元格越小。应用该滤镜前后的效果如图10–36所示。

(a)原素材图像

(b)添加“晶格化”滤镜的效果

图 10–36 应用“晶格化”滤镜的前后对比

5. 马赛克

“马赛克”滤镜把具有相似色彩的像素合成更大的方块，并按原图规则排列，模拟马赛克的效果。在该滤镜的对话框中，只有一个“单元格大小”选项，用于确定产生马赛克的方块大小，其对话框如图10–37所示。应用该滤镜前后的效果如图10–38所示。

图 10–37 【马赛克】对话框

(a)原素材图像

(b)添加“马赛克”滤镜的效果

图 10–38 应用“马赛克”滤镜的前后对比

6. 碎片

该滤镜通过建立原始图像的4个拷贝，并将它们移位、平均，以生成一种不聚焦的效果，从视觉上看，能表现出一种经受过振动但未完全破裂的效果。应用“碎片”滤镜之后，用户要放大图像，才能看到添加“碎片”滤镜后的效果。

添加“碎片”滤镜后，图像会变得模糊，变成重影。应用该滤镜前后的效果如图 10–39 所示。

（a）原素材图像

（b）添加“碎片”滤镜的效果

图 10–39　应用“碎片”滤镜的前后对比

7. 铜版雕刻

该滤镜能够使用指定的点、线条和笔画重画图像，既能产生版刻画的效果，也能模拟出金属版画的效果，其对话框如图 10–40 所示。

图 10–40　【铜版雕刻】对话框

（1）精细点：由小方块组成，方块的颜色根据图像颜色决定，具有随机性。

（2）中等点：由小方块组成，但是精细程度没有那么高。

（3）粒状点：由小方块组成，因为颜色不同，所以产生粒状点。

（4）粗网点：执行完粗网点，图像的表面会变得粗糙。

（5）短直线：纹理由水平的线条组成。

（6）中长直线：纹理由水平的线条组成，但是线条稍微长一些。

（7）长直线：纹理由水平的线条组成，但是线条更长一些。

（8）短描边：水平的线条会变得稍微短一些，且不规则。

（9）中长描边：水平的线条会变得中长一些。

（10）长描边：水平的线条会变得更长一些。

应用该滤镜前后的效果如图 10–41 所示。

（a）原素材图像

（b）“铜版雕刻”滤镜下使用精细点类型的效果

图 10–41　应用“铜版雕刻”滤镜的前后对比

10.11 杂色滤镜

“杂色”滤镜用来添加或者去除图像中的杂色，杂色是指随机分辨色阶的像素。该滤镜组包括添加杂色、减少杂色、蒙尘与划痕、去斑和中间值五种滤镜。

（1）添加杂色：该滤镜可以将随机的杂点混合到图像中，并且可以使混合时产生的色彩有漫散的效果。

（2）减少杂色：该滤镜可基于影响整个图像或单个通道的用户设置，在保留边缘的同时减少杂色。

（3）蒙尘与划痕：该滤镜通过更改相异的像素来减少杂色，主要用来查找图像中的缺陷，再进行局部的模糊，并将其融入周围的像素中，对去除扫描图像中的杂点和折痕非常有效。

（4）去斑：“去斑”滤镜和“蒙尘与划痕”滤镜的功能十分相似，但是两者的不同之处在于该滤镜在不影响原图像整体轮廓的情况下，对细小、轻微的杂点进行柔化，从而实现去除杂点的效果。

（5）中间值：该滤镜通过平均化手段重新计算像素分布，在选区半径范围内查找亮度相近的像素，并去除相邻像素差异很大的像素。然后，该滤镜会使用查找到的像素的中间亮度值替换中心像素。

10.12 外挂滤镜

Photoshop CC除了可以使用本身自带的滤镜，还允许安装使用其他厂商提供的滤镜，这些由用户从外部装入的滤镜称为“第三方滤镜”或者“外挂滤镜”。

1. 外挂滤镜的安装

外挂滤镜本身有安装程序，只需执行安装程序即可。Plug-Ins文件夹是Photoshop CC默认放置滤镜的位置，在选择安装路径时，最好将外挂滤镜安装在Plug-Ins文件夹中。外挂滤镜安装完成之后，重启Photoshop CC，安装好的外挂滤镜就会出现在【滤镜】菜单中。

2. 外挂滤镜的使用

外挂滤镜与Photoshop CC自带的滤镜的使用方法完全相同，自带滤镜的使用技巧和对话框属性设置都适用于外挂滤镜。

第 11 章 常用工具介绍

Photoshop 2022作为一款功能强大的图像处理软件，提供了众多的常用工具和功能，以满足不同用户的需求，帮助用户实现各种复杂的图像处理任务。以下是一些在Photoshop 2022中常用的工具及其功能的介绍。

11.1 移动工具

（1）移动工具主要用于在画布上移动图层或选区。如图11–1所示，用户可直接在图片上选择图层，或者在【图层】面板上选中该图层，然后根据需要对其进行移动。

图 11–1 移动工具

（2）如果需要自动选择图层，可选中选项栏中的【自动选择】复选框，用鼠标左键单击画面中的某个图层，即可激活相应图层，从而可以直接移动图层；若未选中【自动选择】复选框，按住【Ctrl】键的同时单击鼠标左键，可以临时切换为自动选择状态。

（3）按住【Shift】键并配合鼠标左键拖动，可约束角度移动图层，能够水平、垂直或向45°方向移动图层；使用键盘上的方向键“↑”“↓”“→”“←”，可对图像位置进微调；按住【Shift】键的同时按方向键，可以扩大移动的距离。

（4）按住【Alt】键并配合鼠标左键拖动，可对图层进行复制并移动，如图11–2所示。

图 11-2　复制并移动图层

（5）变换控件。

在选项栏上选中【显示变换控件】复选框，如图11-3所示，可以对图层对象进行简单变换操作，如拉伸、放大、旋转等，或者通过单击鼠标右键，在弹出的快捷菜单中选择【自由变换】选项对图像执行变换操作。

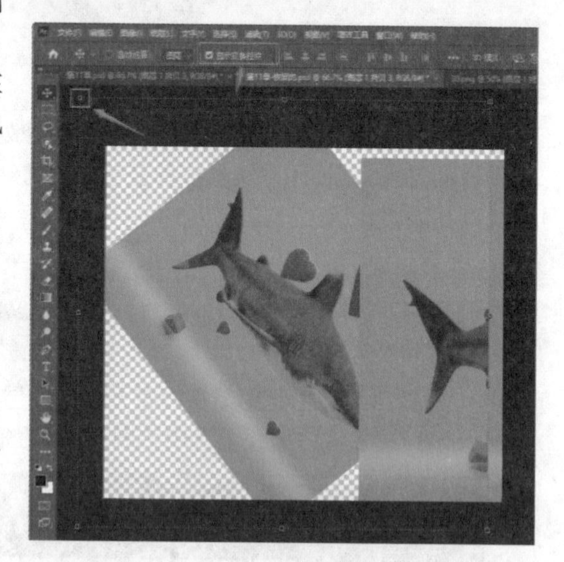

图 11-3　变换控件

（6）对齐与分布。

①对齐图层：当文档中包含多个图层时，可以使用对齐图层的各个按钮，对齐方式包括左对齐、水平居中对齐、右对齐、顶对齐、垂直居中对齐和底对齐。

②分布图层：当文档中包含3个以上图层时，单击相应的按钮，可以使所选图层中的对象按照规则分布；对齐方式包括按顶分布、垂直居中分布、按底分布、按左分布、水平居中分布和按右分布，如图11-4所示。

③自动对齐图层：该命令可以根据不同图层中的相似内容（如角和边）自动对齐图层。按住【Ctrl】键选中多个图层后，单击菜单栏中【编辑】下的【自动对齐图层】命令，在打开的对话框中根据需要进行设置。

（7）3D模式：该模式只有在进行3D操作时才能使用，如图11-4所示。部分版本的此功能停用。

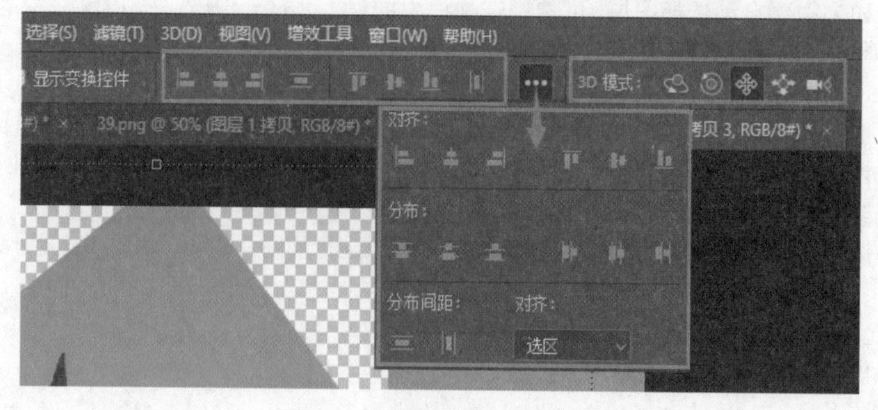

图 11-4　对齐方式与 3D 模式

11.2　修饰工具

（1）模糊工具：使用模糊工具可使图像变得柔和与模糊。在对两幅图像进行拼贴时，模糊工具能使参差不齐的边界柔和并产生阴影的效果。如图 11–5 所示，在打开的图像中选择【模糊工具】后，在工具选项栏里的“画笔预设”中设置合适的笔刷效果，将“模式”设置为“正常”，将“强度”设置为“100%”。参数值设置得越大，模糊的效果越明显。在需要添加模糊效果的位置单击并长按鼠标左键进行反复涂抹，即可看到涂抹效果。

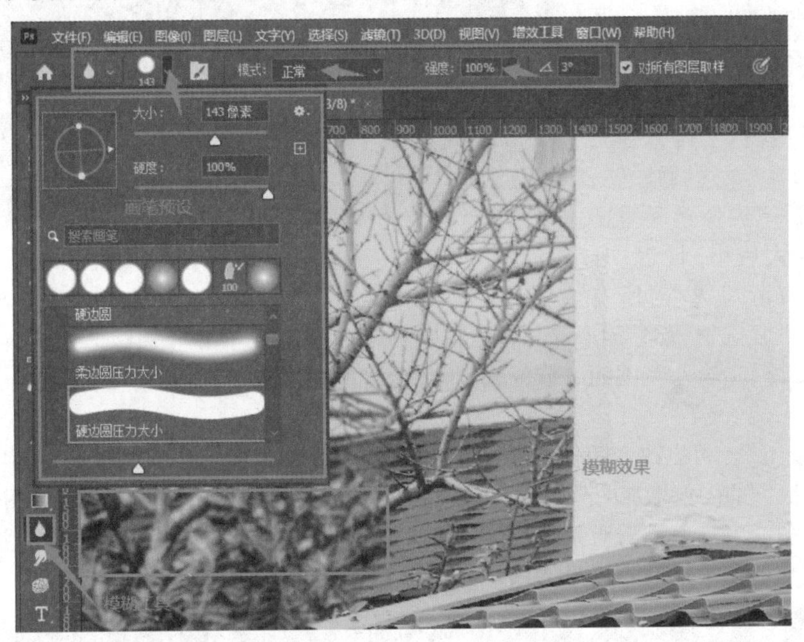

图 11–5　模糊工具

（2）锐化工具：使用锐化工具，可使图像变得更清晰、更亮。2022 版的 Photoshop 的【锐化工具】放在了【模糊工具】中，用户也可以将其单独放在工具箱中。如图 11–6 所示，【锐化工具】的使用方法与【模糊工具】的使用方法类似，其属性参数中的压力越大，锐化的效果就越明显。

图 11–6　锐化工具

图 11-7　涂抹工具

（3）涂抹工具：使用【涂抹工具】可产生类似日常生活中用手指在未干的画纸上涂抹的效果。涂抹的范围大小、软硬程度等参数也可通过工具属性栏来设置。一般情况下，系统将光标开始处的颜色与鼠标拖动处的颜色混合进行涂抹，用户在使用时最好沿着一个方向涂抹。如图11-7所示，在打开的背景图中插入新的素材，使得两者融合在一起，可先选择【涂抹工具】，在工具选项栏中选择“柔边圆画笔”，根据需要设置笔尖像素和笔刷的大小，可先大后小，设置“强度”为90%，取消勾选“对所有图层进行取样”复选框，然后耐心涂抹掉素材中不需要的部分，再调整边缘部分。

【涂抹工具】适合小范围的细节区域调整，处理的速度较慢。根据需要，可结合滤镜去处理大面积的图像。

（4）减淡工具：可以改变图像的曝光度。对于图像中局部曝光不足的区域，使用【减淡工具】后，可对局部区域的图像增加明亮度（稍微变白），使很多图像的细节显现出来。如图11-8所示，在工具栏选择【减淡工具】，然后对其进行设置，最后对目标区域使用【减淡工具】进行涂抹。使用【减淡工具】调整后的图片效果如图11-9所示。

图 11-8　减淡工具

图 11-9　使用【减淡工具】调整后的图片效果

（5）加深工具：用于改变图像的曝光度。对于图像中局部曝光过度的区域，使用【加深工具】后，可将局部区域的图像变暗（稍微变黑）。图 11-10 为使用【加深工具】后的效果图像。

图 11-10　使用【加深工具】调整后的图片效果

（6）海绵工具：调整图像中颜色的浓度。利用【海绵工具】，可增加或减少局部图像的颜色浓度。若要增加颜色浓度，可在【海绵】属性栏中的“模式”里选择“加色”，如图 11-11 所示；若要减少颜色浓度，可在【海绵】属性栏中的“模式”里选择“去色”，如图 11-12 所示。

图 11–11　增加颜色浓度

图 11–12　减少颜色浓度

11.3　自由变换工具

（1）扭曲：在打开的图像文件中，使用【移动工具】将目标元素从素材文件夹拖入图像中，如图 11–13 所示。单击【编辑】下的【变换】中的【透视】命令，配合【扭曲】命令，拖动控制点，将目标元素放在正确的位置即可。

图 11–13　自由变换工具

（2）变形：可拖动控制点以变换图像的形状、路径等，也可以使用选项栏中【变形样式】弹出菜单中的形状进行变形。【变形样式】弹出菜单中的形状是可延展的，用户可自行拖动它们的控制点。【变形】选项栏如图 11–14 所示。

图 11–14　【变形】选项栏

通过执行【变换】下拉菜单中的【变形】命令，可以对图像进行变形操作。

变形工具的基本使用方法：打开图像，单击【图层】下的【新建图层】，选择【通过拷贝的图层】命令，将选区对象拷贝到新图层中。选择【编辑】下的【自由变换】命令，单击选项栏上的【变形】按钮，拖动变形框，调整目标对象到满意形状和位置，最后单击选项栏上的【提交变换】按钮。

11.4　形状工具

形状工具用于绘制矩形、圆形、多边形等各种矢量形状，如图 11–15 所示。

（1）多边形工具：创建多边形或星形图形。在画布中单击并拖动鼠标，即可按照预设的选项绘制多边形和星形，对其他图形的绘制与此同理。单击选项栏中的【设置】按钮，如图 11–16 所示，可对绘制的多边形进行设置。

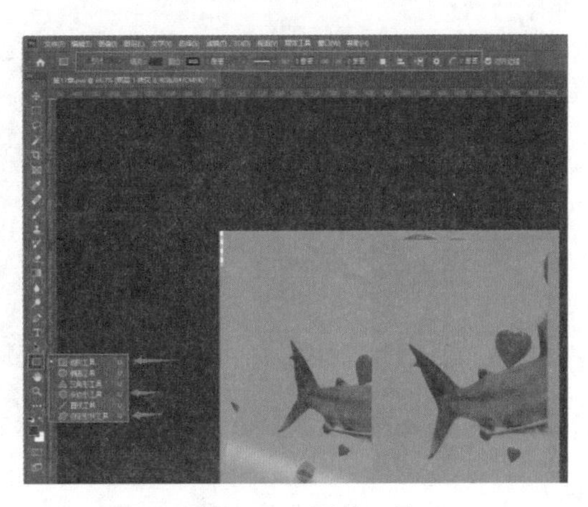

图 11–15　形状工具

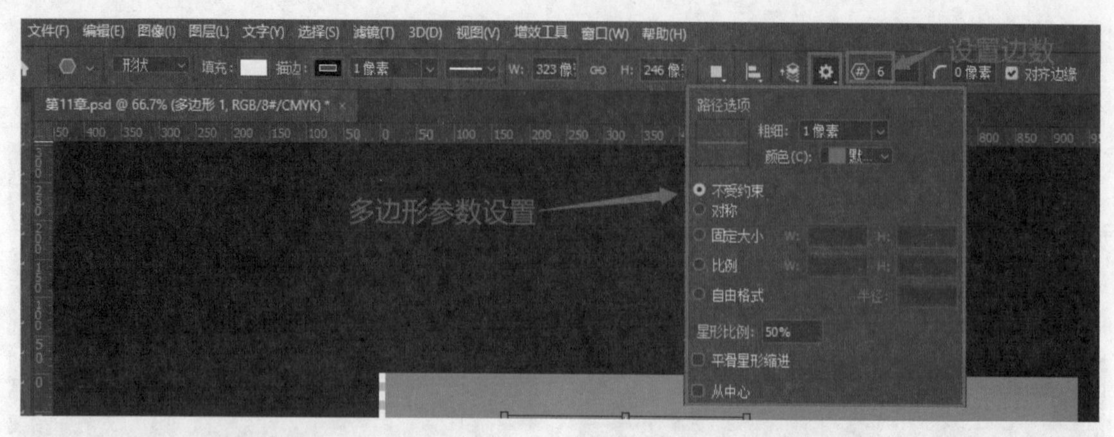

图 11-16 设置多边形参数

若要创建出具有平滑拐角效果的多边形或者星形，可勾选平滑拐角，如图11-17所示。

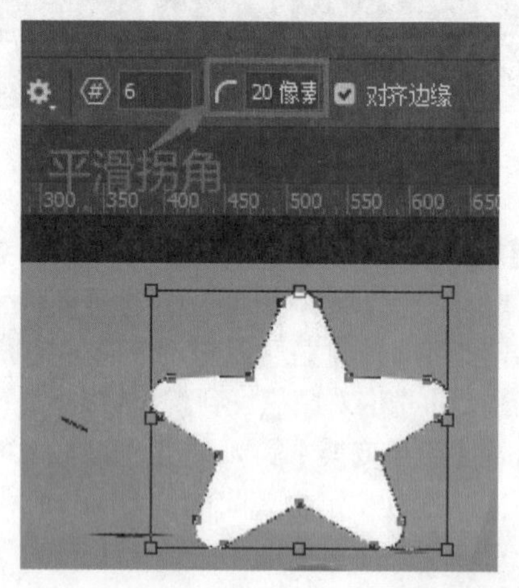

图 11-17 绘制有平滑效果的多边形

（2）自定形状工具：使用预设的形状模板绘制图形。如图11-18所示，单击【形状】右侧的下拉按钮，在展开的列表中，可选择需要的形状。

图 11-18 【形状】的下拉列表

单击【填充】可对图形设置所需的填充颜色，如图11-19所示。

图 11-19 设置图形所需的填充颜色

11.5　绘图工具

（1）画笔工具：用于绘制柔和自由形状的线条和图案，用户可以自定义画笔的大小、硬度、透明度等属性，如图 11-20 所示。

图 11-20　画笔工具

在【工具预设】中，可以进行新建工具预设等操作，或对现有画笔进行修改以产生新的效果；单击【画笔预设】的下拉按钮，在展开的列表中可以选择画笔样本，设置画笔的大小和硬度，如图 11-21 所示；在【切换画笔设置面板】中可以设置画笔的动态控制；单击【喷枪】，此时的画笔转换为“喷枪”状态，按住鼠标左键不放，前景色将在单击处淤积，直至释放鼠标。

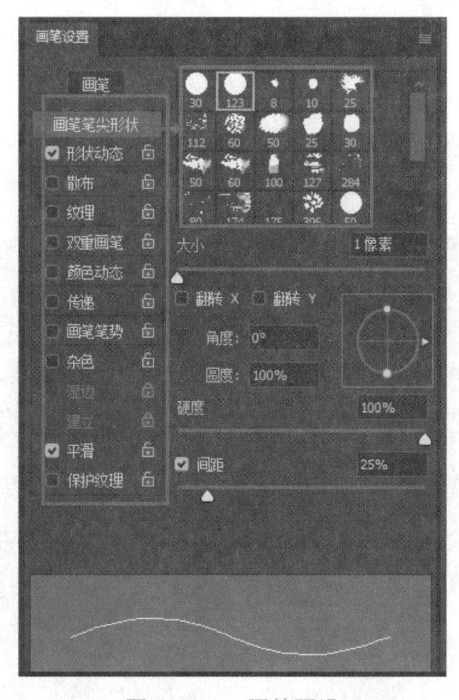

图 11-21　画笔预设

（2）铅笔工具：模拟铅笔绘图，适合细节描绘，其工具选项栏如图 11-22 所示。

图 11-22 【铅笔工具】选项栏

在【铅笔工具】中，可勾选【自动抹除】复选框，先指定前景色和背景色；在【画笔设置】中选择需要的画笔工具，在窗口中拖动光标，可将该区域涂抹成前景色，如果再次将光标放在刚刚抹除的区域上进行涂抹，该区域将被涂抹成背景色，如图 11-23 所示。

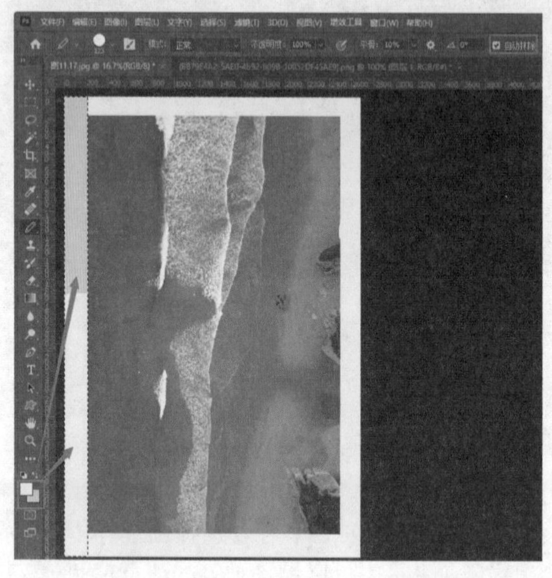

图 11-23 涂抹“前景色”与“背景色”

（3）颜色替换工具：可使用【颜色替换工具】在目标颜色范围内进行绘制，以此用“前景色”去替换图像中的颜色，其功能类似于【魔棒工具】+【画笔工具】，但不能用于位图、索引或多通道颜色模式的图像。

【颜色替换工具】的使用方法：在打开的图像文件中，设置“前景色”为红色（#c12227），选择【颜色替换工具】，在工具选项栏中选择一个柔角笔尖并单击【取样：连续】按钮，将“限制”设置为“连续”，再将“容差”设置为30%，如图 11-24 所示。

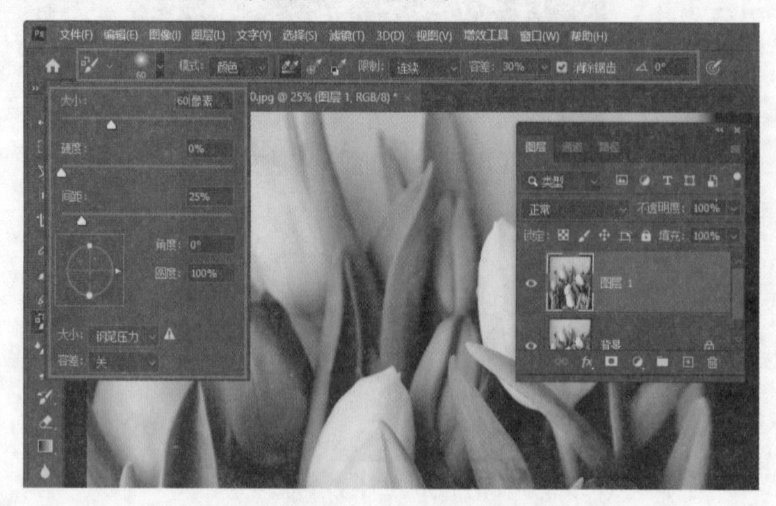

图 11-24 【颜色替换工具】的参数设置

设置完成参数后，在花朵上方涂抹，可进行颜色替换，如图 11-25 所示。

图 11-25　颜色替换

在操作时需要注意，光标中心的十字线尽量不要碰到花朵以外的其他地方。可适当放大图像，单击鼠标右键，在弹出的面板中将笔尖调小，在花朵边缘涂抹，使颜色更加细腻。最终的完成效果如图 11-26 所示。

图 11-26　颜色替换的最终效果

（4）混合器画笔工具：使用【混合器画笔工具】，可以将画布上已经绘制的颜色与正在绘制的颜色产生混合，模拟颜料在画布上随着笔触涂抹而混合的真实效果。在使用【混合器画笔工具】时，在按住【Alt】键的同时单击图像，可以将光标处的颜色（油彩）载入储槽。它常用于 CG 艺术创作、电脑绘画概念设计等工作中。

在【混合器画笔工具】工具选项栏中，可以控制颜料的干湿程度（混合程度），如图 11-27 所示，实现非常自然的笔触效果。

图 11-27　【混合器画笔工具】工具选项栏

①当前画笔载入【 】：单击右侧的下拉按钮，弹出的下拉列表包括载入画笔、清理画笔、只载入纯色。“载入画笔”可以用来拾取光标处的图像，此时，画笔笔尖可以反映出取样区域中的任何颜色变化；“只载入纯色”可以用来拾取单色，此时，画笔笔尖的颜色比较均匀；“清理画笔”可以用来清除画笔中的油彩。

②每次描边后载入画笔【 】/ 每次描边后清理画笔【 】：单击【 】按钮，可以使光标处的颜色与前景色混合；单击【 】按钮，可以清理油彩。如果要在每次描边后执行这些任务，可以单击这两个按钮。

③潮湿：可以控制画笔从画布拾取的油彩量。较高的百分比会产生较长的绘画条痕。

④载入：用来指定储槽中载入的油彩量。载入速率较低时，绘画描边的干燥速度会更快。

⑤混合：用来控制画布油彩量同储槽油彩量的比例，比例为 100% 时，所有油彩将从画布中拾取；比例为 0% 时，所有油彩都来自储槽。

⑥流量：用来设置将光标移动到某个区域上方时应用颜色的速率。

⑦对所有图层取样：拾取所有可见图层中的画布颜色。

11.6　历史记录画笔工具

【历史记录画笔工具】用于恢复图像到之前的状态，该工具需要配合【历史记录】面板使用。

如图 11-28 所示，打开图像，按【Ctrl+J】快捷键复制图层，得到【图层 1】。单击【图像】下【调整】中的【黑白】命令，打开【黑白】对话框，最后单击【确定】按钮。

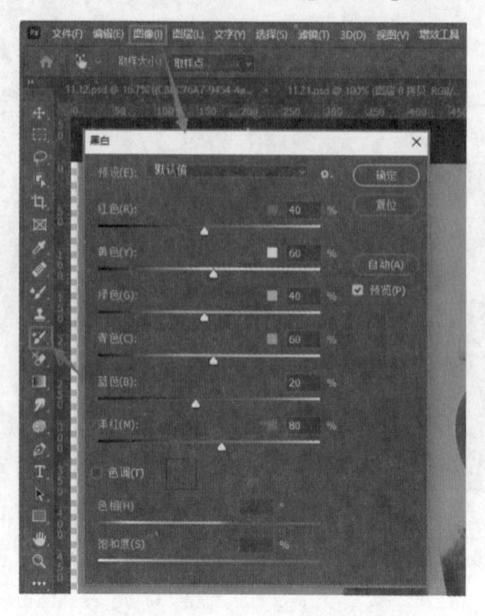

图 11–28　历史记录画笔工具

11.7　历史记录艺术画笔

与【历史记录画笔工具】一样，【历史记录艺术画笔】也是用指定的历史记录状态或快照作为源数据，通过尝试使用不同的绘画样式、范围和保真度选项，用不同的色彩和艺术风格模拟绘画的纹理进行绘画，且两者的使用方法一样。

与【历史记录画笔工具】不同的是，【历史记录艺术画笔】在使用指定的源数据绘画的同时，还加入了作者为创建不同的色彩和艺术风格而设置的效果。

【历史记录艺术画笔】的工具选项栏包括画笔、模式、不透明度、样式、区域、容差和角度等，如图 11–29 所示。

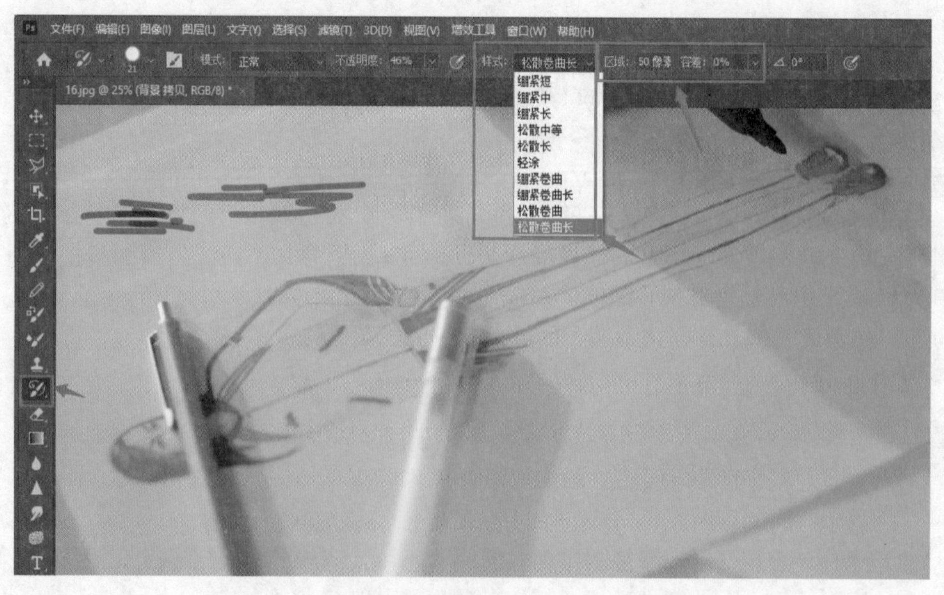

图 11–29　【历史记录艺术画笔】的工具选项栏

其中，“样式”功能为使用【历史记录艺术画笔】时的绘画风格；“区域”用来表示【历史记录艺术画笔】的感应范围，可直接在“区域”文本框中输入数值，单位为“像素”；“容差”用来调整恢复的图像和原来图像的相似程度，范围为0～100%，数值越大，复原图像和原来图像越接近。

图 11-30是任选一种风格的画笔把有黑色部分图像还原成白色的效果图。

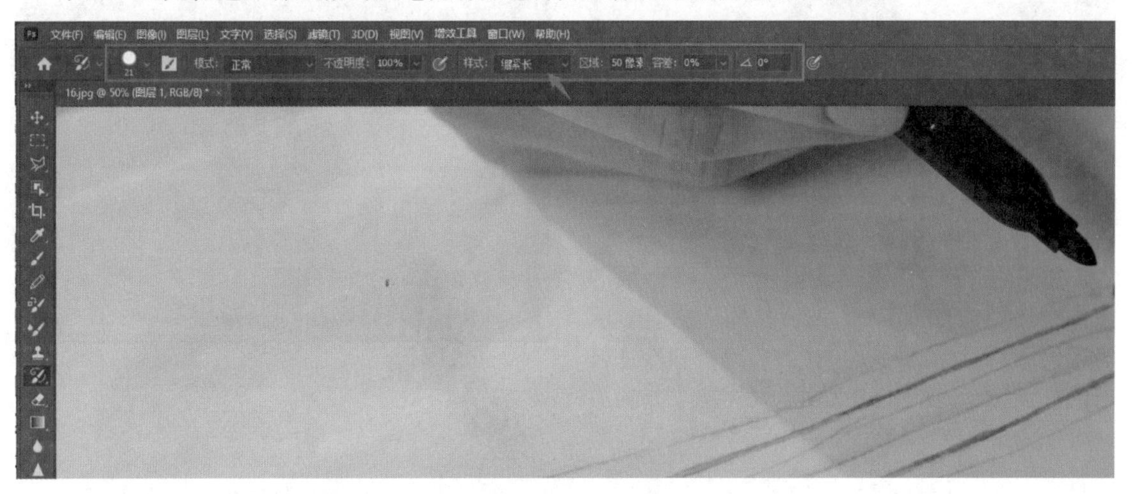

图 11-30　把有黑色部分图像还原成白色的效果图

用【历史记录艺术画笔】创造的水彩效果如图 11-31所示。

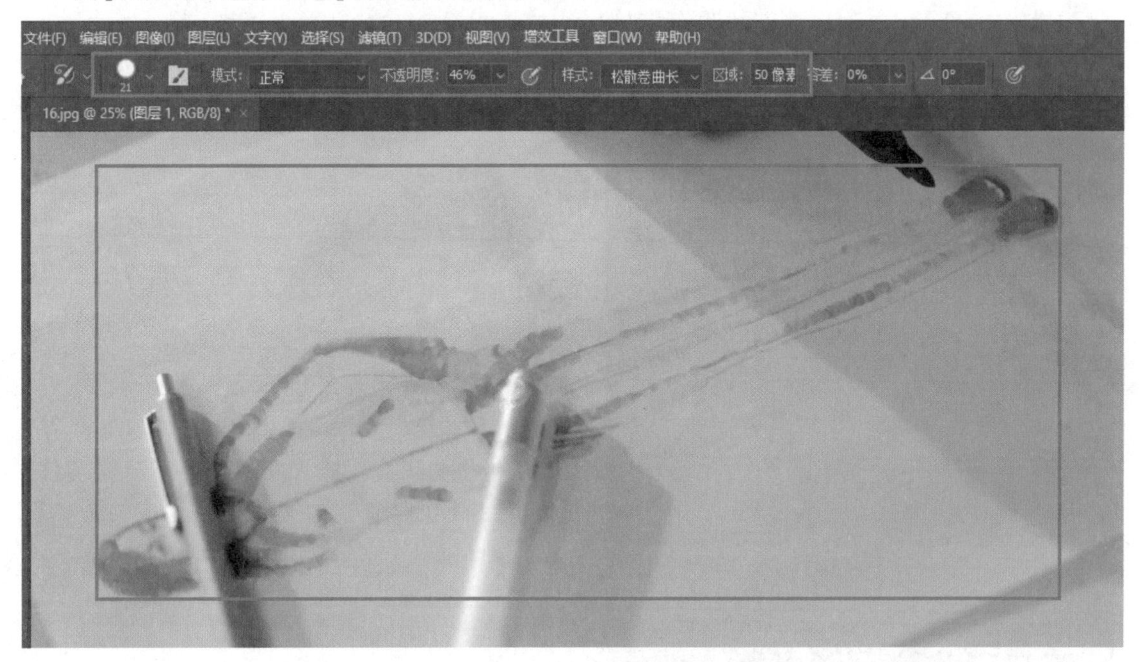

图 11-31　用【历史记录艺术画笔】创造的水彩效果

11.8　橡皮擦工具

橡皮擦工具可用来擦除图像中的部分像素，用户可以调整其大小和硬度，如图 11-32所示。

图 11-32　橡皮擦工具

如果在“背景”图层或锁定了透明区域的图像中使用橡皮擦工具，被擦除的部分会显示为背景色，而在处理其他图层时，可擦除涂抹区域的任何像素，如图11-33所示。勾选【抹到历史记录】复选框，在【历史记录】面板中选择一个状态或快照，在擦除时，可以将图像恢复为指定状态。

图 11-33　使用【橡皮擦工具】

11.9　钢笔工具

【钢笔工具】用于创建精确的路径，可以用来绘制复杂的形状或进行精确的选择，如图11-34所示。

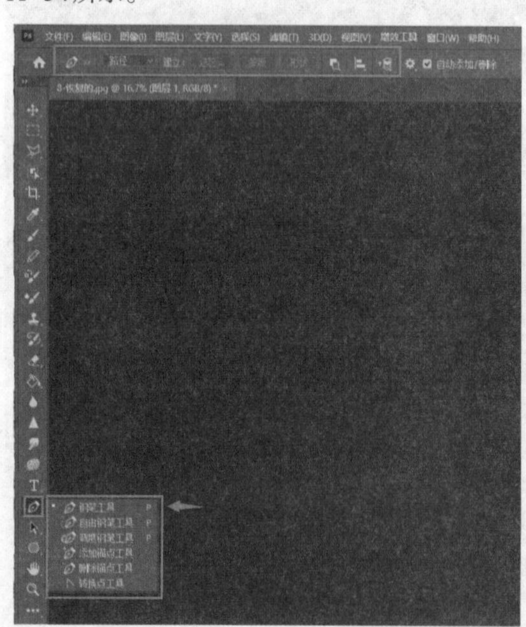

图 11-34　选择【钢笔工具】

（1）直线绘制锚点：两点成直线，先单击第一个点（锚点），再单击第二个点，就出现了一条线段，一直画到与第一个点形成闭合时，按【Esc】键结束绘制，如图11-35所示。右键单击该锚点，在弹出的菜单中选择【删除锚点】项，可重新绘制该点。

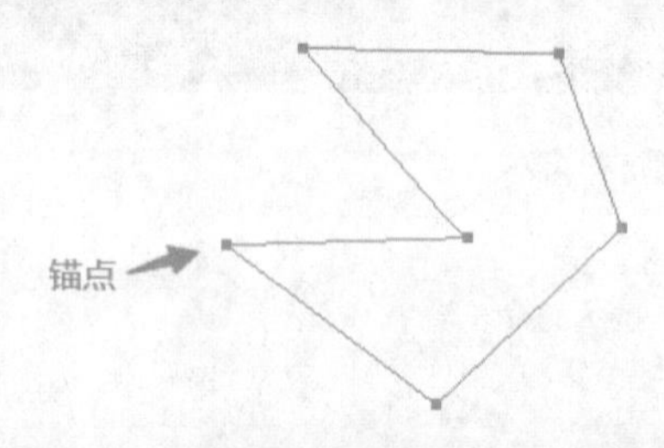

图 11-35　直线绘制锚点

（2）曲线绘制锚点：先单击创建第一个点，在单击创建第二个点时，继续拖动鼠标不松开，直到拖出曲线控制杆，如图11-36所示。控制杆负责控制力度和方向，两点之间生成的是一条曲线，也可以连续绘制出更多条复杂的曲线。

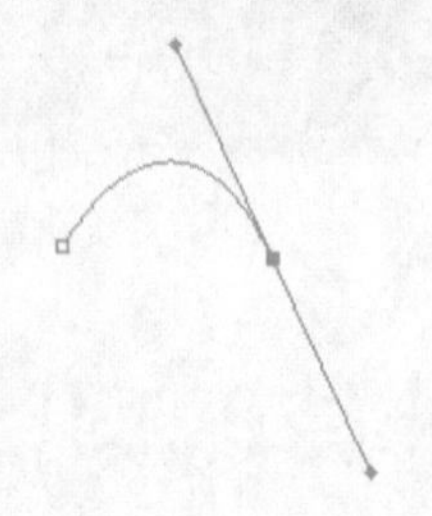

图 11-36　曲线绘制锚点

（3）在【钢笔工具】的状态下，可在选项栏中勾选【自动添加/删除】复选框，鼠标左键单击路径边缘，即可以添加锚点，如图 11–37 所示。若单击已绘制的锚点，即可删除此锚点。

（a）勾选【自动添加 / 删除】复选框

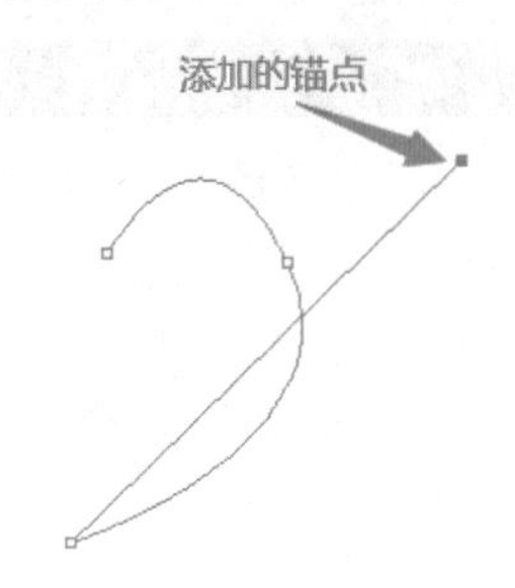

（b）添加的锚点

图 11–37 添加锚点

（4）使用【钢笔工具】抠图时，先选择状态，用【钢笔工具】描出物体的外形区域，如在【路径】状态下，用直线绘制物体的直线部分，再用【弯度钢笔工具】绘制出圆形部分，按【Ctrl+Enter】快捷键，将闭合路径转换为选区，按【Ctrl+J】快捷键复制图层，隐藏背景图。此时，所需要的物体就被抠出来了，用户可在此抠出来的图层下创建新的图层进行填充，为抠出来的物体更换新的背景图。

注：贝塞尔曲线（又称“贝兹曲线”）是应用于二维图形应用程序的数学曲线。简单来说，贝塞尔曲线就像一条有弹性的钢丝，两个点通过力量和方向来控制钢丝的弯曲度，通过多个这样的点就组成了多样的曲线。使用【钢笔工具】绘制曲线就是基于贝塞尔曲线的原理。

11.10 裁剪工具和切片工具

1. 裁剪工具

【裁剪工具】可用来调整图像的尺寸和构图，去除不需要的边缘，如图 11–38 所示。

图 11–38 裁剪工具

使用【裁剪工具】的基本用法：拖动鼠标绘制新的尺寸，或者拖曳顶端和四边的中点来修改画布的大小范围，如图 11–39 所示。若选中【内容识别】复选框，当画布扩大完成时，Photoshop 会智能填充扩大的新内容。一般而言，此工具适合不太复杂的边缘，不适合边缘有人物、文字等内容的复杂边缘。

另外，当文档中有多个画板时，在【图层】面板上，先选中【画板 1】，随后使用【裁剪工具】可以改变画板的大小和移动画板的位置。

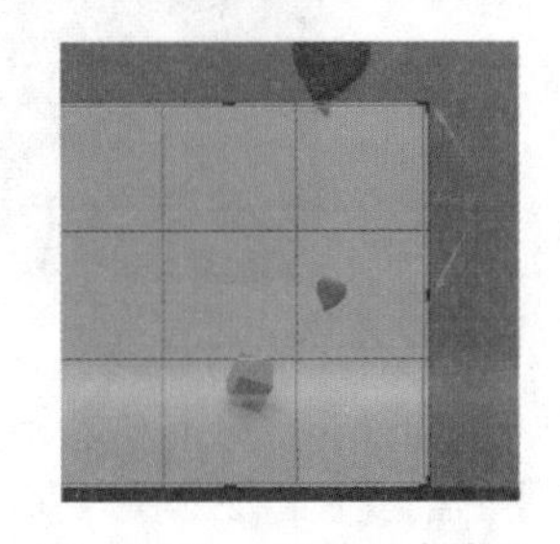

图 11–39 调整画布大小

2. 切片工具

【切片工具】用于将图像分割成多个部分，便于网页设计和切片导出。

选中【切片工具】后，将鼠标从左上角拖曳到右下角画出选区，与矩形选框工具的操作方法相似。接下来，软件自动识别图片边缘，把素材图片划分出切片区域，并生成对应的切片。按照相同的方法，依次画出其他的切片选区，如图11–40所示。用户可以重新绘制切片选区，直到符合要求，并且对于绘制好的切片区域，可进行覆盖。

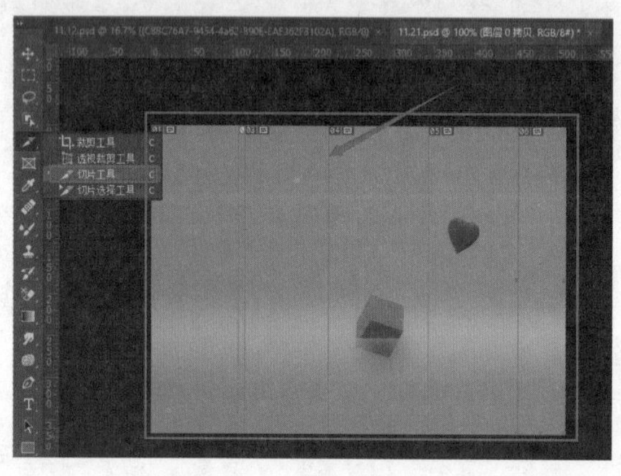

图 11–40　画出切片选区

另外，还可以选择【切片工具】选项栏中的【基于参考线的切片】功能，如图11–41所示。在要切分的地方添加一个水平的参考线，再单击【基于参考线的切片】，即可自动划分好切片区域。划片完成后，可使用【切片选择工具】，对切片的选区位置进行移动、调整大小、删除等操作。

图 11–41　【基于参考线的切片】功能

图片分割完成后，单击【Alt+Ctrl+Shift+S】快捷键，在打开的【存储为Web所用格式】对话框中，设置保存格式为JPEG格式，选择存储文件夹，单击保存。打开存储文件的文件夹，即可以看到已切片的图片。

11.11　渐变工具

使用【渐变工具】，可在图像上创建平滑的颜色过渡效果，如图11–42所示。

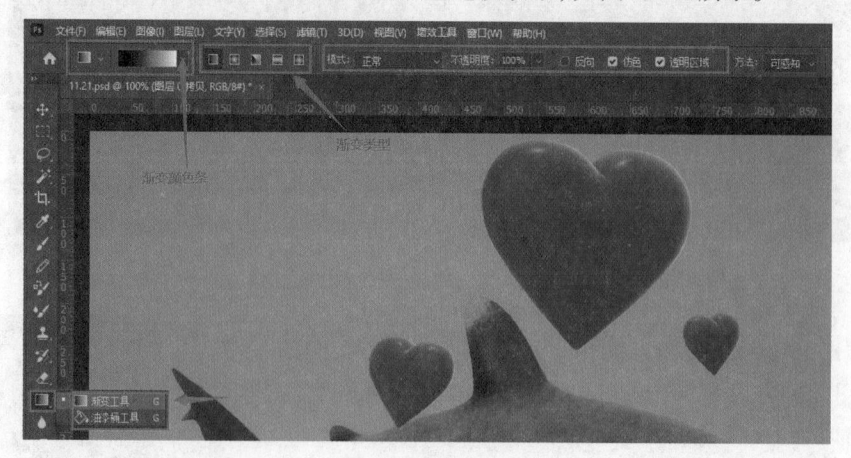

11–42　渐变工具

先选择【渐变工具】，再在工具选项栏中单击【选择和管理渐变预设】右侧的下拉按钮，选择需要的渐变色条，设置渐变类型。单击选中的渐变颜色条，打开【渐变编辑器】对话框进行设置，如图11–43所示，依次设置渐变颜色和模式等。

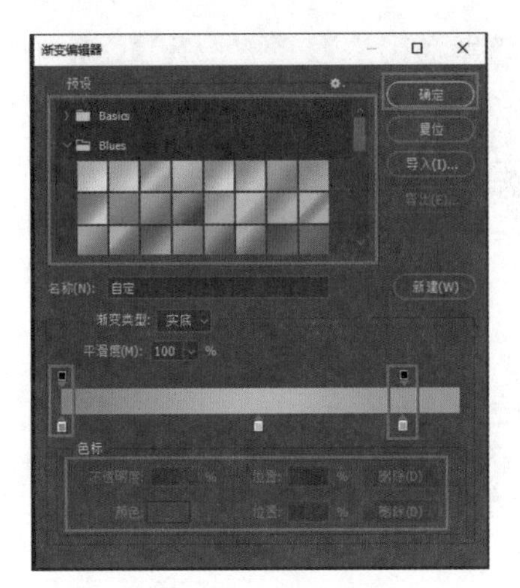

图 11–43　【渐变编辑器】对话框

单击【图层】面板中的【创建新图层】按钮，创建渐变效果图层，使用选框工具创建选框，如使用【矩形选框工具】在当前图层选区。单击【渐变工具】和选区，按住鼠标左键朝右上方拖动，释放鼠标后，选区内将填充已设置好的渐变颜色，再按【Ctrl+D】快捷键取消选择，此时得到的图像效果如图 11–44 所示。

图 11–44　使用【渐变工具】填充后的效果

另外，【油漆桶工具】用于在图像或选区中填充颜色或图案，但【油漆桶工具】在填充前会对单击位置的颜色进行取样，从而只填充颜色相同或相似的图像区域。

11.12　修复工具

（1）使用【仿制图章工具】可以复制图像的一部分到另一区域，既可用于修复和克隆，也可在同一图像的不同图层间进行复制。

在使用【仿制图章工具】去除图像中的目标时，单击【仿制图章工具】按钮，在工具选项栏选择合适的笔刷，按住【Alt】键在目标物体周围取样，然后对目标进行涂抹，如图 11–45 所示。根据需要，可调整笔尖大小进行再次取样涂抹。

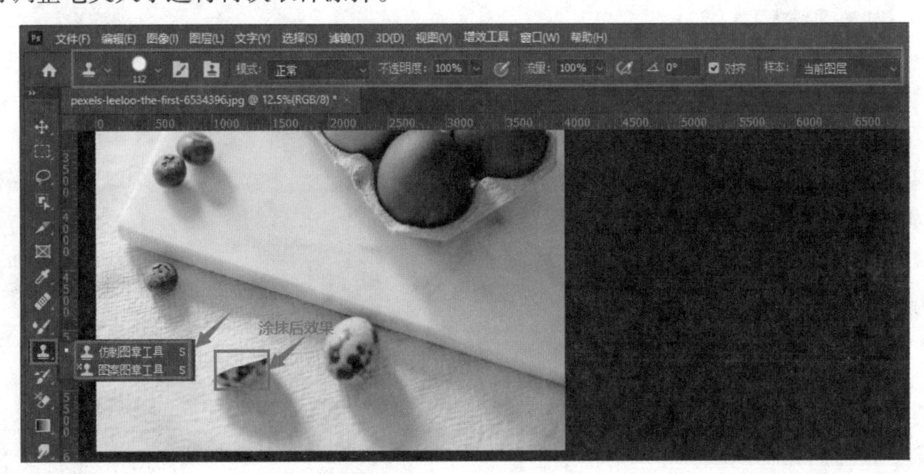

图 11–45　仿制图章工具

（2）【修复画笔工具】用于修复图像中的瑕疵或不想要的元素，可以从被修饰区域的周围取样，使用图像或图案中的样本像素进行绘画，并将样本的纹理、光照、透明度和阴影等与所修复的像素匹配，从而去除照片中的污点和划痕，修复后的效果不会产生人工修复的痕迹，如图 11–46 所示。

图 11–46　修复画笔工具

在使用【修复画笔工具】去除目标元素时，先按【Ctrl+J】快捷键复制打开的图层，选择【修复画笔工具】，并根据元素大小设置笔刷大小，按住【Alt】键在目标元素周围取样，即可去除目标元素，如图11–47所示。

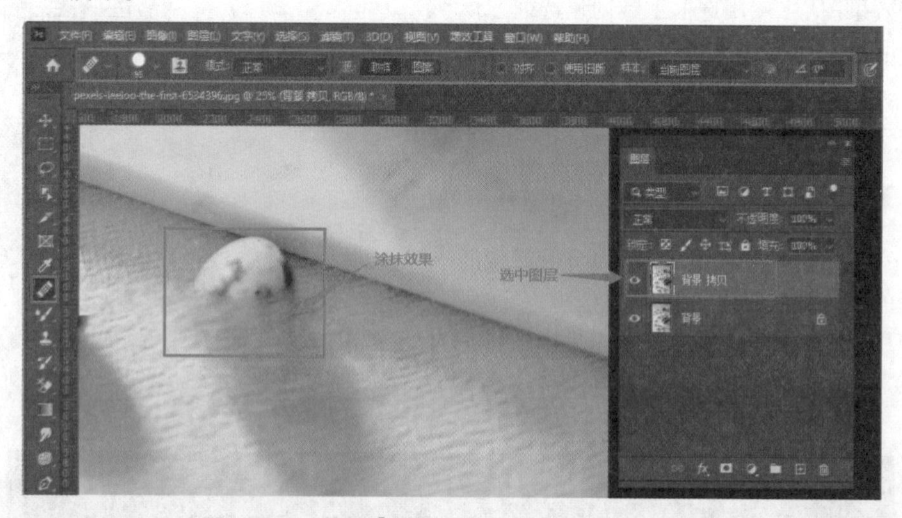

图 11–47　使用【修复画笔工具】去除目标元素

（3）【修补工具】用于修复图像中的瑕疵或不规则区域，需要选区定位，再填充选定区域，如图11–46所示。

【修补工具】的使用方法与【修复画笔工具】的使用方法一样，先对打开的图层进行复制，选择【修补工具】，在目标区域创建选区，然后拖动选区到正常部分区域，松开鼠标，按【Ctrl+D】快捷键取消选区即可，如图11–48所示。

图 11–48　【修补工具】的使用效果

（4）【内容感知移动工具】用于移动图像的一部分，并让Photoshop自动填充移动后留下的空白区域，如图11–46所示。

打开图像后，选择【内容感知移动工具】，将工具选项栏中的【模式】设置为【移动】，然后使用此工具在需要移动的对象上方按住鼠标左键拖动绘制选区，再将鼠标移动到选区内部，按住鼠标左键向目标位置拖动，释放鼠标即可移动该对象，且带有一个定界框，如图 11–49 所示。最后按【Enter】键确定移动，按【Ctrl+D】快捷键取消选区即可。

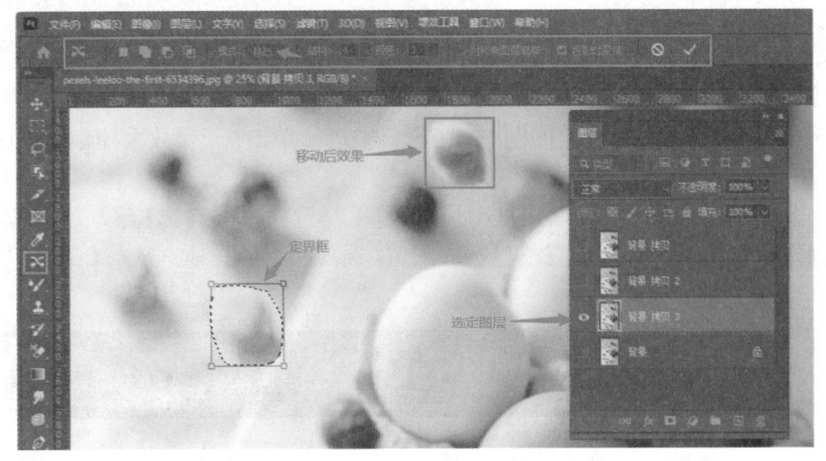

图 11–49　【内容感知移动工具】的使用效果

（5）【污点修复画笔工具】可以自动从所修饰区域的周围取样，使用样本进行绘画，并将样本像素的纹理、光照、透明度和阴影与所修复的像素相匹配，快速去掉图片中的污点或多余元素。该工具的使用方法与【画笔工具】相同，如图 11–50 所示，选择【污点修复画笔工具】，设置好所使用的画笔样式，在需要修饰的污点处点一下即可，使用效果如图 11–51 所示。

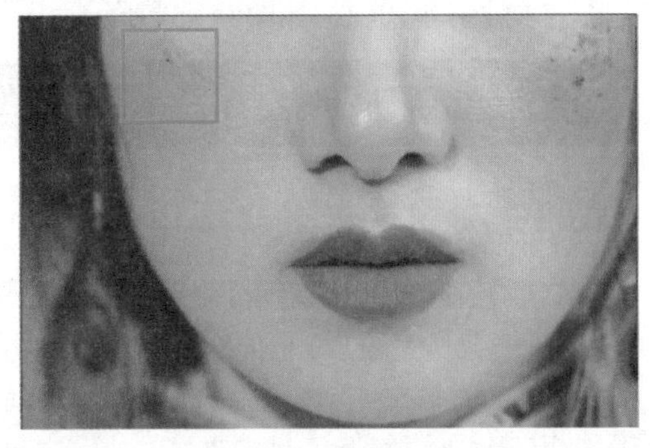

图 11–50　选择【污点修复画笔工具】　图 11–51　使用【污点修复画笔工具】后的效果

对于一般的污点修复工作，使用【内容识别】即可更好地匹配光线、阴影等；【创建纹理】可用于在有规律纹理的背景上修复；【近似匹配】可使用周围的像素来直接匹配修复，但没有【内容识别】好用。

（6）【红眼工具】可用来消除红眼，弥补相机使用闪光灯或者其他原因导致的红眼问题。选择【红眼工具】在眼睛上单击即可，或者先在其工具选项栏中设置“瞳孔大小”和“变暗量”的值，如图 11–52 所示，再在眼睛上单击即可去除红眼。

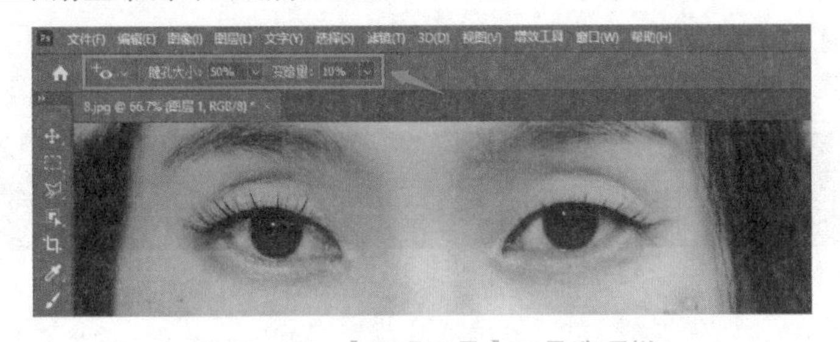

图 11–52　【红眼工具】工具选项栏

11.13 抓手工具

当图像较大，在画布中无法完全显示时，可以使用【抓手工具】移动画布，以查看图像的不同区域。选择【抓手工具】，在画布中单击并拖动鼠标即可移动画布。

若需要缩小窗口，按下【Alt】键的同时，在窗口中进行单击；若要放大窗口，按下【Ctrl】键的同时，在窗口中单击即可。

若同时打开多个图像文件，可以在【抓手工具】工具选项栏上勾选【滚动所有窗口】复选框，移动画布的操作将作用于所有不能完整显示的图像。选项栏上的其他选项与【缩放工具】相同，如图11-53所示。

图 11-53 【抓手工具】工具选项栏

11.14 缩放工具

【缩放工具】可以用来控制图像的放大或缩小。选择工具箱中的【缩放工具】即可进行操作。【缩放工具】工具选项栏如图11-54所示。

图 11-54 【缩放工具】工具选项栏

（1）“放大/缩小”按钮【 】：分别单击对应的按钮，即可调整窗口的大小。

（2）调整窗口大小以满屏显示：在缩放图像的同时，自动调整窗口的大小。

（3）缩放所有窗口：可同时缩放所有打开的图像窗口。

（4）细微缩放：勾选该复选框后，在画面中单击并拖动鼠标时，能够以平滑的方式快速放大或缩小窗口；取消勾选该复选框，在画面中单击并拖动鼠标，将出现一个矩形选框，松开鼠标后，矩形选框中的图像会放大至整个窗口。

（5）适合屏幕：可在窗口中最大化显示完整图像。

（6）填充屏幕：将以当前图像填充整个屏幕。

11.15 旋转视图工具

使用【旋转视图工具】，可在不破坏原图像的前提下旋转画布，从而可以从不同的角度观察图像，如图11-55所示。如果想要恢复图像的原始角度，只需双击【旋转视图工具】。

图 11-55 【旋转视图工具】工具选项栏

（1）旋转角度：通过输入数值，可以准确地控制视图旋转的角度。输入数值为 -180° ~180°之间的整数。

（2）复位视图：单击该按钮，将恢复为最初视图，也就是旋转角度为0°。

（3）旋转所有窗口：如果当前文档中同时开启了多个窗口，勾选该复选框，则旋转视图时会影响所有窗口。

11.16　神经滤波器

新增的神经滤波器功能可以进行智能图像编辑，如皮肤平滑、面部特征调整等。使用神经滤波器时，Photoshop必须连接到互联网，通过服务器计算生成结果。一般来说，服务器只需几秒钟即可完成非常复杂的工作。

在打开的人物图像文件中，单击【滤镜】菜单中的【Neural Filters】选项，下载安装完成，如图11–56所示。打开【皮肤平衡度】开关，如将【模糊数值】设为95、【平滑度】设为45，人物的皮肤会变得平滑细腻。设置【输出】为【新图层】，单击【确定】按钮，便可以享受人工智能的运算结果了。

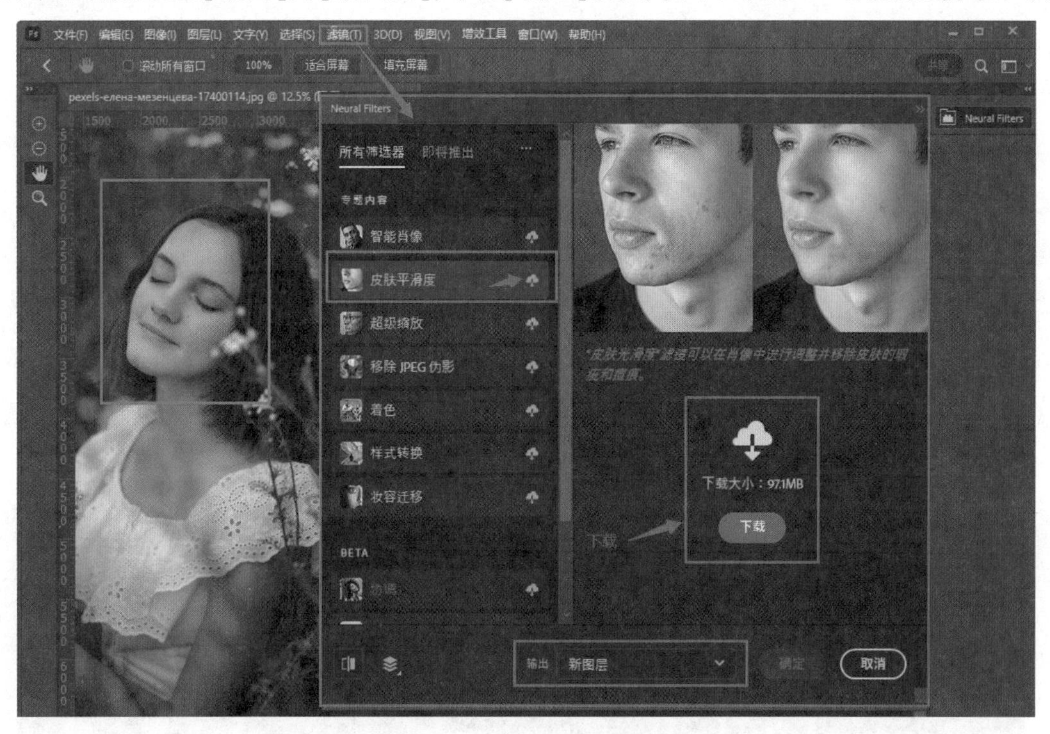

图 11–56　滤镜菜单中的【Neural　Filters】选项

其中，【智能肖像】滤镜可以自由地改变人物的表情、年龄、发色、朝向等特征，【妆容迁移】滤镜可以将模板照片的人物妆容应用在目标照片的人物上。

这些工具和功能只是Photoshop 2022众多工具和功能中的一部分，可以极大地提高图像编辑的效率和创造力。每一位学习人员都可以根据自己的需求和创意，制作出满意的图像，而掌握这些基本工具是学习Photoshop的重要一步。

第 12 章 应 用 实 例

Photoshop 的应用非常广泛，涵盖了从简单的图片编辑到复杂的数字艺术创作等多个领域。以下将对一些具体的 Photoshop 应用实例进行讲解。本章内容建议配合视频进行学习。

12.1 照片修复与增强

在使用相机拍摄人像时，经常会因为光线照度、光源性质等环境因素影响照片的美观，或因为人物本身面部有太多斑点使其面部不够美观、光滑。为了达到美观的目的，用户可以用 Photoshop 2022 对照片进行美化。下面将以修复人物面部照片为例，介绍关于照片修复与增强的一些简单操作。

（1）使用 Photoshop 打开一张人物素材照片，然后复制此图层，如图 12–1 所示。

图 12–1 复制人物图层

（2）选择【修补工具】，在工具选项栏里的【模式】中选择“源”，在人物图层中有斑的地方选区，如图12–2所示。然后把鼠标放在选区中间，拖动选区到正常皮肤区域，修补人脸上有斑的地方，修补效果如图12–3所示。

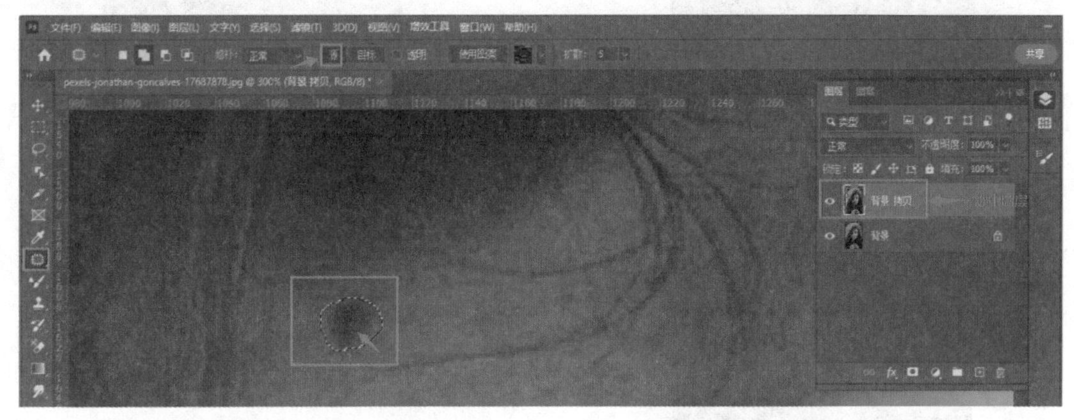

图12–2 在有斑的地方选区

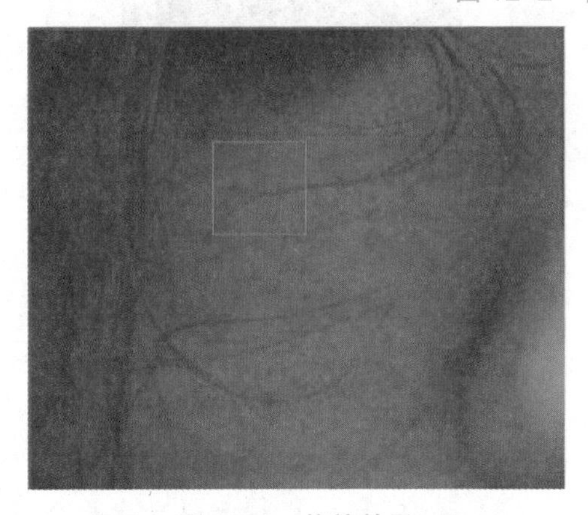

图12–3 修补效果

（3）用【污点修复画笔工具】处理面部的一些小细节，效果如图12–4所示。修复画面中的瑕疵之后，单击【图层】面板下的【创建新的填充或调整图层】按钮选择【黑白】，把图层变成【明度】模式，如图12–5所示。

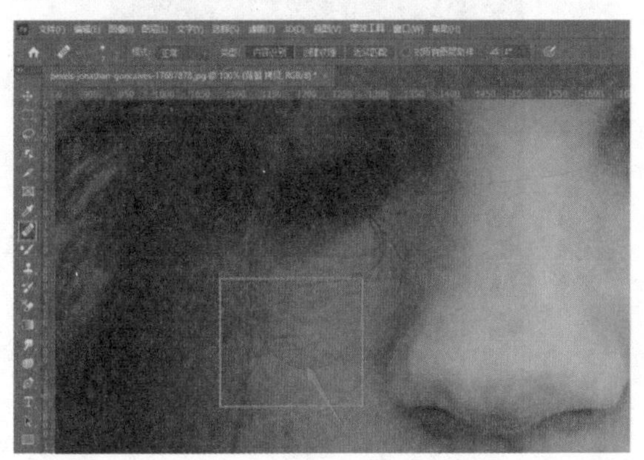

图12–4 处理面部细节后的效果

图12–5 把图层变成【明度】模式

（4）在【属性】面板中，通过将【黄色】的数值调大来调亮图层，如图12–6所示，再把斑点淡化。按快捷键【Ctrl+Shift+Alt+E】盖印图层，单击菜单栏中【图像】下的【调整】，选择【反相】命令，如图12–7所示，并将图层混合模式改成【亮光】模式。

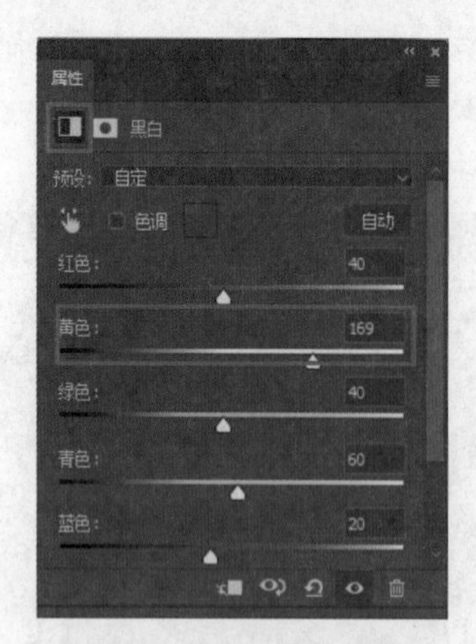

图 12-6 【属性】面板

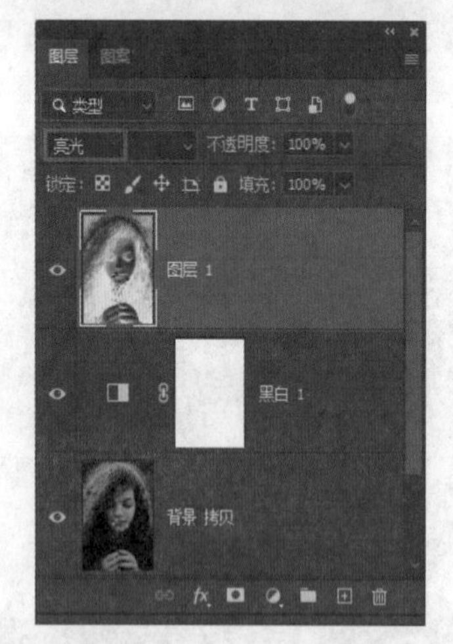

图 12-7 【亮光】模式

（5）单击【滤镜】下的【其它】，选择【高反差保留】命令，弹出【高反差保留】对话框，如图12-8所示，调节参数。

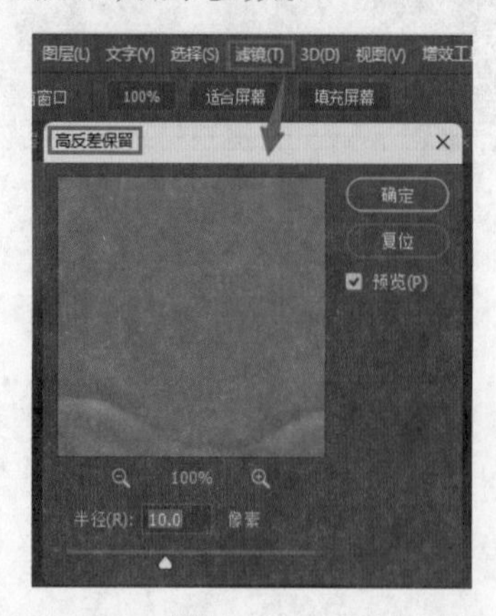

图 12-8 【高反差保留】对话框

选择【滤镜】下【模糊】中的【高斯模糊】命令，弹出【高斯模糊】对话框，调节参数，如图12-9所示。

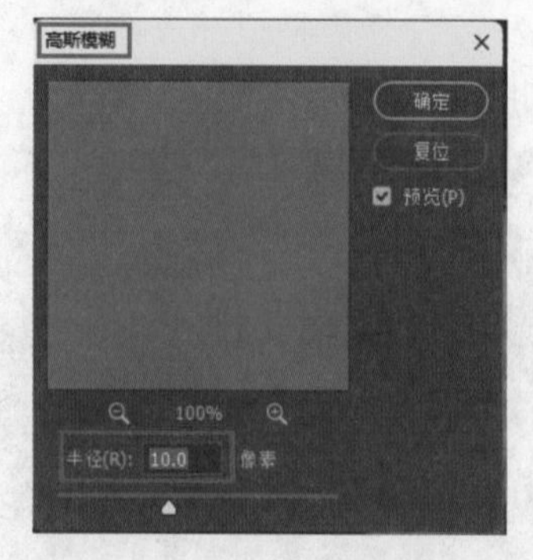

图 12-9 【高斯模糊】对话框

（6）单击【图层】面板下方的按钮添加蒙版，并按【Ctrl+I】快捷键使蒙版变成黑色，如图12-10所示。

图 12-10 使蒙版变成黑色

选择【画笔工具】并设置画笔参数，然后将不透明度改为50%，将前景色设为白色，如图12-11所示。在图像中涂抹，使处理的皮肤显现出来，注意眼睛和边缘的地方不要擦。

图 12-11 涂抹前设置

12.2　图像合成

一个图像中通常包含多个对象，可将多个图像层叠在一起，创建全新的场景或设计。可使用蒙版和透明度调整来融合不同的照片元素，制作创意海报或广告。

（1）启动 Photoshop 2022 软件，打开素材文件夹中的“背景”文件，复制图层，将“春天文字”素材拖入到文档中，如图 12-12 所示，将其摆放到合适的位置后调整大小，按【Enter】键确认。

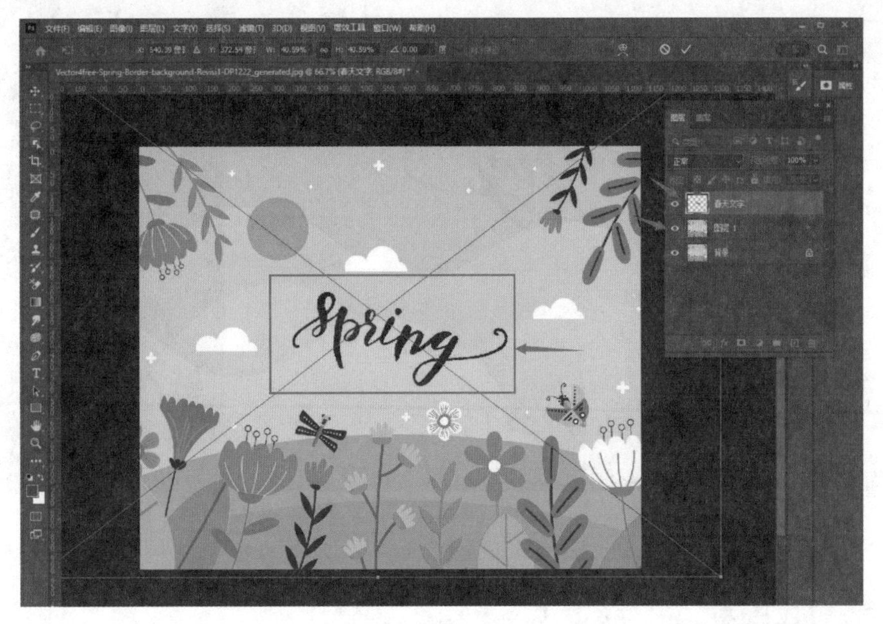

图 12-12　放入“春天文字”素材

（2）将素材文件夹中的“桃花朵朵”素材拖入文档中，并将其调整到合适的位置及大小，按【Enter】键确认。

图 12-13　放入“桃花朵朵”素材

（3）选择“背景”的“图层1”，单击菜单栏【图层】下的【创建剪贴蒙版】命令（或按【Alt+Ctrl+G】快捷键）；或按住【Alt】键，将光标移到“背景”和“图层1”两个图层之间，待光标箭头标变换状态时，单击鼠标左键，即可为“背景”图层创建剪贴蒙版。此时，该图层缩览图前有剪贴蒙版标识，如图12-14所示。

图 12-14　为“背景”图层创建剪贴蒙版

12.3　照片转手绘效果

通过滤镜和画笔工具将照片转换成类似手绘或油画的效果。使用液化工具来微调人物的面部特征，使其更符合手绘风格。

（1）启动Photoshop 2022软件，按【Ctrl+O】快捷键，打开素材文件夹中的“背景2”文件，如图12-15所示。

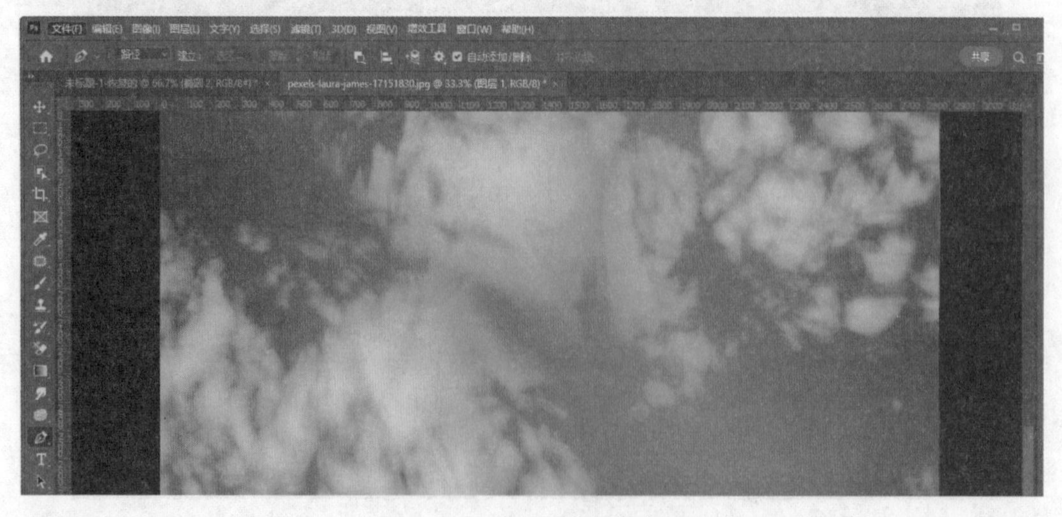

图 12-15　打开“背景”素材

（2）将素材文件夹中的“人物”素材拖入文档，并将其调整到合适的位置及大小，如图12–16所示。

图12–16 调整“人物”素材的位置

（3）单击【图层】面板下方的【创建新图层】按钮，新建空白图层，如图12–17所示。选择工具箱中的【钢笔工具】，沿着人物边缘创建路径锚点。可使用【直接选择工具】调整路径细节。

图12–17 创建新的图层

（4）按【Ctrl+Enter】快捷键将路径转换为选区。单击【编辑】下的【描边】命令，打开【描边】对话框，在其中设置描边“宽度”为3像素，设置“颜色”为“黑色”，设置“位置”为“居中”，如图12–18所示。

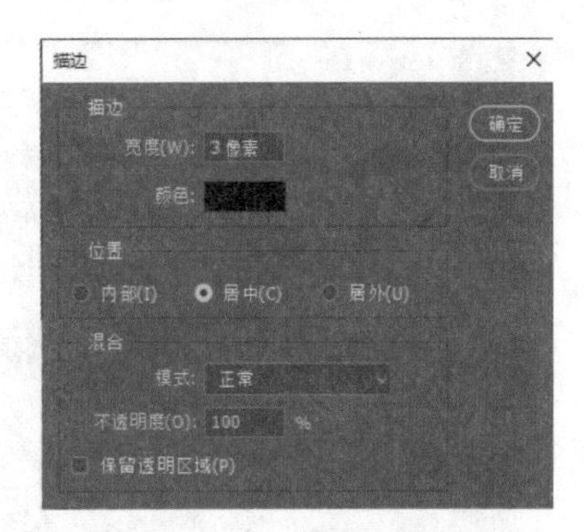

图12–18 打开【描边】对话框

（5）完成后，单击【确定】按钮，即可为选区描边。按【Ctrl+D】快捷键取消选择，隐藏“人物”图层可查看描边效果，如图12–19所示。

图12–19 查看描边效果

（6）用上述同样的方法，继续使用【钢笔工具】沿着嘴唇部分绘制路径，并将其转换为选区，如图12–20所示，并修改细节。

图12–20 为嘴唇部分绘制路径

（7）将前景色设置为红色（如#d5212e），可使用【油漆桶工具】为嘴唇填充颜色。

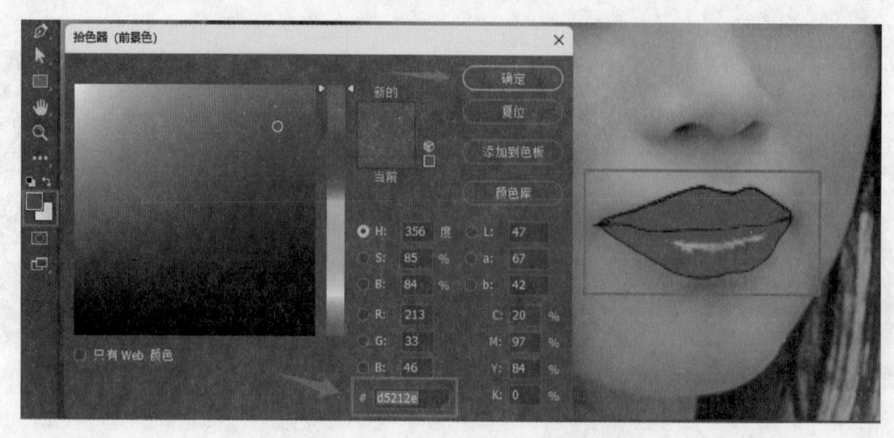

图 12-21　设置“前景色”

（8）用上述同样的方法，使用【钢笔工具】为人像的其他细节部分进行描边，如图 12-22 所示，并修改细节。

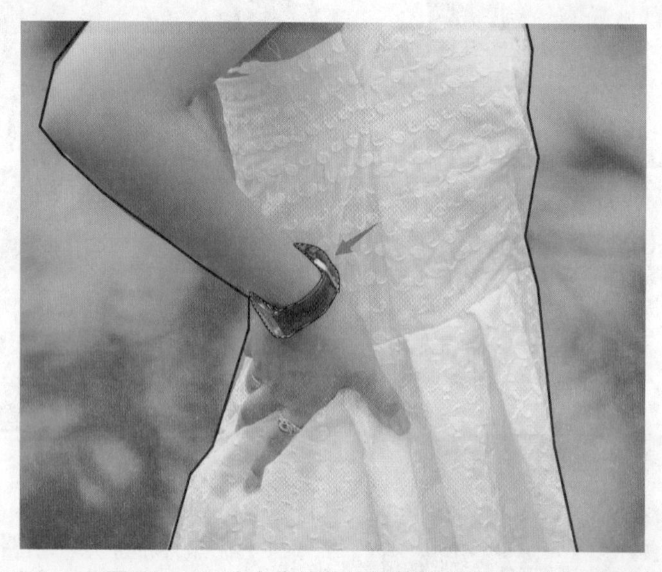

图 12-22　为人像的其他细节部分进行描边

（9）将素材文件夹中的“白色水墨”和“花素材”文件中的素材分别拖入文档，并将其摆放在合适的位置，如图 12-23 所示。在【图层】面板中，分别调整“人物”图层的“不透明度”为 80%，“白色水墨”图层的“不透明度”为 90%，调整“花素材”图层的“不透明度”为 90%。

图 12-23　添加“白色水墨”和“花素材”

12.4 个人肖像美化

（1）启动Photoshop 2022软件，单击【文件】下的【打开】命令，打开素材文件夹中的“图4”人物素材，按【Ctrl+J】快捷键复制“背景”图层，如图12-24所示。

图 12-24 复制“背景”图层

（2）使用【钢笔工具】沿着人物唇部创建路径，单击鼠标右键，在弹出的菜单中选择【建立选区】命令，弹出【建立选区】对话框，设置“羽化半径”为5像素，如图12-25所示，单击【确定】按钮。

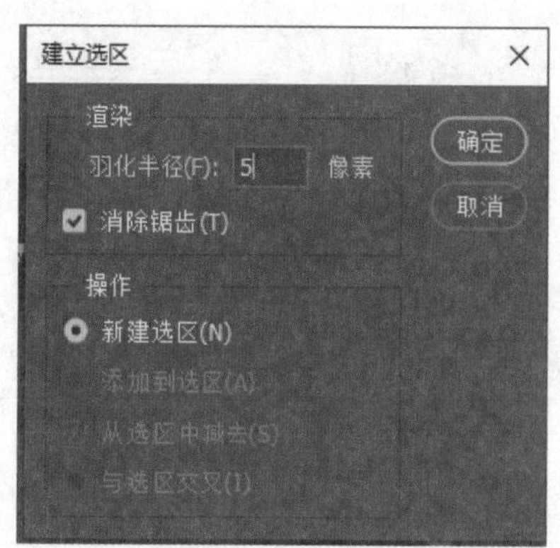

图 12-25 【建立选区】对话框

（3）按【Ctrl+U】快捷键，在弹出的【色相/饱和度】对话框中提高图像的饱和度，如图12-26所示。单击【确定】按钮，图像效果如图12-27所示。按【Ctrl+D】快捷键取消选区。

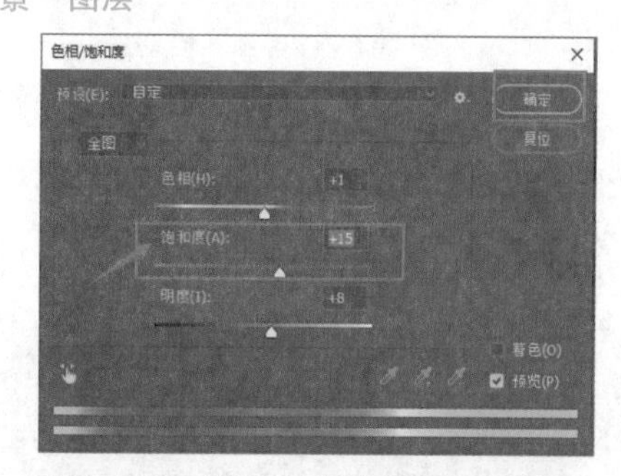

图 12-26 【色相/饱和度】对话框

图 12-27 图像效果

（4）使用【套索工具】在人物眼周创建选区。使用【渐变工具】，单击选项栏中的渐变条，打开【渐变编辑器】面板，选择相应的渐变色，如图 12-28 所示。

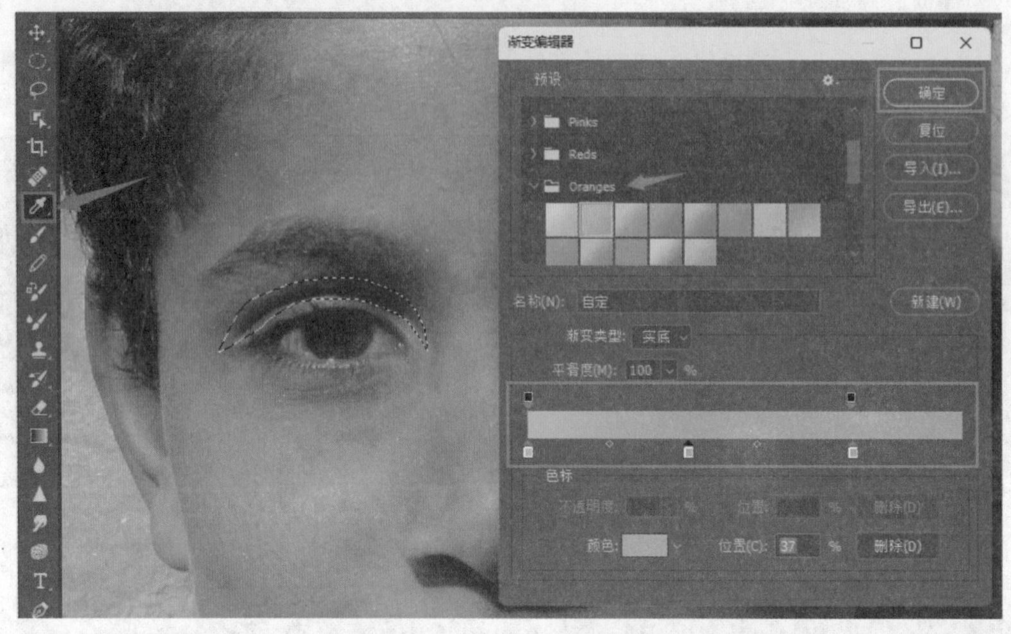

图 12-28 【渐变编辑器】面板

（5）在【图层】面板中新建“图层 2”，在选区中拖动鼠标填充渐变色，如图 12-29 所示。取消选区，按【Ctrl+I】快捷键反向图像。

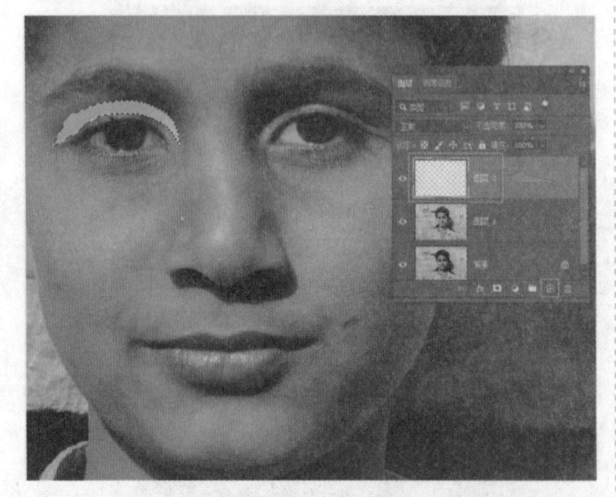

图 12-29 填充渐变色

（6）设置该图层的“混合模式”为“柔光”，“不透明度”为 50%，如图 12-30 所示。

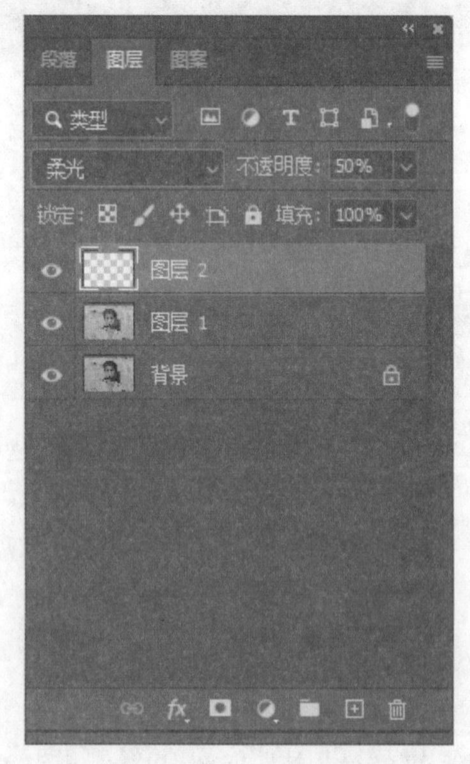

图 12-30 设置图层

（7）使用【橡皮擦工具】擦除多余的部分，如图12–31所示。以相同方法完成另一只眼睛眼影的制作，并按【Ctrl+Shift+Alt+E】快捷键盖印图层，操作完成。

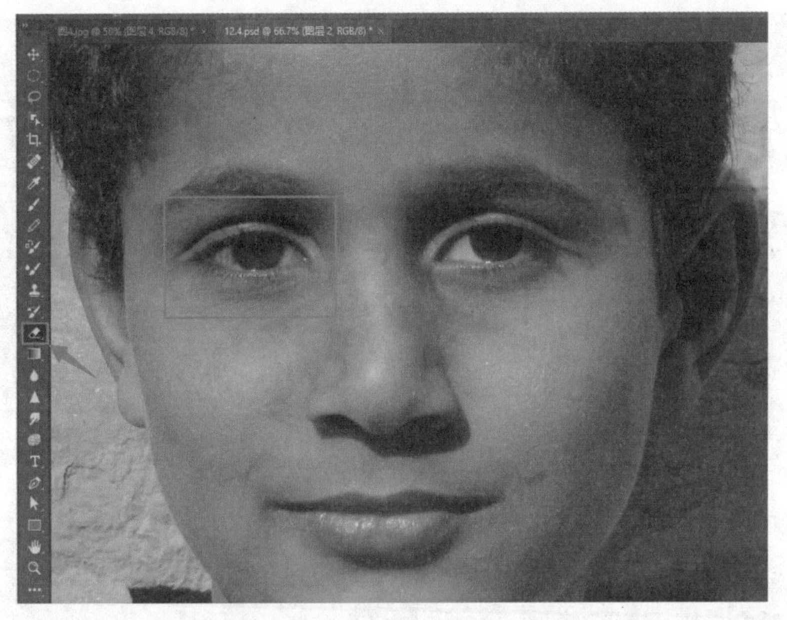

图 12–31　使用【橡皮擦工具】

12.5　名片设计

名片，这个小巧的个人标识，充满了个性化和私人定制的元素。在商务场合，互换名片已经成为一种常规的初步互动。名片上可显示姓名及其所属组织、公司单位和联系方式等，名片既是身份的象征，也是营销的一种方式。因此，一张设计精美的名片有时候非常重要。设计名片时，使用文字工具和图形设计技巧可以创建出吸引人的视觉内容。

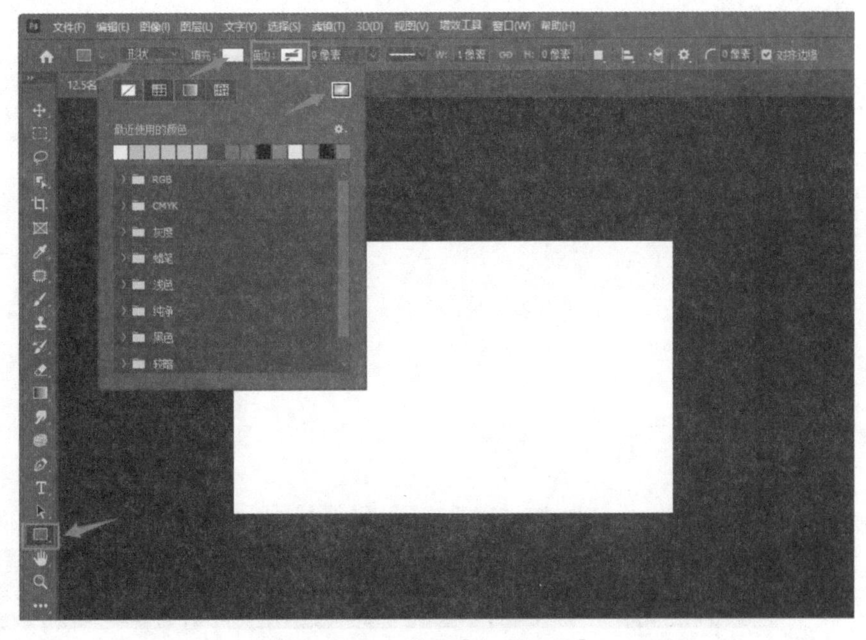

图 12–32　选择【矩形工具】

（1）启动Photoshop 2022软件，新建一个名为“12.5名片”的文件，设置合适的尺寸，将“背景”设置为“白色”，单击【创建】按钮，在打开的编辑界面左侧工具箱中选择【矩形工具】，单击【描边】色块，在弹出的菜单中选择【无颜色】选项，单击【填充】色块，在弹出的菜单中单击【拾色器】

按钮，如图 12–32 所示。

（2）打开【拾色器（填充颜色）】对话框，设置填充的颜色，单击【确定】按钮，如图 12–33 所示。

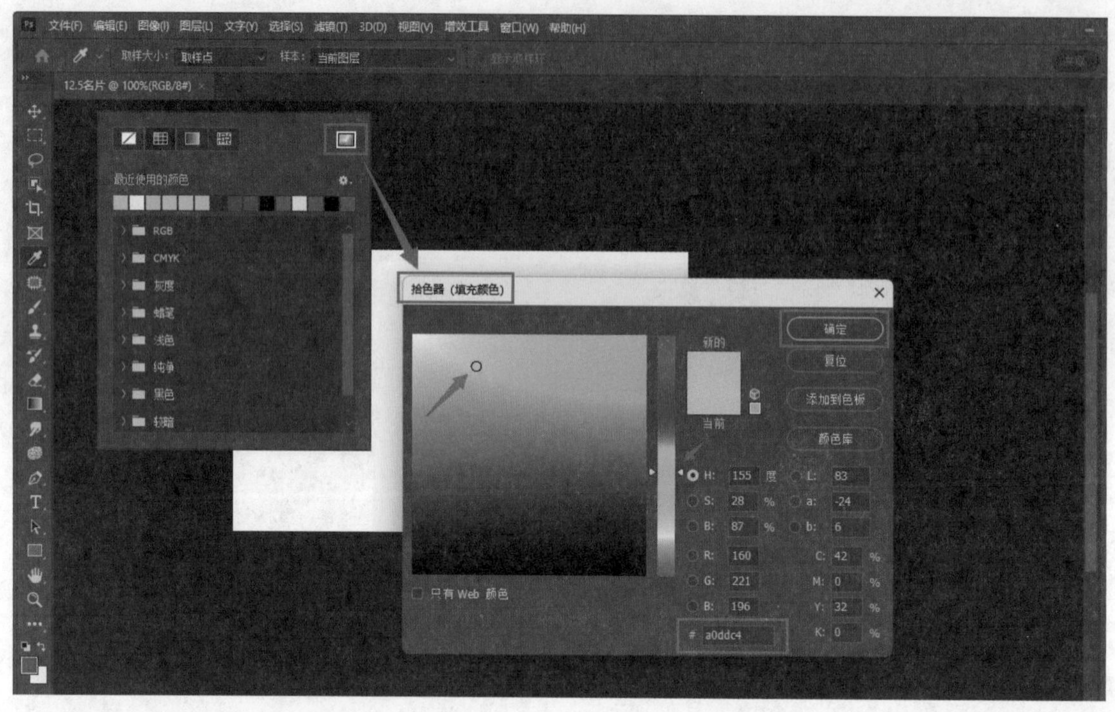

图 12–33 【拾色器（填充颜色）】对话框

（3）返回编辑界面，在页面中绘制两个矩形，使得上方的矩形宽度大于下方的矩形宽度，如图 12–34 所示。

图 12–34 绘制矩形

（4）在工具箱中选择【椭圆工具】选项，在上方工具属性栏中选择【形状】选项，选择合适的填充颜色，单击【描边】色块，在弹出的菜单中选择【白色】，设置描边粗细为“2 像素”，设置描边样式为“实线”。按下【Shift】键的同时，在上方绘制圆形，如图 12–35 所示。使用【Ctrl+T】快捷键，图形将进入变换的状态，用户可以调整圆形的位置和大小直至满意为止。

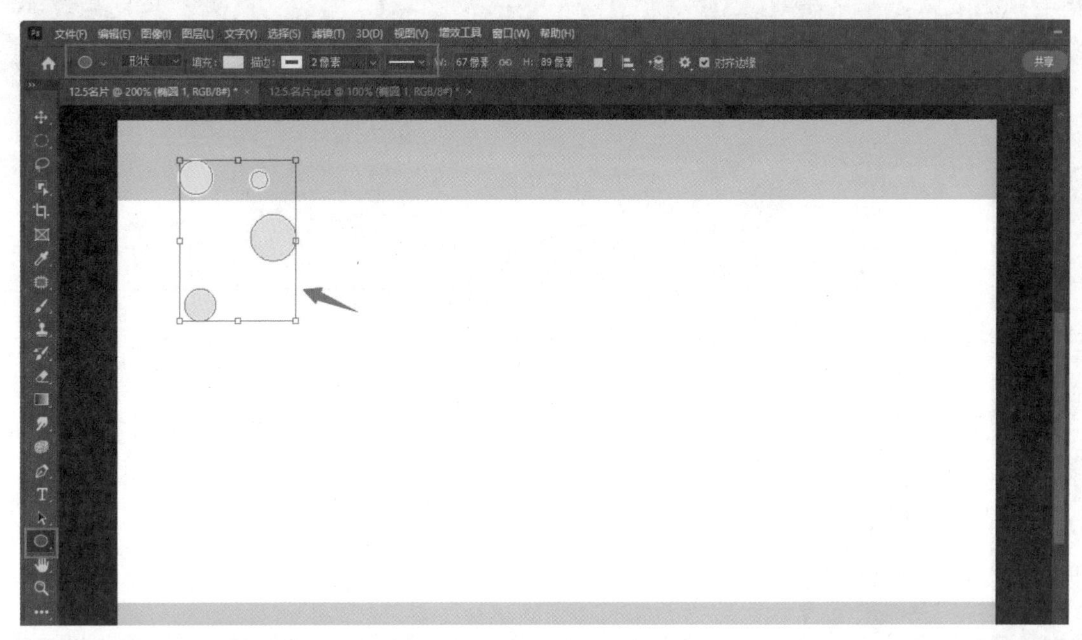

图 12–35 绘制圆形

（5）打开“一枝花”图像素材，将其添加到当前文件中，再使用【Ctrl+T】快捷键使图像进入变换状态，调整图像的大小及位置，如图 12–36 所示。

图 12–36 调整“一枝花”图像素材的大小及位置

（6）绘制不同的圆形来修饰名片。在工具箱中选中【多边形工具】选项，在工具属性栏中选择【形状】选项，设置合适的填充颜色和描边颜色，设置描边粗细为“2 像素”，设置描边样式为“实线”。在工具属性栏中的“边”数值框中输入“6”，在“创建多边形”对话框中，“设置星形比例”为“60%”，按【Shift】键的同时进行绘制，如图 12–37 所示。

图 12–37 绘制多边形

（7）使用【Ctrl+J】快捷键复制六边形，调整其位置，如图 12–38 所示。

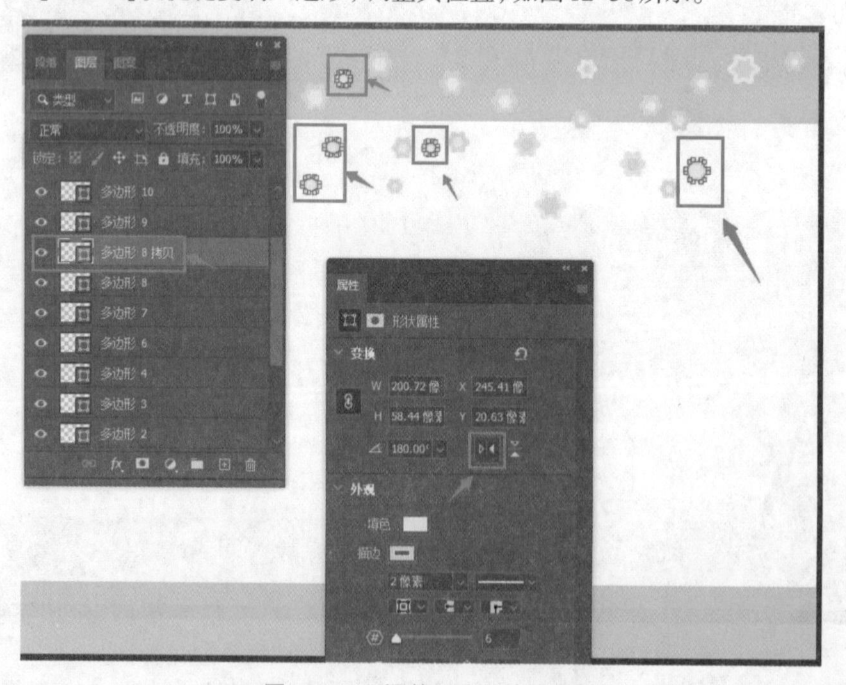

图 12–38 调整六边形的位置

（8）使用【横排文字工具】在名片上输入“悦光鲜花”名称，为文本设置合适的字体、字号和颜色。选中输入的文本，打开【字符】对话框，为文本设置合适的字符间距，如图 12–39 所示，然后使用【Ctrl+Enter】快捷键退出输入状态。

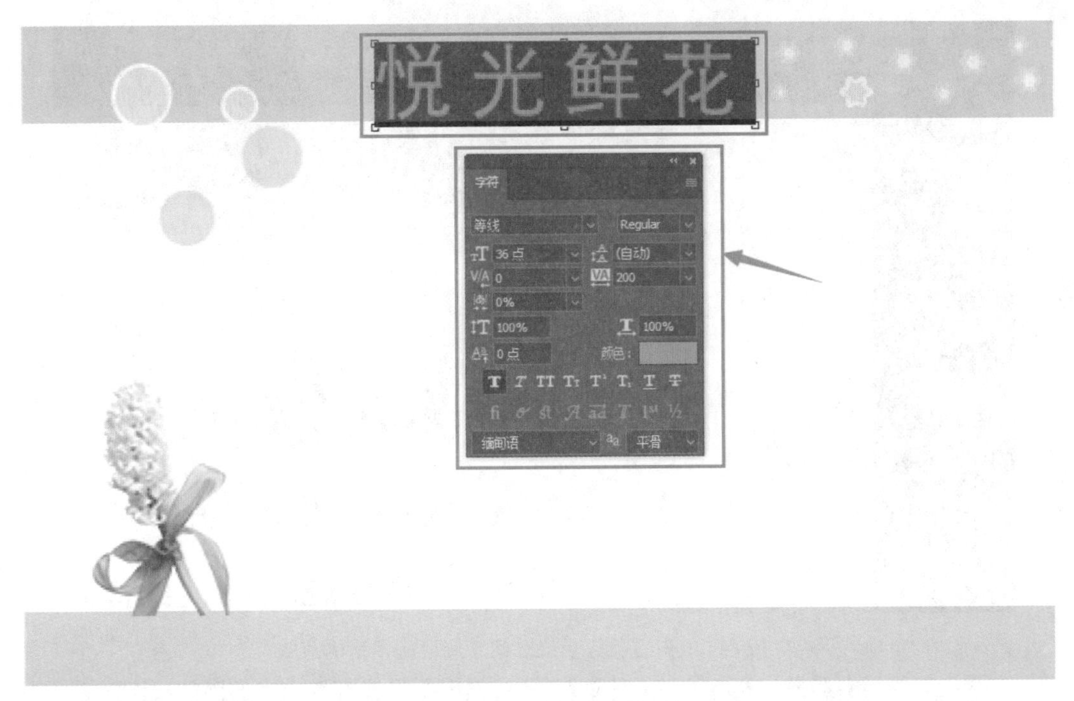

图 12-39 设置文本格式

（9）在名称下方的白色区域输入相关的信息，如图 12-40 所示，如地址、联系方式等，输入完成后，设置合适的字体、字号、颜色等，调整文本至合适的位置，最后按【Ctrl+Enter】快捷键进行确定。

图 12-40 输入相关的信息

（10）在工具箱中选中【直线工具】选项，在工具属性栏中选择【形状】选项，将填充色设置为“黑色”，设置描边为“无颜色”，样式设置为“实线”，线条“粗细”设置为“1 像素”，在姓名与职位之间绘制两条相交的直线，如图 12-41 所示。

图 12-41　在姓名与职位之间绘制两条相交的直线

（11）在工具箱中选择【横排文字工具】选项，根据需要设置宣传文本的字体、字号和颜色等。在名片右边，输入并选中宣传文本内容。在工具属性栏中单击【创建文字变形】按钮，弹出【变形文字】对话框，设置“样式”为“下弧”，设置“弯曲”为“+50%”，设置“水平扭曲”为“+8%”，如图 12-42 所示。设置完成后单击【确定】按钮，返回编辑界面查看效果。

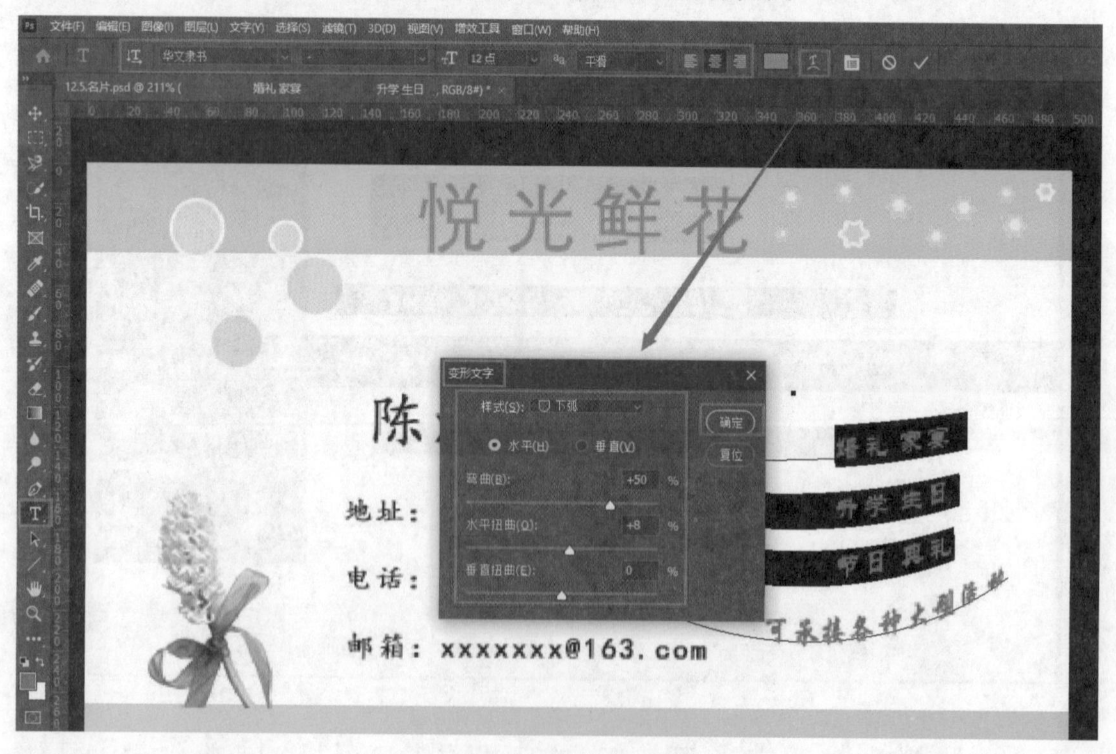

图 12-42　设置宣传文本的格式

（12）在工具箱中选择【自定形状工具】选项，在工具属性栏中选择【形状】选项，设置填充颜色为“绿色”，取消描边，如图 12-43 所示。

图 12–43　选择【自定形状工具】选项

（13）单击【形状】栏下拉按钮，在弹出的下拉列表中显示默认形状，单击【设置】按钮，在弹出的下拉列表中选择【导入形状】选项，可导入需要的形状；或在【形状】下拉列表中也可选择已有的图形。在“地址”文本左侧的矩形中绘制选择的图形，如图 12–44 所示。使用相同的办法绘制电话和邮箱前的图形。

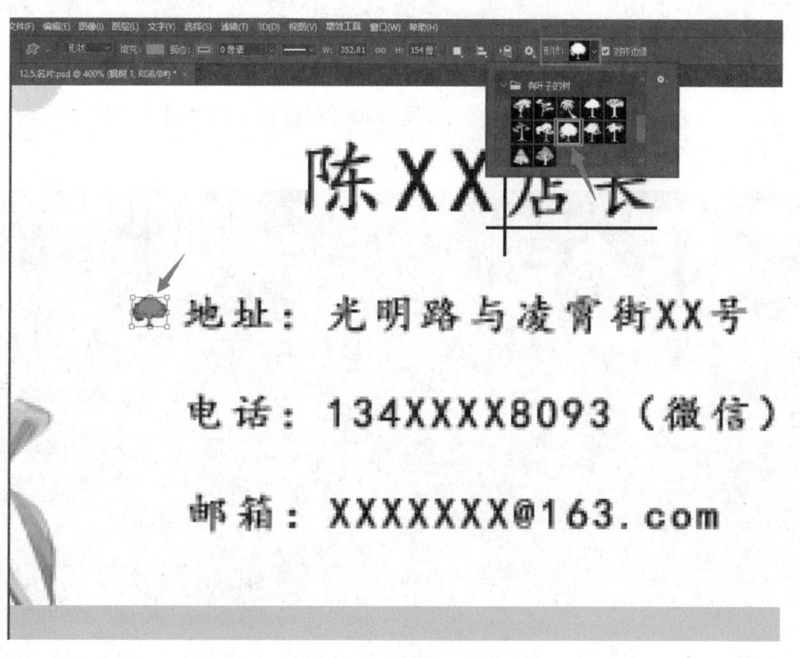

图 12–44　绘制图形

12.6 网页设计

一个页面的设计要从用户的角度出发，网站页面在保证内容丰富的同时，也要兼具实用性和便利性，所以能够给人留下深刻印象的网站界面是很重要的。在进行网页设计时，可以利用文字工具和排版功能来设计网页的文字内容和界面元素。

（1）启动Photoshop 2022软件，新建一个1 920像素 ×900像素的空白文档，并将背景填充为墨绿色，如图12-45所示。

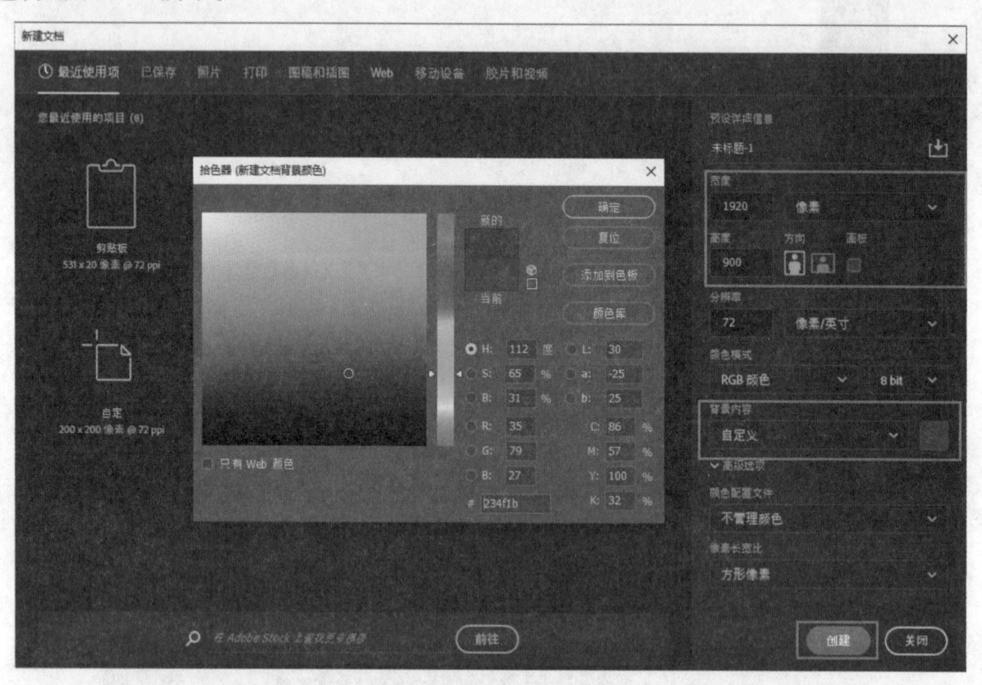

图 12-45　创建空白文档

（2）在工具栏中选择【矩形工具】，在工具选项栏中设置【模式】为“形状”。在画布下方画一个矩形，并将其填充为暗黄色，如图12-46所示。

图 12-46　绘制暗黄色矩形

（3）复制此矩形，将其挪至画布上方，如图 12–47 所示。

图 12–47　复制添加矩形

（4）选择【矩形工具】，在选项栏中设置【模式】为“形状”。设置好参数之后，在画布中画一个矩形，如图 12–48 所示。

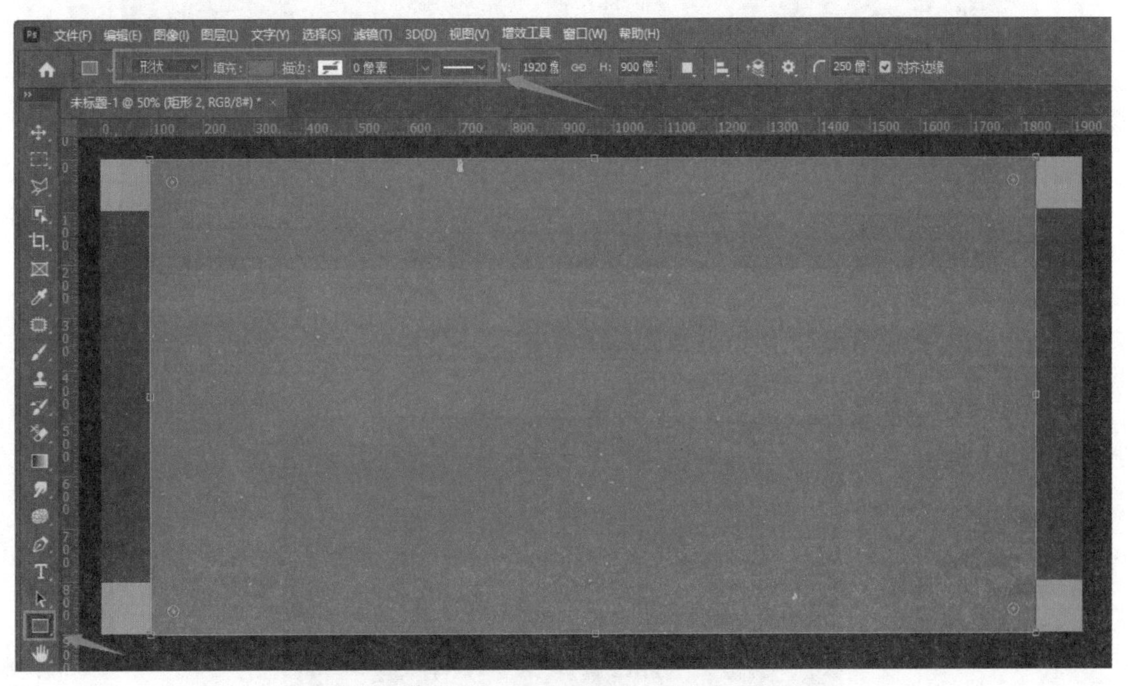

图 12–48　绘制新矩形

（5）单击功能栏中的【图层】按钮，选择【图层样式】下的“投影”项，打开【图层样式】对话框，进行如图 12–49 所示的设置，为此新矩形添加“投影”效果，如图 12–50 所示。

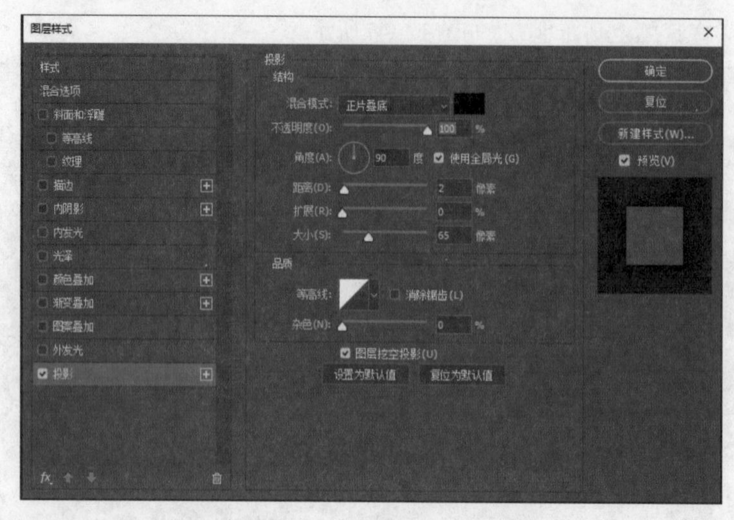

图 12-49 【图层样式】对话框

图 12-50 添加后的“阴影”效果

（6）单击【图层】面板下的【创建新的填充或调整图层】按钮，在下拉菜单中选择“曲线”，为图层创建【曲线】调整图层，如图 12-51 所示。

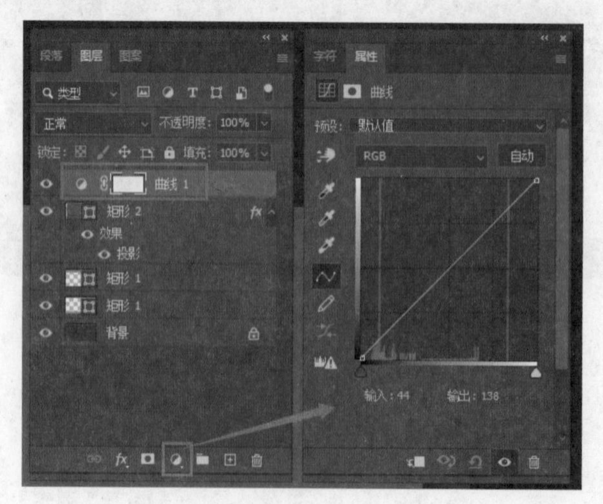

图 12-51 创建【曲线】调整图层

（7）在【属性】面板中调整曲线，将图像调亮，如图 12-52 所示。然后在该图层上单击鼠标右键，在展开的菜单中选择【创建剪贴蒙版】命令，使用【渐变工具】填充黑白渐变，设置渐变类型，如“菱形渐变”，对蒙版进行修改，如图 12-53 所示。

图 12-52　调亮图像

图 12-53　修改蒙版效果

（8）将一个准备好的图案放入图像中并挪至右上角，如图 12-54 所示，然后创建剪贴蒙版。

图 12-54　添加素材

（9）选择【矩形工具】，并在选项栏中设置参数，然后在红色矩形的右下角画一个绿色小矩形，调整样式，在【属性】面板中设置相关参数，如图 12-55 所示。

图 12-55　绘制绿色小矩形

（10）在绿色矩形的上方边绘制一个黄色小矩形，并在选项栏中对其进行设置，如图 12-56 所示。然后将黄色矩形挪至与绿色矩形重叠。

图 12-56　绘制并设置新矩形

（11）选择【横排文字工具】，在黄色矩形的中间输入文字，调整文字的格式并选择中间对齐，如图 12-57 所示。

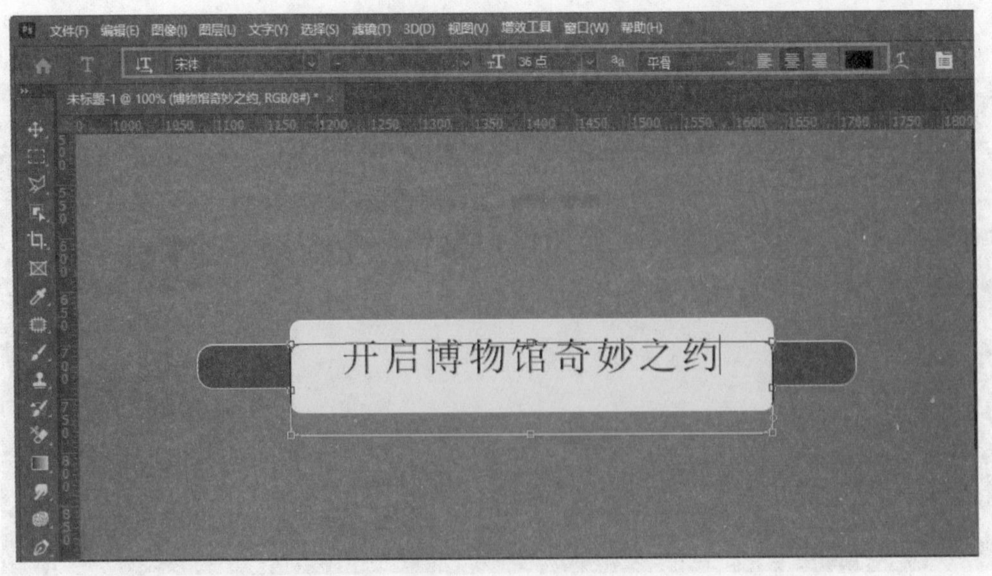

图 12-57　输入并设置文字格式

（12）在下侧绘制一个与绿色矩形相同的矩形，对其进行设置，在其中输入英文，其字体颜色与上面的文字相同，如图 12–58 所示。

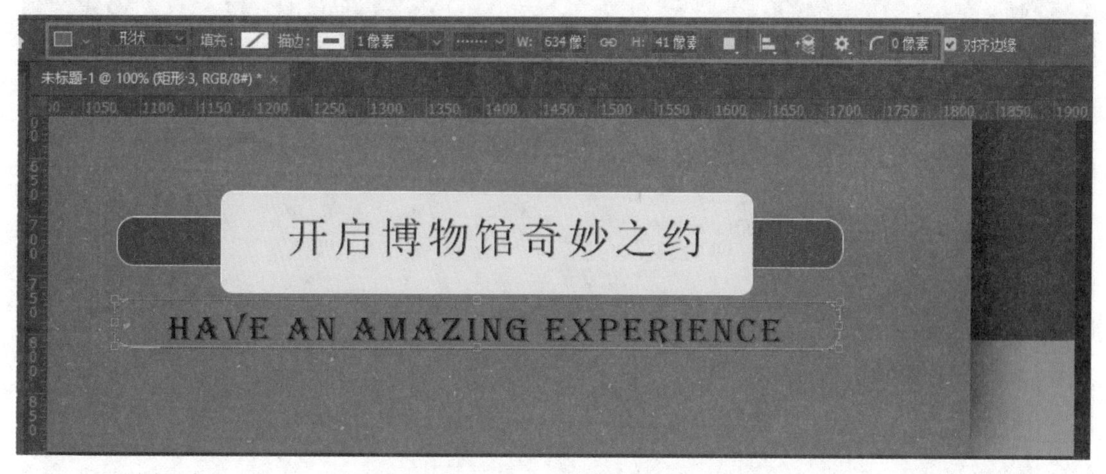

图 12–58 设置英文格式

（13）在右侧空白处输入文字“博物馆春季限定珠宝展”，其颜色与下方文字相同。调整文字大小，在其下方输入其他文字，并调整其大小，再用一个矩形框将其框住，如图 12–59 所示。

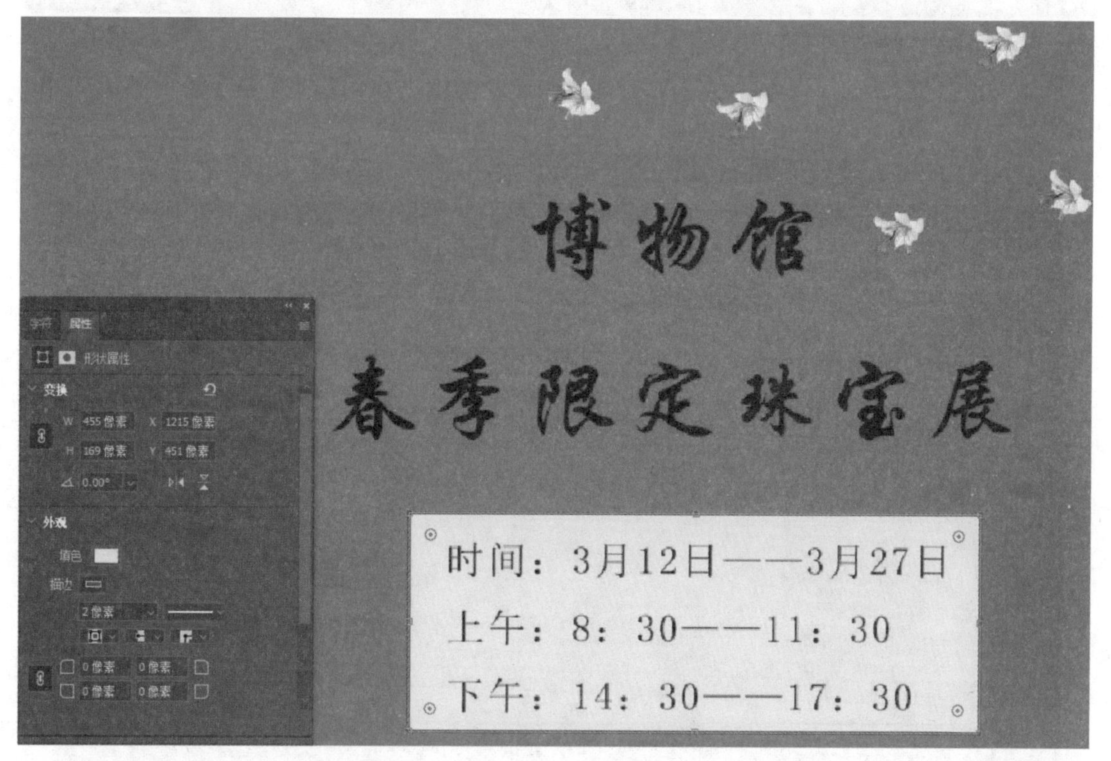

图 12–59 输入文字并设置格式

（14）选择【多边形工具】，在其工具选项栏中设置参数，然后按住【Shift】键，在画布中画多边形，将其挪至合适位置，如图 12–60 所示。

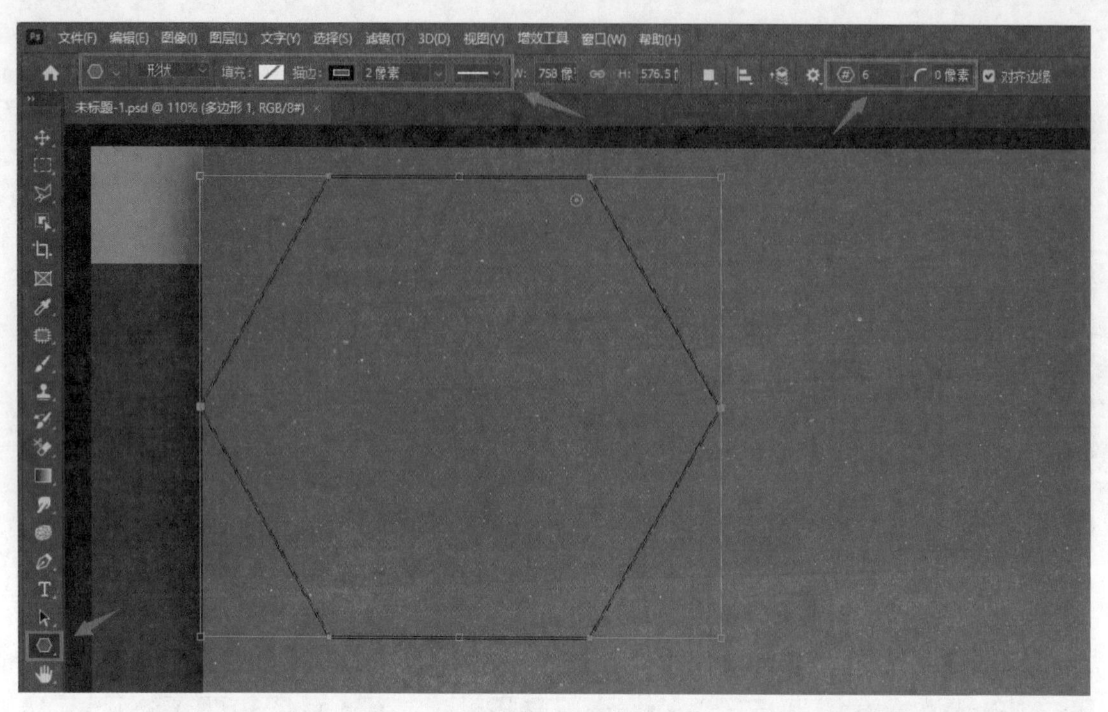

图 12-60 绘制多边形

（15）选择【多边形工具】，在其工具选项栏中设置参数，然后按住【Shift】键，再在画布中画一个比前一个多边形要小一点的多边形，将其挪至大多边形里面，调整好位置，如图12-61所示。多次复制这两个多边形，并调整位置。

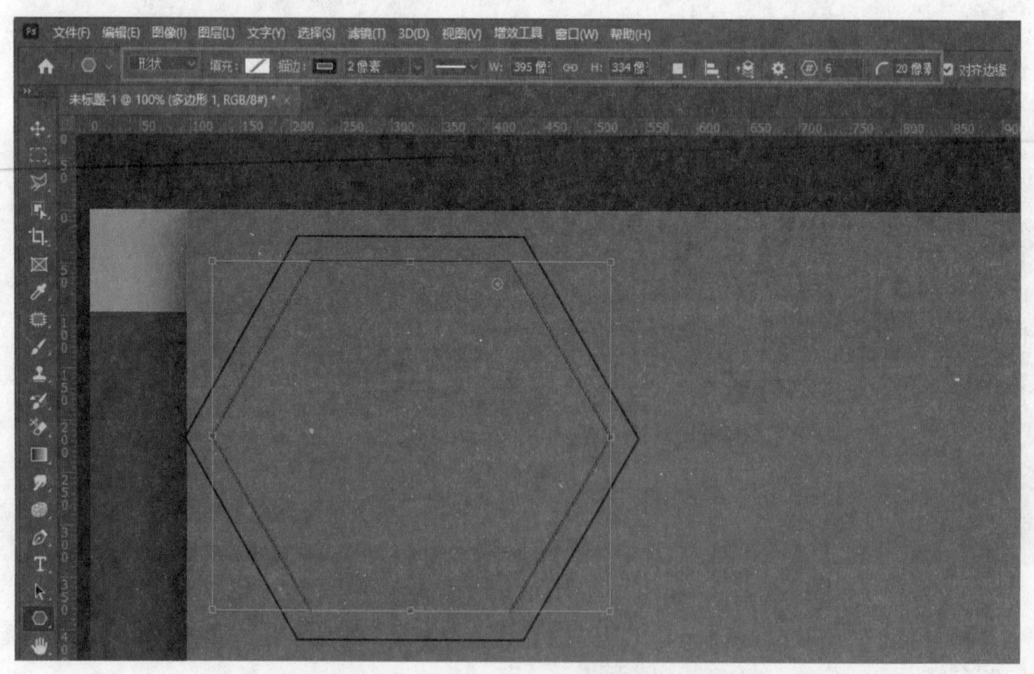

图 12-61 绘制小多边形并调整位置

（16）将准备好的图形，依次放在多边形中，调整好位置。最后对页面再次进行修饰，如图12-62所示。

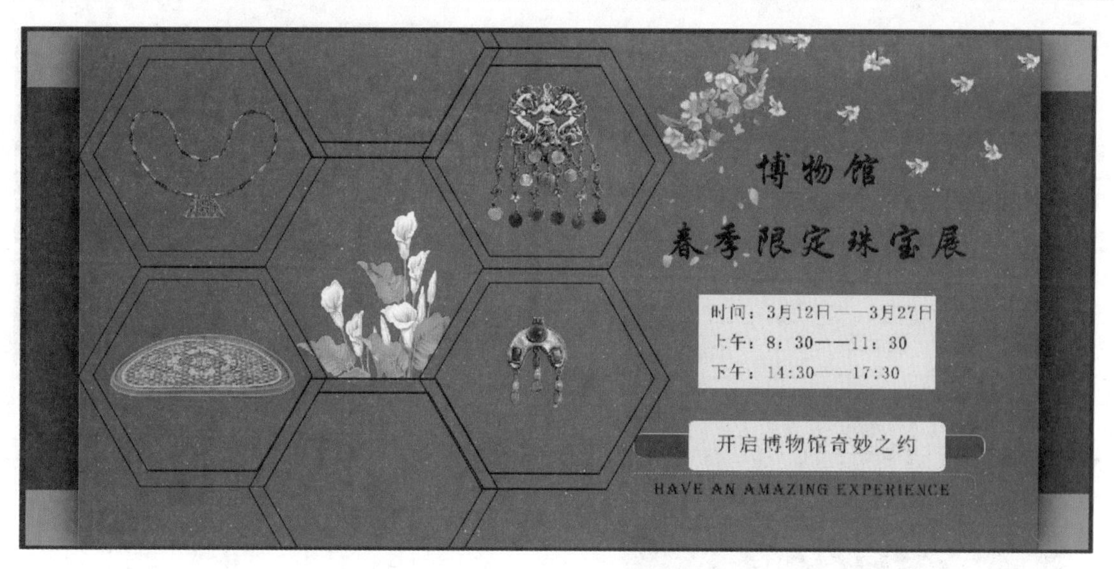

图 12–62　网页设计效果

12.7　创建小动画

（1）启动Photoshop 2022，打开素材文件夹，选择“背景”图片。在编辑界面中，单击菜单栏中的【窗口】按钮，在展开的列表中分别选择【时间轴】和【图层】命令，打开【时间轴】和【图层】面板。单击【时间轴】面板中间的向下箭头，选择“创建帧动画”选项，如图 12–63 所示。

图 12–63　打开【时间轴】和【图层】面板

（2）在【图层】面板中，由于背景图层不能创建动画，所以需要添加新图层，或将背景图层转换为常规图层，如图12-64所示。

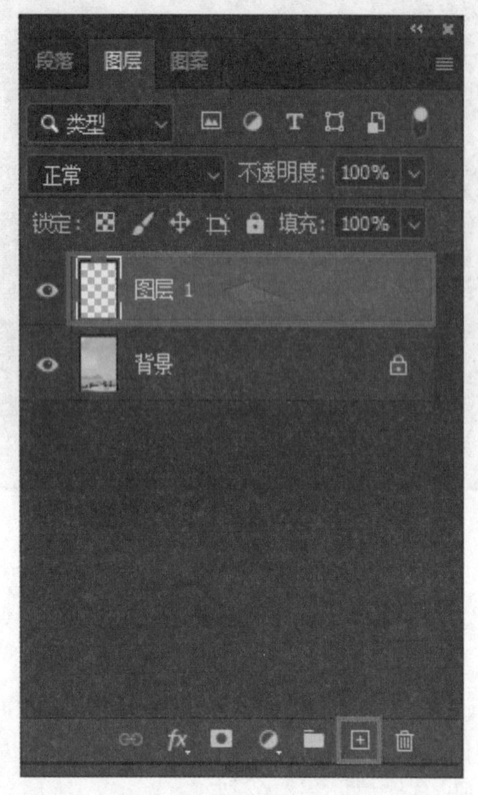

图 12-64　添加新图层

（3）拖动素材文件夹中的素材到打开的文件中并适当调整位置和大小，向动画中添加需要的内容，如图12-65所示。如果动画中包含一些已单独创建动画的对象，或者要更改某个对象的颜色，或者完全更改某个帧中的内容，可单独在新图层上创建对象。

（a）查看素材

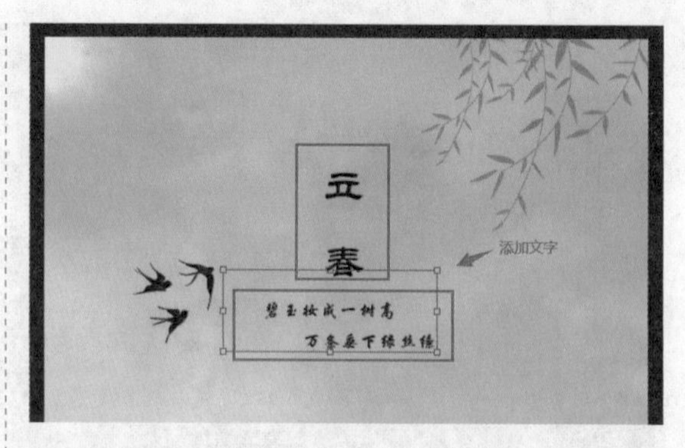

（b）添加文字素材效果图

图 12-65　向动画中添加内容

（4）在【时间轴】面板上单击“创建动画帧”按钮，背景图像将显示为新动画的第一帧。

在【时间轴】面板中，【 】代表【选择下一帧】按钮，即选择序列中的下一帧作为当前帧；【 】代表【选择上一帧】按钮，即选择序列中的上一帧作为当前帧；【 】代表【选择第一帧】按钮，即选择序列中的第一帧作为当前帧；【 】代表复制所选帧按钮，单击它可对所选帧进行复制。

如果选择多个动画帧，在【时间轴】面板中，可按【Shift】键的同时单击第二个帧，此时第二个帧，以及第一个帧与第二个帧之间的所有帧都将添加到选区中；或者按【Ctrl】键（Windows）或【Command】键（Mac OS）并单击其他帧，即可将这些帧添加到选区。

若要在多帧选区中取消选择一个帧，可按【Ctrl】键（Windows）或【Command】键（Mac OS）的同时，单击此帧。

若要选择全部帧，可单击【时间轴】面板右上角的菜单，在打开的列表中选中【选取全部帧】。

在【时间轴】面板中，选择一个或多个帧编辑动画帧中的对象的内容时，可在【图层】面板影响该帧的图层中，修改图像内容。如调整不同图层的可见性；如调整动画帧中某个对象的位置时，在【图层】面板中选择包含该对象的对应图层，然后再拖动此对象到新位置，如图12-66所示。还可以通过更改图层的不透明度来渐显或渐隐相关内容、更改图层的混合模式、向图层添加样式等。

若要反转动画帧的顺序，可以在【时间轴】

面板右上角的菜单中直接选择【反向帧】命令。

若要删除所选帧，在【时间轴】右上角的菜单中选择“删除帧”，或单击【时间轴】面板中最下一行中的【删除】按钮，单击【是】确认删除操作。也可以将选定的帧拖动到【时间轴】面板中最下一行的【删除】按钮上。若要删除动画，也可在【时间轴】面板右上角的菜单中选择“删除动画”。

如图12-66所示，在【图层】面板中，【统一】按钮包括【统一图层位置】、【统一图层可见性】和【统一图层样式】，任意单击其中一个按钮，可将现用动画帧中的属性应用于现用图层中的所有其他帧；当取消选择该按钮时，更改将仅应用于现用帧。

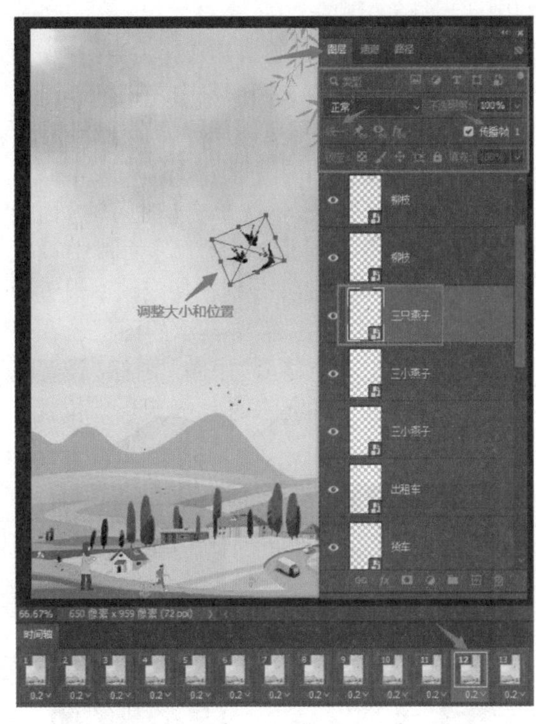

图12-66　调整对象的位置

单击【图层】面板的右上角菜单，在下拉列表中选取【动画选项】，其中包括【自动】、【总是显示】、【总是隐藏】三项。

①【自动】命令功能：在【时间轴】面板打开时，显示【统一】图层按钮。

②【总是显示】命令功能：无论【时间轴】面板是打开还是关闭，总是显示【统一】图层按钮。

③【总是隐藏】命令功能：无论【时间轴】面板是打开还是关闭，总是隐藏【统一】图层按钮。

在【图层】面板中，选择【传播帧1】命令可更改第一帧的属性，同时应用于同一图层中其他（关联）图层的所有后续帧（并保留已创建的动画）。

（5）当背景图像显示为第一帧后，单击【时间轴】面板右上方的菜单图标，选择【从图层建立帧】，可将【图层】面板中的素材图层导进编辑帧数的窗口中，并且每幅图画的下方会有设置帧数的时间，如图12-67所示。用户可根据需要对每幅图片设置需要显示的时间。

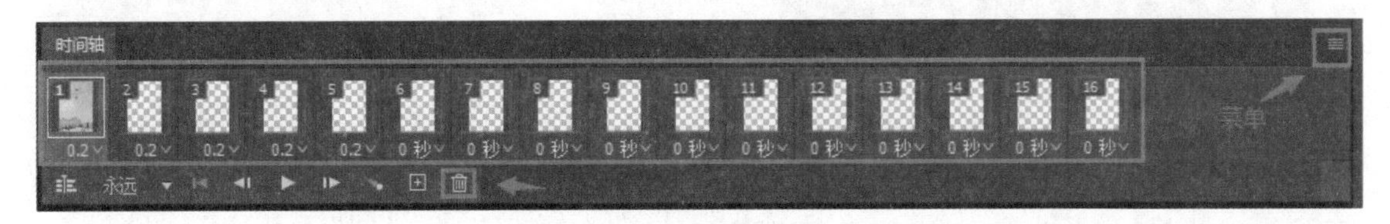

图12-67　将帧添加到动画

此时已添加的每个帧在开始时都是上一个帧的副本，可使用【图层】面板对帧进行更改，确保【时间轴】面板处于帧动画模式。若已知需要的帧数或者在有添加相同帧的情况下，可在【时间轴】面板中选择第一帧作为“背景”，单击【时间轴】面板菜单中的“拷贝单帧”。在当前动画或另一动画中选择一个或多个目标帧时，可从【时间轴】面板菜单中单击“粘贴单帧”，弹出【粘贴帧】对话框，如图12-68所示。可根据需要选择其中一种“粘贴”方法。

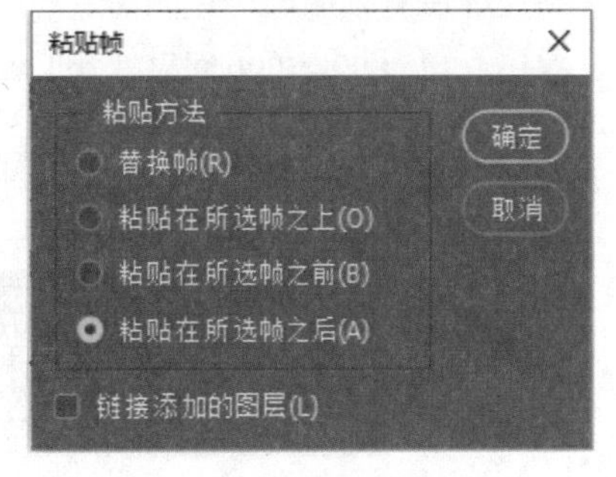

图12-68　【粘贴帧】对话框

其中，“替换帧”可使用拷贝的帧替换所选帧，不会添加任何新图层，且现有图层将被隐藏。“粘贴在所选帧之上”可将粘贴的帧的内容作为新图层添加到同一图像中，此时图像中的图层数量加倍。在目标帧中，原来的图层会被隐藏；而在非目标帧中，新粘贴的图层会隐藏起来。

在处理帧之前，必须将其选择为当前帧。当前帧的内容会显示在文档窗口中。在【时间轴】面板中，当前帧由帧缩览图周围的窄边框指示。选中的帧由帧缩览图周围带阴影的高光指示。

如图12-69所示，依次单击【时间轴】面板中添加的帧，并在对应的【图层】面板中设置“背景图层”的可见性；分别在特定帧中设置需要出现或隐藏的图层，需要显示的图层就在对应的图层前单击，会显示“眼睛”图标；设置每一帧里各个图层中的元素的大小、形状、位置等格式。

图12-69　编辑选定帧的图层

在创建新图层时，此图层在所有动画帧中都是默认可见的，若仅在现用帧中显示新图层，可在【时间轴】面板右上角的菜单中取消选择“新建在所有帧中都可见的图层”。

（6）在Photoshop中可使用【过渡】命令在两个现有帧之间进行自动添加或修改生成新的帧，均匀地改变新帧之间的图层属性（位置、不透明度或效果参数），以创建运动显示效果。如渐隐一个图层，先将起始帧的图层不透明度设置为100%，然后将结束帧的同一图层的不透明度设置为0%。在这两个帧之间过渡时，该图层的不透明度在整个新帧上均匀减小。

在【图层】面板中，选择需要设置“过渡”的图层时，可选择单一帧或多个连续帧，将“过渡”应用到特定图层。

若选择单一帧，单击【时间轴】面板中的【过渡】按钮，或者选择【时间轴】面板菜单的【过渡】命令，打开【过渡】对话框，如图12-70所示。

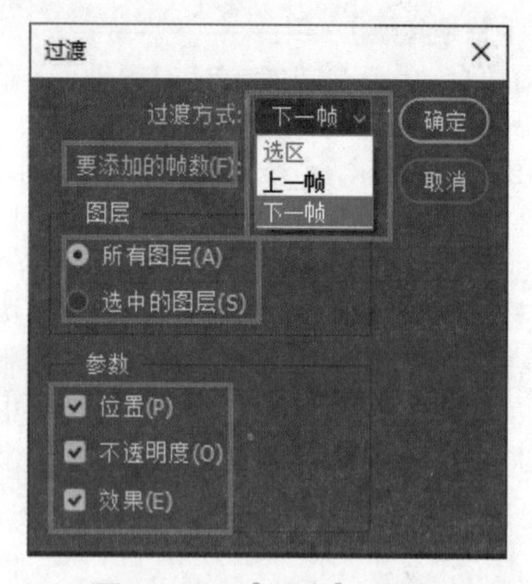

图12-70　【过渡】对话框

此时，在“过渡方式”项中，添加帧的方式能选的只有“上一帧”和“下一帧”。其中，“上一帧”可在所选的帧和上一帧之间添加帧，若选择【时间轴】面板第一帧，则此项不可用；“下一帧”可在所选的帧和下一帧之间添加帧，若选择【时间轴】面板最后一帧时，则此项也不可用。根据需要选择一种即可。

在“要添加的帧数”框中输入值，或使用向上、向下箭头按钮来选择帧号。当帧数大于两个，则不可使用此项。最后单击“确定”。分别为其他需要添加“过渡帧”的图层继续进行设置，如图12-71所示。

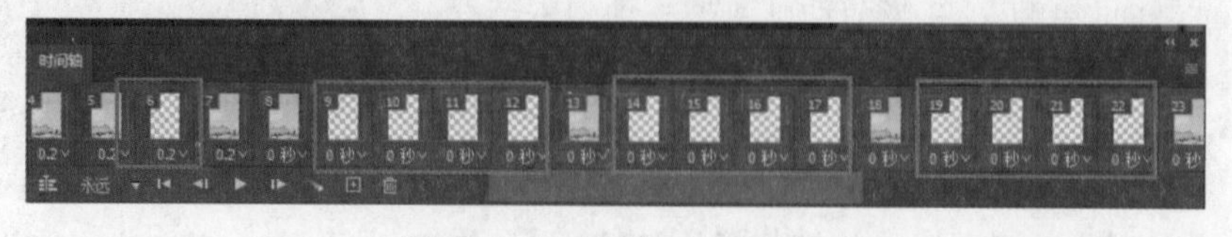

图12-71　使用过渡创建帧

在【过渡】对话框中，“图层”项下的“所有图层”命令可改变所选帧中的全部图层，“选中的图层”只改变所选帧中当前选中的图层；“参数”项下的“位置”可在起始帧和结束帧之间均匀地改变图层内容在新帧中的位置；“不透明度”可在起始帧和结束帧之间均匀地改变新帧的不透明度；“效果”可均匀改变起始帧和结束帧之间的图层效果的参数设置。

若在【图层】中选择两个连续帧，则在两个帧之间添加新帧；若选择的帧大于两个，在【过渡】对话框中，“过渡方式”可使用“选区”功能设置要添加帧的范围，此时过渡操作将改变所选的第一帧和最后一帧之间的现有帧。若选择动画中的第一帧和最后一帧，则这些帧将被视为连续的，并且会将过渡帧添加到最后一帧之后。

（7）设置动画帧延迟和循环选项时，即可以为每个帧指定延迟时间，并指定循环，以让动画运行一次、运行一定的次数或连续运行。

在帧动画中指定延迟时间时，可以为动画中的单个或多个帧指定延迟（显示帧的时间）。延迟时间以秒为单位显示。秒的几分之一以小数值显示。例如，将四分之一秒指定为 0.25。如果在当前帧上设置延迟，则之后创建的每个帧都将记忆并应用该延迟值。

在【时间轴】面板中，选择一个或多个帧。单击所选帧下面的“延迟”值，在打开的菜单中包括“无延迟”“0.1 秒”“0.2 秒”……“其他”，在菜单底部的是最后一次使用的值，根据需要选择延迟的数值。若选择“其他”，则在打开的【设置帧延迟】对话框中输入需要的数值即可。如果选择了多个帧，则为一个帧指定延迟值，即可将此值应用于所有帧。如图 12–72 所示，此处所有的间隔延迟时间设置为“0.5 秒”。

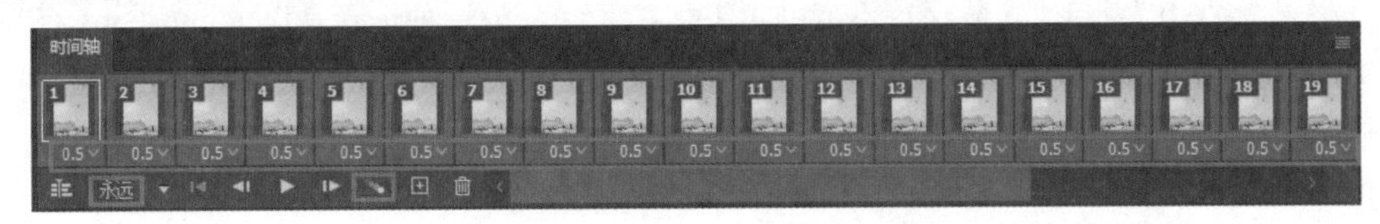

图 12–72　设置间隔延迟时间为 0.5 秒

在帧动画中指定循环，即选择一个循环选项，以指定动画序列在播放时重复的次数。单击【时间轴】面板左下角的“永远”两个字，展开的列表内容即为“循环选项”，包括“一次”“3 次”“永远”和“其他”。若选择“其他”，可在【设置循环计数】对话框中输入需要的值，或者在【存储为 Web 所用格式】对话框中设置循环选项。此处默认选择“永远”即可。

（8）显示时间设置完毕以后，“时间轴”上面有播放按钮，单击即可观看播放动画。单击左下角的【】，可以由帧动画格式切换为“时间轴”模式，如图 12–73 所示。

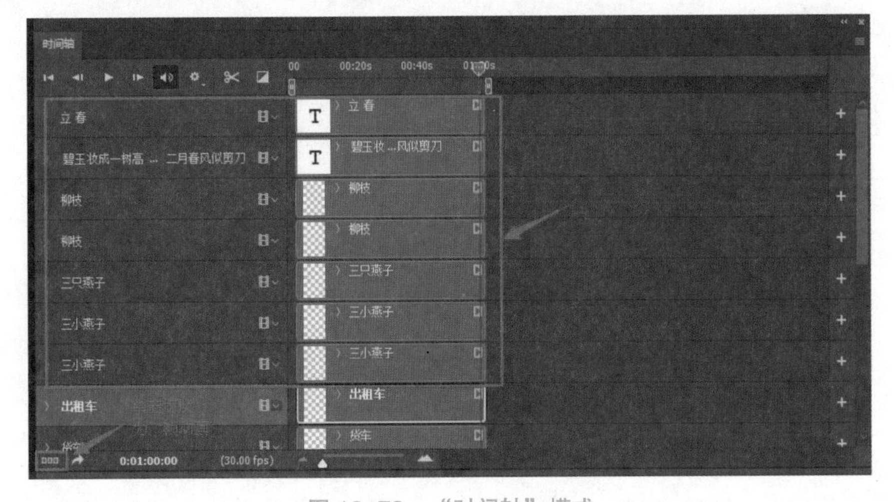

图 12–73　“时间轴”模式

（9）单击【文件】下的【导出】项，选择【存储为Web所用格式】命令，也可以在Web浏览器中预览动画，如图12–74所示。根据预览效果可对各个帧中的素材再次进行优化。

图12–74 在Web浏览器中预览动画

（10）如果预览效果满意，就可以对它进行保存。一种选择是使用【存储为Web所用格式】命令保存格式为“GIF”，其他参数保持不变，如图12–74所示；另一种选择是以Photoshop（PSD）格式存储，以便稍后能够对动画执行更多的操作，也可将其存储为图像序列、QuickTime影片或单独的文件。

这些实例展示了Photoshop在不同领域的多样化应用。无论是专业设计师还是普通用户，都可以通过学习和实践来掌握这款软件的强大功能。

参考文献

[1] 贾嘉，严明. 图形图像处理从入门到实战—Photoshop实操工作手册（慕课版）[M]. 北京：北京理工大学出版社，2024.
[2] 贾嘉，杨雅婷，李颖. Photoshop图形图像处理从入门到精通—MOOC学习指导教程[M]. 武汉：武汉大学出版社，2021.
[3] 贾嘉，陈德丽. Photoshop操作基础与实训教程[M]. 武汉：武汉大学出版社，2015.
[4] 李涛. Photoshop CS5中文版案例教程[M]. 北京：高等教育出版社，2012.
[5] 王亚全. PhotoShop CC综合实例教程[M]. 武汉：华中科技大学出版社，2020.
[6] 李涛. Photoshop CC 2015中文版案例教程[M]. 2版. 北京：高等教育出版社，2018.
[7] 刘春茂. Photoshop网页设计与配色案例课堂[M]. 2版. 北京：清华大学出版社，2018.